자연 · 몸 · 성 · 음악 · 취향 · 오리엔탈 · 모방 · 시간 · 미래

LOOK

룩 패션을 보는 아홉가지 시선 | 자연 · 몸 · 성 · 음악 · 취향 · 오리엔탈 · 모방 · 시간 · 미래

LOOK

김영인
김신우
김정신
김희연
송금옥
이연희
이현주
조애래
주미영
한은주

(주)교 문 사

들어가면서...

LOOK IS IMAGE

룩은 이미지이다

룩look은 시각적인 겉모습을 단순히 바라보는 것뿐 아니라 그 안에 담겨져 드러나는 미적 가치에도 주의를 기울이는 것이다.

패션에서 룩이란 말을 사용할 때는 옷을 입은 사람의 겉모습에서 보이는 실루엣, 소재, 색채, 장식 등과 이들을 착용한 주체에 내재된 미적 가치가 통합되어 형성되는 이미지를 의미한다.

룩은 시대의 문화코드이다

룩은 풍風이나 조調의 의미로 사용되기도 하는데 이는 룩을 통하여 예술의지나 시대정신이 드러나기 때문이다. 룩은 가르손느 룩garçonne look, 히피 룩hippie look, 포스트모던 룩postmodern look 등과 같이 어느 시대, 어느 기간 동안 나타나는 특징적인 패션의 이미지를 표현한다. 또한 그 시대의 사상, 정서, 상상력 및 미적 가치를 표출하는 수단으로서 끊임없이 변화하는 시대에 따라 다양한 모습의 문화코드로 등장한다. 그러므로 룩을 이해하면 시대의 흐름을 이해할 수 있다.

우리가 '~풍이다' 라는 말로서 룩의 양식이나 형식을 더 강조할 때는 스타일style, 모드mode, 패션fashion과 같은 의미를 내포하므로 룩은 스타일 또는 패션과 구분하지 않고 사용되기도 한다. 그렇지만 스타일은 크게는 바로크 스타일Baroque style과 같이 시대적 특징을 나타내는 양식에서 작게는 엠파이어 스타일Empire style, 박스 스타일box style과 같이 다른 형태와 구별되는 디자인의 구체적인 특징으로 나타나는 방식을 의미하며, 모드나 패션은 특정한 시기에 만들어진 스타일이 특정한 장소, 그룹에 전파되고 수용되어 대중화되는 사회현상을 의미한다.

룩은 이미지가 갖는 다양한 시각을 반영한다

룩은 패션 스타일에서 나타나는 전체적인 이미지 또는 느낌의 특징적인 이미지로 대상을 구체적이고 감각적으로 재현한다. 룩을 바라보고 인식하는 주체가 어떤 가치를 부여하느냐에 따라서 이미지로서의 룩은 그 표현 형태가 다양한 모습으로 분류된다. 다시 말하면, 개인의 취향에 따른 키덜트 룩kidult look, 키치 룩kitsch look, 하위 집단의 문화를 반영하는 모즈 룩Mods look, 펑크 룩punk look, 민속 문화를 반영하는 에스닉 룩ethnic look, 인디언 룩Indian look, 그리고 디자이너의 고유한 작품세계를 반영하는 푸아레 룩Poiret look, 샤넬 룩Channel look 등과 같이 다양한 시각으로 구분된다.

이 책에서는 20세기 패션의 룩이 형성되는 데 영향을 주는 원천을 크게 자연성, 문화성, 시간성으로 보고 각각에 해당하는 대표적인 룩에 대한 아홉 개의 시각으로 내용을 구성하였다. 인간의 상상력이 작용한 활동의 하나로서 표출된 패션의 룩을 통하여 우리는 삶의 방식과 문화 형태를 객관적인 안목으로 이해할 수 있을 것이다.

CONTENTS

자연성과 룩

1. 패션의 창조적 원천, 자연
2. 몸의 패션, 노출과 확대
3. 패션으로 표현된 남성성과 여성성

NATURE and LOOK

CHAPTER 1. 패션의 창조적 원천, 자연

순수하고 여유로운 자연으로 돌아가고자 하는 인간의 욕구가 자연주의 룩으로 나타난다.

인간은 창조의 원천으로 자연을 모방하거나 자연에서 모티프를 얻고 다양한 방법으로 자연에 대한 감동을 표현해왔다. 자연주의 복식도 이러한 자연에 대한 표현의 하나로 나타난 것이다. 자연에 대한 시각은 시대에 따라 변화하며, 그 영향은 시대에 따라 다르게 복식에 반영되어 나타난다. 오늘날은 과학기술로 인한 환경오염과 문명의 피폐현상이 중요한 문제로 대두되면서 자연에 대한 관심이 증가하고, 자연으로의 회귀가 진행되고 있다. 이러한 경향은 현대 사회에서 자연주의를 중요한 하나의 흐름으로 자리잡게 하였다. 자연의 순수성과 여유로움 및 정신적 풍요를 갈망하는 현대의 자연주의는 우리의 삶은 물론 예술과 문화의 여러 영역에서 부각되고 있으며, 이 영향을 받는 패션 분야에서도 다양한 모습으로 표현되고 있다. 현대 패션에서 자연주의는 자연적인 것에 기본을 둔 순수성과 자연의 생명력에 대한 향수를 표현함으로써, 자연이 지니고 있는 근본적인 소박함과 순수함, 편안함을 추구하는 자연주의 패션을 지향하는 것이다. 현대 사회에서 자연주의 복식에 대한 요구는 지속되고 있으며 현대적 감성과 조화를 이루며 전개되고 있다.

1. 자연과 자연주의

자 연

자연nature의 사전적 의미는 '나와서 자라고 쇠약해져 사멸하며 그 안에서 생명력을 가지고 스스로의 힘으로 생성 · 발전하는 것'으로 정의한다. 고대 그

01 _ 스스로의 힘을 가진 생명력, 자연

리스의 '생성生成'을 의미하는 피시스physis를 라틴어로 번역한 것이 나투라natura이고, 나투라는 '본성'을 의미하며, 이것이 오늘날의 nature로 되었다. '자연'이 지닌 다중적인 의미는 nature의 어원인 피시스의 의미에서 비롯된 것이다. 피시스는 성장과정이나 기원, 사물들을 만들어낸 물리적 재료 즉 원재료라는 뜻을 가지며, 사물의 고유한 성질이나 본질, 또는 사물의 구조를 의미한다. 즉 자연은 스스로의 본성에 따라 생성되는 것으로, 자연은 그 안에서 생명력을 가지고, 스스로의 힘으로 생성 · 발전하면서, 균형과 조화를 이루고 있다.

동양에서 자연自然이라는 말은 '자自'와 '연然'의 합성어로 '자'는 '스스로'를, '연'은 사상事象을 생성하는 '성成'으로 풀이된다. 동양의 자연사상은 '무위자연無爲自然'이라는 용어로 설명이 되는데, 무위자연을 최초로 주장한 사람은 노자老子이다. 노자에 의하면, 사람은 땅의 법칙을 본받아 생을 영위하고 안전을 얻으며, 땅은 하늘의 법칙에 따라 지상의 만물을 온전히 생육시키며, 하늘은 도道를 법칙으로 하여 운행과 활동을 그르치지 않으며, 도는 자연의 법칙에 따른다고 하였다. 천하 만물의 시원始原인 도는 꾸밈없이 자연을 본받는데, 그 도는 무위자연의 도이며, 그 법칙은 곧 자연의 법칙이다. 그러므로 무위자연은 자연의 법칙에 순응함으로써 저절로 성립되는 것이다. 중국 도교 철학에서의 자연은 자연의 힘과 완벽한 조화를 이루며 살아가는 인간의 이상적인 상태를 말하는 것이며, 도가道家들은 세상에 존재하는 모든 것들이 각각 자연적인 상태를 가지고 있다고 하였다. 그래서 인간은 삶과 죽음, 건강과 질병 등의 저항할 수 없는 자연의 순환 가운데 살아가는 것이라고 생각하였다.

자연은 서양에서의 피시스와 동양에서의 무위자연의 의미에서 그 뜻을 찾아볼 수 있으며, 스스로의 힘으로 생성 · 발전한다는 점에서 동 · 서양의 관점이 비슷하게 나타난다. 이러한 자연은 근대 이후 인간과 대치된 개념으로 인식되면서, 인간의 개입이나 간섭 또는 인공물품이 아닌 것, 사람의 손이 가해지지 않는 것을 자연이라 일컫는다.

이와 같이 과거의 자연에 대한 개념은 철학적이고 사상적인 측면에서 자연의 본질에 중점을 둔 것에 비해, 현대로 올수록 환경에 대한 사회적인 측면에서 인공물의 반대 개념인 자연 그 자체를 강조하게 된다.

자연주의

자연주의naturalism에 대한 해석은 시대와 분야에 따라 차이를 보이며, 각 시대의 사회문화적 · 철학적 관점에 따라 다양하게 조명되어 여러 가지 의미로 변형되어 왔다. 자연주의는 자연의 가시적 형상을 단순히 재현한다는 뜻으로 쓰이기도 하고, 자연에서 개성적 형태를 끌어내는 것이라는 의미로 사용되기도 하였다.

자연주의란 용어는 17세기 예술 분야에서 처음 사용되기 시작했는데, 당시에 미술 아카데미의 회합에서 '자연의 정확한 모방을 주장하는 생각'을 '자연주의적'이라 하였다. 미술비평가인 카스타냐리Castagnary는 "예술이란 모든 양식과 단계에 있어서의 생명을 표현하는 것이고, 그 유일한 목적은 최대의 강도와 최고의 긴장에 있어서의 자연을 재현하는 것이며, 그것은 과학과 모순되지 않는 진실이다. 자연주의는 관찰이라는 과학적 방법과 일치하며, 인간 정신의 일반적 경향과 조화한다."고 말했다. 고대 · 중세 · 르네상스 시대의 자연에 대한 개념들이 철학적 입장에서의 자연주의라 한다면 이 시기의 자연에 대한 개념들은 예술가의 시각적 · 정신적 측면에 의해 재현되는 자연주의라고 할 수 있다. 자연과학의 발달과 근대 합리주의 정신을 바탕으로 하여, 당시 예술가들은 있는 그대로의 자연의 형상을 충실하게 묘사하려 하였고, 절대적인 객관성에 따라 사실적인 묘사를 하였고, 자연 속에서 삶의 본질을 찾아 표현하고자 하였다. 따라서 예술적 측면에서 자연주의는 '자연을 양식화하거나 개념적으로 표현하지 않고 있는 그대로 재현하려는 주의'로 정의되고 있다.

자연주의는 문예사조에서도 등장하는데, 1870년 이후 프랑스의 소설, 연극 등에 지배적인 특징으로 나타나며, 이는 창작 활동의 근거를 자연에 두고, 인간의 삶과 사회의 문제를 있는 그대로 묘사하는 것에 중점을 두고 있다. 1850년대의 사실주의 문학이 관찰에 의해 있는 그대로의 현실을 묘사하여 재현하는 것이라면, 자연주의 문학은 한걸음 더 나아가 과학적 방법을 근간으로 자연 과학자와 같은 시각에서

02 _ 자연을 충실하게 재현한 17세기의 회화, 야콥 반 로이스달, 「나무로 둘러싸인 늪이 있는 풍경」, 1665~1670

분석, 관찰하여 사실주의의 원리를 논리적으로 확장 또는 강화시킨 것이다. 이러한 배경에는 다윈의 자연도태에 의한 종의 기원이란 진화론進化論이 있으며, 이것은 자연주의의 형성과 발전에 가장 중요한 요인이 되었다. 다윈의 진화론의 영향을 받은 자연주의 문학에서 인간은 자유의지를 갖고 있지 않고, 유전과 환경으로 결정되는 동물로 간주되며, 이러한 생각에 입각한 자연주의 문학은 인간이나 사회의 부끄러운 모습까지도 숨김없이 그대로 그려내는 비판적 · 물질적 · 결정론적인 태도를 가지고 있다. 자연주의에 의해 창작된 문학 작품은 자연 과학자와 같은 눈으로 관찰하는 태도를 가지고 인생에 접근하고, 분석적 기법을 사용하며 사회의 어두운 면을 폭로하는 경향을 띤다. 즉 자연주의자들은 과학적 사상을 바탕으로 그들의 작품을 표현하여 명확한 인간의 개념을 추출해냈다. 자연주의는 과학의 발견과 방법들을 문학에 적용시키려는 하나의 시도라고 할 수 있으며, 19세기 초 자연과학의 발전과 함께 학문적인 탐구로 새로운 차원을 갖게 되었다.

이와 같이 자연주의의 개념은 시대와 분야에 따라 다소 다르게 정의되고 있지만, 자연주의는 자연의 정확한 모방을 주장하여, 자연을 양식화하거나 개념적으로 표현하지 않고, 있는 그대로 재현하려는 양식으로 정의할 수 있다. 즉, 인간의 본질에 관심을 가지고 과학에 근거를 둔 사실적인 묘사로 객관성을 가지며, 이로 인해 자연 속에서 삶의 본질을 찾고자 하는 것이다.

2. 자연주의 복식의 기원과 확립 그리고 변천

자연주의 복식은 특정한 복식 양식으로 규정되어 있지 않고, 내추럴리즘 스타일naturalism style, 내추럴 실루엣natural silhouette, 내추럴리즘 이미지naturalism image 등으로 표현되고 있다.

내추럴리즘 스타일은 몸을 구속하지 않는 편안한 실루엣으로 천연소재를 사용하여 자연미를 강조한 패션 스타일을 의미하고, 내추럴 실루엣은 전체적으로 자연스러운 실루엣으로 신체의 과장이 없는 자연스러운 윤곽선을 보이는 것이다. 내추럴리즘 이미지는 천연의 가공하지 않은 소재를 사용하여 인간 본래의 체형을 변형하거나 과장하지 않은 실루엣이 특징이다.

이외에 복식 사전에 있는 내추럴natural이 포함되는 용어로는 내추럴 컬러natural color, 내추럴 모티프natural motif 등이 있다. 내추럴 컬러는 자연의 색이라는 뜻으로 자연의 사물에서 볼 수 있는 색이나 천연의 식물염료로 염색된 색, 표백되지 않은 색을 말하며, 인공적인 강하고 자극적이지 않은 색, 조작되지 않고 가공되지 않은 색의 총칭으로 사용된다. 또한 주로 자연에서 모티프를 얻은 색을 말하며, 패션에서는 바다, 하늘, 수목, 대지, 물 등의 색조를 내추럴 컬러나 내추럴 톤tone으로 칭하는 경우가 많다. 내추럴 모티프는 식물, 동물 등 자연 형상의 모티프와 기하학적인 추상적 모티프로 크게 나눌 수 있는데, 종교적, 종족적 심벌로 식물, 동물의 문양을 사용하였다. 동물의 가죽, 뱀의 비늘, 새의 깃 등 자연의 모든 것으로 장식을 하였고, 로터스lotus, 로즈rose, 아이리스iris, 파인콘pine cone, 팜palm 같은 식물은 고대 오리엔트와 지중해 문명 속에서 장식 모티프로 왕성하게 이용되었다.

이와 같은 사전적 의미를 중심으로 자연주의 복식을 정의하면, 천연의 가공하지 않은 소재와 자연의 색이나 천연염료의 색을 사용하고, 자연의 모티프인 동물, 식물 등 자연 형상을 모티프로 하며, 인간 본래의 체형을 변형하거나 과장하지 않은 편안하고 자연스러운 실루엣을 의미하는 복식이라 하겠다.

자연주의 복식은 시대적 특성에 따라 자연주의의 기원이 되는 고대 그리스 시대, 자연주의가 확립되는 근대 시대, 자연주의가 변천되어 나타나는 현대 시대로 크게 나누어 볼 수 있다.

자연주의의 기원 : 고대 그리스, 중세, 르네상스 시대의 복식

최초의 자연주의가 등장한 고대 그리스 시대에는 자연의 완전성을 믿으며 모방을 통해 자연의 본질을 표현하였고, 자연의 질서와 조화에서 보이는 비례의 미를 강조하였다. 중세 시대는 창조주로서 신을 숭배하는 시기이지만, 아리스토텔레스Aristoteles의 인본주의적인 합리주의와 고딕 양식의 영향으로 인간중심적인 자연주의가 시작되었으며, 이는 르네상스 시대에 영향을 준다. 신이 우위에 있음으로 자연이 더 이상 초월적인 존재가 아니었으며 인간중심적 입장에서 자연을 바라보기 시작하는 계기가 되었다. 르네상스 시대에는 자아의 지각과 실증주의적 과학성으로 인해 변혁을 이루게 되었다. 당시의 예술가는 내적인 관념을 중요시하고, 자연을 규범으로 한 엄격한 수학적 비례와 균형을 추구하였고, 경험을 바탕으로 한 사실적인 자연묘사와 원근법을 사용하면서, 인간중심의 새로운 자연관을 형성하였다. 르네상스 시대에서 자연은 예술적 형식의 근원이었고, 예술가들은 자연에 산재해 있는 미의 요소들을 수집하고

03 _ 고대 그리스 시대의 인체의 미를 강조하는 드레이퍼리형 복식

04 _ 엘리자베스 여왕의 복식에 나타난 르네상스 시대의 사실적인 자연 문양, 1599

정리하면서 자연의 형식을 획득하였다. 인간성의 회복과 자연에 대한 과학적 탐구가 이루어지는 르네상스 시대를 자연주의의 부흥이라고 일컫는다.

이상주의적 관점에서 비례의 미를 추구하는 고대 그리스 시대에는 인간의 자연스러운 육체미를 숭상하였고, 이로 인해 인체의 곡선을 자연스럽게 드러내는 드레이퍼리drapery형 복식을 착용하여 균형 잡힌 신체의 미를 나타냈다. 또한, 목축이 생업인 당시의 환경에서 양모가 의복의 재료로 주로 사용되었으며, 양모 자체의 흰색이 의복에서 많이 보였다. 인체의 비례를 강조하는 의복의 형태와 천연직물, 천연의 고유한 색을 그대로 사용하는 그리스의 복식은 자연을 숭배하는 당시의 정신을 표현하고 있다. 최초의 자연주의라고 할 수 있는 고대 그리스의 복식은 자연주의의 대표적인 복식 형태로 여겨져 복식사에서 지속적으로 부활되는 것을 볼 수 있다. 고대 그리스의 사상이 자연주의 개념의 확립에 기본이 되는 중요한 역할을 한 것처럼 이 시기의 복식도 자연주의 복식의 기본이 되는 중요한 특성을 갖는다.

인간중심적인 자연주의가 시작되는 중세의 고딕부터 르네상스 시대의 복식은 인간 본연에 가치를 두는 복식형태를 이루어 실루엣에서는 자연주의적이라고 할 수 없지만, 자연 그대로의 문양과 천연의 꽃과 잎을 묘사한 장식 문양을 통하여 자연주의적인 요소를 나타내었다. 이 시기에는 과학적이고 수학적인 탐구가 시작되어 복식에서도 자연의 형태를 사실적으로 묘사하려는 노력이 보이며, 균형의 미를 추구하여 규칙적으로 문양을 배열한 것을 볼 수 있다.

자연주의의 확립 : 근대 시대의 복식

자연주의 개념이 확립되는 시기인 근대 시대는 '자연으로 돌아가라' 는 루소Rousseau의 주장과 함께 자연주의가 강조되기 시작하였다. 자유와 평등을 기본으로 하는 시민사회는 권력을 벗어버리고 인간의 자연적 감정에서 발생되는 순수한 것에서 생의 목적과 즐거움을 누리려 했기 때문에 장식된 화려함보다 자연적 모습을 중요시하게 되었다. 프랑스 혁명1789~1794 이후 등장한 신고전주의neo-classicism는 나폴레옹Napoleon의 통치 하에 제국양식으로 계승, 발전되었다. 신고전주의는 고대 그리스 시대의 양식을 지향하였으며, 고대의 문화유산을 재창조하였다. 예술분야뿐만 아니라 철학까지도 고대 그리스 문명의 영향을 받았으며, 이는 단순히 미적인 영감을 얻기 위해서가 아니라 고대 그리스의 정신을 본받으려 한 것으로 보인다. 당시의 건축물에 고대 그리스의 기둥 양식이 다시 나타나고, 복식에서도 그리스의 영향이 나타났다. 신고전주의 시대의 복식은 자연에서의 비례의 미를 원칙으로 한 그리스 시대의 의복을 근대의 관점에서 재현한 것으로 그리스 복식의 특징인 드레이퍼리 형태를 보이며 자연스러운 미를 표현하였다. 신고전주의 복식의 양식은 엠파이어 스타일로, 목둘레가 깊고 넓게 파이고 하이웨이스트high-waist에 짧게 부풀려진 소매와 좁고 긴 드레스로 구성된 슈미즈 드레스chemise dress가 대표적이다. 실루엣은 자연스러운 몸매를 드러내는 날씬한 수직선이었으며, 소재와 색채도 고대 그리스 시대처럼 가공하지 않은 소색素色을 사용하거나 직물산업의 발달에 의한 파스텔 색조의 얇은 직물을 사용하였다. 이 시기의 복식은 코르셋corset이나 파니에panier를 착용하지 않아 몸에 밀착되면서 부드러운 드레이프 형태로 나타나 인체미를 보여주는 인체 우선형의 복식이다.

05 _ 마담 레카미에가 입은 인체의 곡선을 드러내는 슈미즈 드레스, 프랑수아 제라드, 1802

06 _ 푸아레의 엠파이어 튜닉 스타일, 1907

이는 이후에 폴 푸아레Paul Poiret에 의해 신고전주의의 복식을 재현한 엠파이어 튜닉 스타일empire tunic style로 나타나는데, 코르셋을 없애고 부드럽게 흘러내리는 자연스러운 실루엣을 이룬다.

19세기 말의 아르 누보Art Nouveau는 풍요로운 영감의 원천을 자연에서 찾은 양식으로 유기적 생명체들이 지닌 다양한 형상의 근본적이고 종합적인 구조에 근거하여 자연의 가장 순수한 형태를 포착하려 하였고, 다윈의 진화론에 따르는 자연주의적 방법을 사용하여 식물이나 동물들을 관찰하였다. 세기말의 양식으로 등장한 아르 누보는 자연의 유기적 형태를 양식화하여 자연을 극도의 수공예적으로 표현하고 있다.

자연주의의 변천 : 20세기의 복식

1960년대 히피hippie 문화의 에토스인 '자연으로의 회귀'는 환경문제와 더불어 하나의 운동으로 확산되어 갔다. 히피문화는 소비주의, 상업주의, 고도의 기술주의에서 벗어나 기성사회의 관습이나 기존의 법규를 거부하고, 이념의 대립과 전쟁을 반대하여 평등과 자유, 평화를 추구하였다. 히피문화의 정신은 환경에 대한 사회적인 문제로 발전되어 자연의 소중함을 일깨우기 시작하였으며, 자연주의 복식도 이러한 히피문화를 중심으로 확산되었다. 히피 룩에서 보이는 손뜨개, 패치워크, 자수, 꽃무늬 같은 장식기법과 천연소재에 대한 선호는 현대에도 자연주의 복식의 표현 기법으로 사용되고 있다. 한편, 환경 문제가 사회적으로 인식되기 시작하면서 환경보호와 자원절약 운동이 일어나고, 디자인에서도 환경을 염두에 두는 '자연으로의 복귀 운동Back to nature movement'이 일어나게 되었다. 이는 패션에도 영감을 주어 전원생활에 대한 향수와 애정을 주제로 표현된 의상들이 제안되었다. 전원풍의 하나인 페전트 룩peasant look은 부드러운 색이나 소박한 자연감각의 동경을 표현한 것으로 작은 꽃문양의 직물로 만들어졌고, 자수, 레이스, 리본으로 장식되었다.

1980년대에는 에콜로지ecology가 부각되면서 환경문제에 대한 세계적인 관심이 집중되기 시작하였다. 에콜로지는 1886년 독일의 생물학자 에른스트 헤켈Ernst Haeckel에 의해 생태학의 의미로 처음 사용되었으며, 생물 또는 생물군과 그 환경의 관계에 대한 연구, 즉 생물과 그 환경과의 상호관계의 과학이라 정의할 수 있다. 1960년대에 들어서면서 지구 생태계의 생물학적, 물리적 환경에 대한 인식이 점차 확산되었고 에콜로지라는 단어는 '환경보호'의 의미를 띠게 되었다. 또한 인구문제와 식량위기, 소비와 자원개발, 자연파괴 등 자연과 환경에 대한 대중의 인식이 부각되면서 환경오염으로 인한 지구촌 전반의 위기감이 재활용recycle과 자연보호로 강조되어 정치, 사회 전반에 영향을 미쳤다. 현대의 에콜로지 개념은 자연을 찬미하고 자연에 동화되려는 사고방식을 가리키며, 사회 · 문화 · 예술 분야에서 다양한 형태로 나타나고 있다. 에콜로지 경향의 자연주의 디자인은 지구의 환경을 보존하고 치유하며 자연에 동화되어 자연 속에서 살아가고자 하는 메시지를 전달하기 위해, 자연소재와 천연염료를 사용하여 편안하고 자연스러운 표현을 추구한다. 에콜로지 영향을 받은 자연주의 복식은 원시주의적 경향인 프리미티비즘primitivism과 에스닉 룩에서도 나타나는데, 이는 토속적이고 민속적인 분위기에서 본능적이고 인간적이며 자연적인 것을 찾으려는 자연회귀 본능에 의한 것이다.

한편으로 우리가 잃어가고 있는 옛 것에 대한 향수와 그리움은 자연주의 복식에서 과거 고전적 스타일의 재현과 전원적 주제의 재현, 히피 룩의 재현 등에 의한 복고풍으로 나타나고 있다. 1990년대에는 다원주의 시대가 되면서 다문화적 요소의 퓨전fusion 현상이 자연주의 복식에도 영향을 주어 여러 양식이 혼합되어 재구성되는 복합적이고 다양한 형태로 전개되었다. 퓨전 양식은 삶과 문화의 경계를 무너뜨리는 다원성과 다양성을 추구하여, 다른 시대와 다른 문화의 양식과 이미지를 융합하였다. 물질적 풍요로움보다는 마음의 풍요를 중시하며 정신적 세계에 대한 향수를 과거와 미래, 동양과 서양이 독특하게 재구성된 패션 이미지로 탄생시켰다. 또한 테크놀로지의 발달은 천연소재에 기능성을 부여하여 편안하고 자연스러우며 다양한 표현을 가능하게 하였으며, 자연재료에 의한 천염섬유를 개발하여 점차 자연 친화적인 삶을 가능하게 하고 있다. 2000년대에 들어서면서 환경, 인간, 건강에 대한 관심이 증가로 나타난 오가닉organic 트렌드와 함께 자연주의에 대한 개념이 변화해가고 있다.

근대의 과학적이고 사실적인 자연주의의 개념이 현대 사회에서는 환경을 중시하는 자연친화적인 자연주의로 변화됨에 따라 2000년대 이후의 패션에서 나타나는 자연주의적 성향도 변화되었다. 다시 말하면, 자연주의 룩은 현대적 감각과 융합되어 보다 복잡하고 다양한 방식으로 표현되고 있으며, 인간 본성에 바탕을 둔 테크놀로지에 의한 자연소재 개발이 더욱 가속화되고 있다. 수공예를 통한 자연의 재해석, 자연적인 형태와 질감의 소박한 표현으로 우리에게 친근감을 주는 자연친화적인 자연주의로 변화되고 있다.

07 _ 1970년대 초 실용적인 면 드레스의 전원풍 의상, 로라 애슐리

08 _ 에콜로지 경향에 의한 땅과 식물의 색인 브라운과 그린, 베르사체, '81 S/S

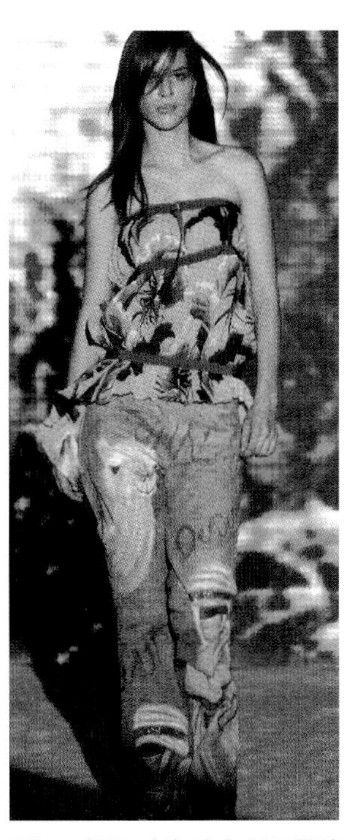
09 _ 에콜로지와 히피, 복고풍의 퓨전 스타일, 브아야주, '03 S/S

3. 패션에서의 자연주의

현대 사회의 다양성과 복합성으로 인해 현대의 복식은 여러 가지 양식이 혼합되어 나타나며, 이전 시대에서처럼 하나의 양식으로 그 시대를 설명할 수 없게 되었다. 현대 자연주의 복식은 크게 에콜로지 경향과 복고풍 경향으로 구분할 수 있다. 에콜로지 경향의 자연주의 복식은 에콜로지 룩ecology look, 프리미티브 룩primitive look, 에스닉 룩으로 나타나며, 복고풍 경향의 자연주의 복식은 그리스풍의 고전 스타일, 네오히피 룩, 뉴페전트 룩으로 표현되고 있다.

고대 그리스 시대에서 보여지는 드레이퍼리형의 자연스러운 실루엣은 근대 신고전주의에서 엠파이어 스타일로 부활되었고, 폴 푸아레의 엠파이어 튜닉 스타일로 이어졌으며, 현대 패션에서 복고적 경향으로 고대 그리스풍의 복식이 재현되고 있다. 푸아레의 모드에서 보여지는 오리엔탈oriental 양식의

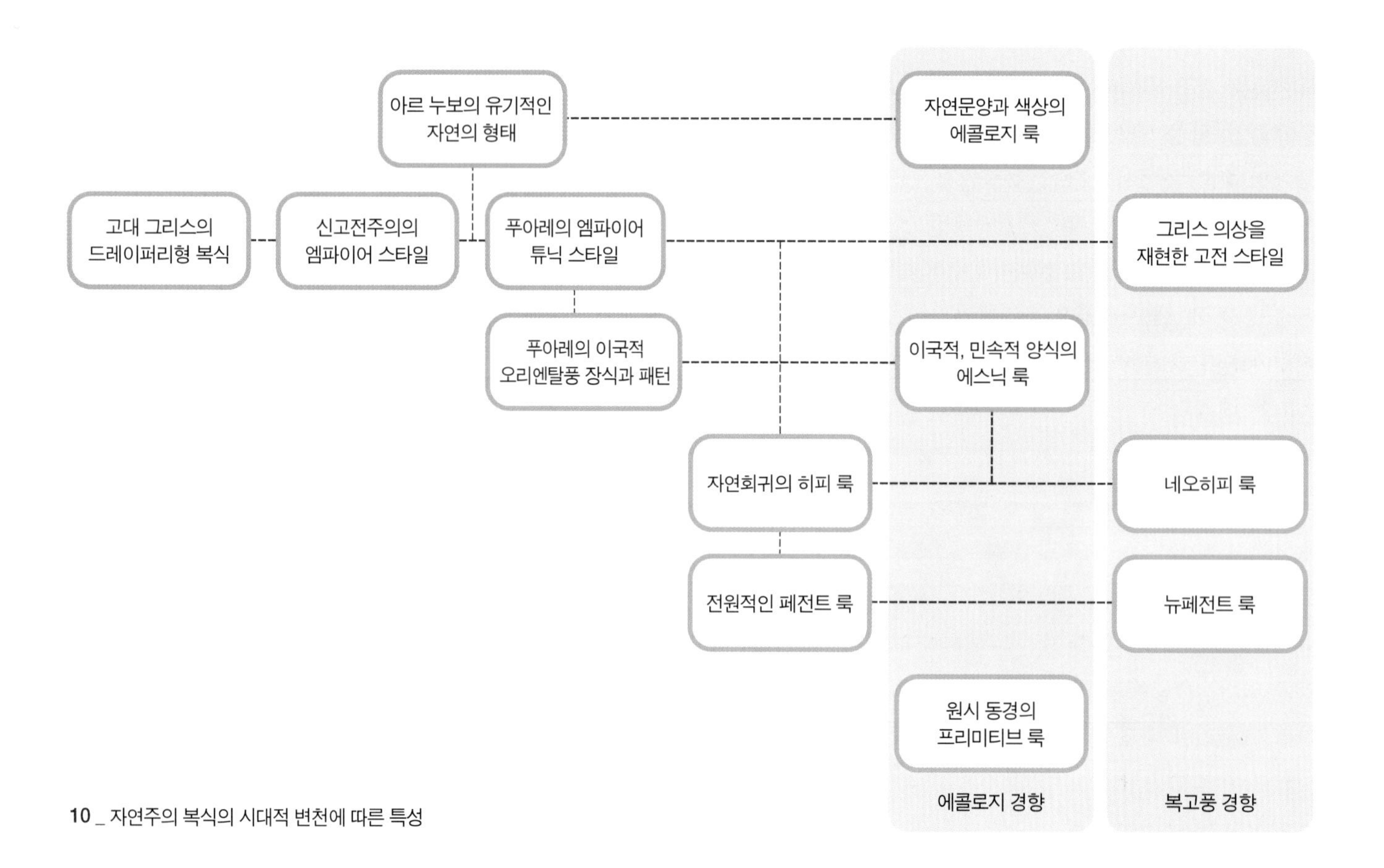

10 _ 자연주의 복식의 시대적 변천에 따른 특성

장식과 모티프는 이후에 나타난 에스닉 경향으로 이어지고 있으며, 1960년대에 나타난 히피 문화의 복식은 현대 패션에 영향을 주면서 히피 룩을 형성하였고, 에스닉 룩과 융합되어 네오히피 룩neo-hippie look으로 나타난다. 1970년대의 전원적이고 서민적 생활에 대한 동경에서 나타난 페전트 룩은 최근 프랑스 전원 지방을 근원으로 소박하면서도 세련된 분위기의 뉴페전트 룩new peasant look으로 표현되고 있다. 자연의 유기적인 형태를 표현한 아르 누보 양식은 1980년대의 에콜로지에 의한 자연 문양과 자연 색상의 사용으로 발전되었으며, 에콜로지 경향의 하나인 원시주의도 현대 패션에서 주목받는 자연주의 경향의 하나로 나타나고 있다.

현대의 대표적인 자연주의 복식은 에콜로지 룩, 프리미티브 룩, 히피 룩, 네오히피 룩 그리고 페전트 룩 등으로 구분되며, 각각의 룩에 대한 특징은 다음과 같이 표현되고 있다.

오염되지 않은 순수한 자연을 지향하는 에콜로지 룩

생태계의 파괴에 따른 환경문제가 대두되면서 자연환경을 보호하자는 의식이 확산되었으며, 생태학에서 출발한 에콜로지는 세계 보편적인 의식으로 자리잡게 되었다. 이러한 경향에 따라 자연을 테마로 한 디자인이 주류를 이루게 되고, 패션에서도 에콜로지 룩이 주목받기 시작하였다. 1980년대 중반 직물박람회인 프르미에르 비종Première vision에서 환경을 염두에 둔 천연섬유의 사용을 제시하였으며, 1989년 섬유전시회인 엑스포필Expofil에서는 지구보호에 대한 관심으로 자연을 연상시키는 그린과 블루를 유행색으로 제안하였다. 이렇게 천연 소재와 자연을 상징하는 색으로 시작된 패션에서의 에콜로지는 1990년대에 들어서면서 환경오염을 최소화하기 위한 해결 방안으로 재활용을 수용하는 패션으로 전개되었다.

에콜로지 룩은 자연을 찬미하고 자연에 동화하려는 경향을 패션으로 표현한 스타일로서, 현대 패션에서 자연지향 룩의 총칭으로 사용되기도 하며, 내추럴 룩natural look으로 표현되기도 한다. 에콜로지 룩은 몸을 자연스럽게 감싸주는 편안하고 단순한 스타일로 표현되는데, 헐렁한 니트 상의나 스커트, 통바지 등을 여유 있고 자연스럽게 보이도록 착용하여 인체의 선을 그대로 살린 편안한 실루엣으로 나타나며, 몸을 구속하지 않는 자연스러움과 자유로움을 표현한다.

소재는 니트류의 부드러운 소재나 면, 마, 울 등의 천연소재를 사용하고,

천연 염색을 강조한다. 또한 자연스럽고 불규칙한 주름으로 표현되기도 하며, 손으로 한 올 한 올 떠가며 만든 듯한 수공예의 느낌도 에콜로지 룩의 대표적인 소재에 사용된다.

에콜로지 룩에서는 자연계에서 보이는 다양한 색채의 배색이 주를 이루는데, 1980년대에는 초목의 그린, 깨끗한 하늘과 바다를 연상시키는 다양한 블루와 대지의 브라운 색들이 중요하게 부각되었다. 1990년대 중반에는 자연 속의 인간과 다양한 인종에 관심이 모아지면서 피부색이 대표적인 자연색으

11 _ 식물을 모티프로 한 에콜로지 룩, 지안프랑코 페레, '93 S/S

12 _ 바다생물을 모티프로 한 에콜로지 룩, 지안프랑코 페레 '93 S/S

13 _ 자연 소재와 에크루 색상의 에콜로지 룩, 가에타노 나바라, '94~'95 F/W

14 _ 편안한 실루엣의 내추럴 룩, 콤므 데 가르송, '03 S/S

로 등장하였고, 염색이나 가공을 하지 않은 에크루ecru 계열의 색이 에콜로지를 전달하는 색이 되었다. 에크루는 원래 생견사나 표백되지 않은 아마포에서 볼 수 있는 매우 밝은 베이지 색으로, 염색이나 표백 같은 유해한 생산 공정을 거치지 않기 때문에 친환경적인 이미지를 연상시킨다.

에콜로지 룩은 자연 생태계의 동물, 식물, 광물 등의 모티브를 문양으로 사용하는데. 꽃을 다양한 형태로 표현하고, 바다에 대한 관심도 높아져서 바다생물 문양을 프린트하고, 조개, 소라, 산호 등을 부착하며, 해초류의 유연

한 형상을 응용한 디자인이 등장하였다.

현대 패션의 근간이 되는 에콜로지 룩은 오염되지 않은 자연에 대한 욕구와 자연 속에서 살아가고자 하는 소망을 담고 있다.

원시적 생명력의 표현, 프리미티브 룩

현대 과학기술의 발달에 의하여 자연 생태계 균형이 파괴되었다는 인식이 높아지면서, 오염되지 않은 자연에 대한 향수와 단순하고 원시적인 생활방식을 동경하여 나타난 것이 프리미티비즘이다. '프리미티브primitive' 란 용어는 라틴어 프리무스primus에서 비롯된 것으로 '원시의, 원시적인, 소박한, 근본의, 기본의' 라는 뜻을 지니며, 가장 처음의 근본이 되는 자연에 대한 찬미 사상에서 비롯되었다.

에콜로지가 1980년대에 패션테마로 등장하면서 원시적인 자연회귀를 추구하는 프리미티브 룩이 나타나기 시작하였다. 아프리카와 같이 문화가 침범당하지 않고 순수한 본성을 그대로 지닌 지역을 동경하는 인간 심리가 작용하였고, 그들의 조형의식에 관심을 갖기 시작하면서 원시적 조형미의 프리미

15 _ 나무조각과 밀짚을 사용한 프리미티브 룩, 펩 볼루냐, '89 S/S

16 _ 깃털 장식과 가공되지 않은 거친 소재 사용, 콤플리스, '94 S/S

17 _ 밀짚을 이용한 원시적 이미지 연출, 잭 아부가타스, '96 S/S

18 _ 가공되지 않은 소재에 의한 원시성, 마렐라 페레라, '03 S/S

티브 룩이 주목받기 시작하였다. 의복의 기원을 거슬러 올라가 인간이 나체에 처음으로 표현하였던 장식이나 육체의 변형 또는, 의복의 단순한 구성 요소들이 현대 패션에서 지속적으로 사용되고 있으며, 프리미티브 룩은 이러한 원시부족 풍을 상징하고 토속적인 전통미를 추구한다.

프리미티브 룩은 순수한 자연 그대로를 지향하여 투박하고 거칠고 가공되지 않은 느낌을 주기 위해 아마, 황마, 삼베, 야견 같은 거친 느낌의 직물이나 정제되지 않아 우툴두툴하고 불규칙한 느낌의 소재, 또는 직물로 구성되기 이전 상태의 실을 수공으로 엮어서 사용한다. 또한, 그을린 피부를 연상시키는 세피아sepia와 대담하고 원색적인 색채를 사용하고, 원시적인 그림의 문양을 프린트하여 효과를 낸다. 과감한 신체의 노출로 인체를 강조한 형태의 의복으로 표현되며, 장식을 많이 사용하는 특징을 갖는다. 특히 천연 재료인 동물의 뼈, 조개껍질, 돌, 야자나무 껍질 같은 식물의 줄기, 나뭇잎, 깃털 등으로 장식한다.

현대 사회의 생태학과 환경에 대한 관심으로 인해 원시에 대한 향수와 동경심을 표현한 프리미티브 룩은 원시적 조형물에서 창조적 영감을 받고, 인간과 자연의 융화로 자연과의 일체감을 나타내며, 그 속에 감추어진 생명력을 표현한다.

전원 속의 자연, 페전트 룩

페전트 룩은 전원생활에 대한 향수와 동경심을 표현한 것으로 복잡한 도시생활에서 벗어나 자연을 지향하는 현대패션에 꾸준히 등장하는 패션 스타일이다. 페전트는 농부, 농민, 시골뜨기를 뜻하며, 농민들이 착용하던 의복에서 영감을 받은 페전트 룩은 그들의 소박한 아름다움을 표현한다. 이것은 각 문화권의 민속풍 의복을 지칭하는 포클로어 룩folklore look의 한 부분이며, 컨트리 룩country look 또는 파머 룩farmer look과 같은 의미로 사용되기도 한다.

전원풍의 의상은 16세기부터 꾸준히 선호되어 왔는데, 당시에는 꽃과 식물의 섬세한 표현과 장식이 의복에 많이 도입되었다. 17세기에는 양치는 여자의 복장을 모방하고 밀짚모자를 응용한 디자인이 유행하였고, 18세기에는 밀짚에 대한 선호가 높아져 모자뿐만 아니라 신발과 드레스에도 밀짚으로 장식을 하였으며, 꽃, 나무, 시골의 목가적 주택과 정원 등의 문양이 직조나 자수 장식으로 의복에 사용되었다. 19세기에도 밀짚모자와 농부의 앞치마를 응용한 드레스는 지속적으로 착용되었다. 20세기 이전의 전원풍 의상이 귀족주의적 입장에서 도입된 것이라면, 20세기 이후에는 현대 물질문명의 발달에 의해 탈도시화를 원하는 인간중심적인 관점에서 전원적인 의상이 패션에 계속적으로 나타나고 있다.

전원에 대한 향수는 어느 시대에나 나타나고 있는 현상으로 특히 1970년대에는 전원풍의 의상들이 많이 등장하였는데, 대표적인 디자이너로 로라 애슐리Laura Ashley를 들 수 있다. 애슐리의 페전트 룩은 면 소재의 긴 스커트와 스모크smock, 머리 스카프 등으로 소박한 자연의 감성을 나타낸다. 부드러운

19 _ 앞치마, 스카프, 밀짚모자가 특징적인 전원풍 디자인, 로라 애슐리

20 _ 전원적인 꽃문양이 돋보이는 레이어드 스커트, 겐조, 1973

21 _ 세련된 감각의 뉴페전트 룩, 블루마린, '03 S/S

22 _ 현대적 감각의 전원풍 의상, 콤므 데 가르송, '03 S/S

색이나 어두운 색의 바탕에 작은 꽃문양의 직물을 사용하고, 턱tuck, 플리츠, 프릴, 자수, 레이스, 리본 등으로 장식하며, 드롭 숄더 슬리브drop shoulder sleeve와 주름 스커트의 디자인으로 청초함과 편안함을 준다. 이브 생 로랑Yves Saint Laurent의 1976년 컬렉션은 유럽 농부 복장의 요소를 응용한 것으로, 젖 짜는 소녀들이 입던 튜닉, 자수를 놓은 민속풍 블라우스와 개더 스커트 등에 현대 감각을 더하여 꾸뛰르 감각의 의상으로 변환시켰다. 유럽 농가의 목가적인 주제를 하이패션에 적용시켜 새로운 여성의 이미지를 구체화하고, 전원적인 소박함에 친밀감을 느끼도록 하였다.

페전트 룩을 대표하는 페전트 드레스는 부풀린 퍼프소매에 네크라인을 잡아당겨 주름이 진 드로스트링drawstring으로 되어있고 풍성한 주름스커트에 러플로 장식을 한 형태이며, 전원 의상의 직물들은 대부분 부드러운 면이나 모직물을 사용하고, 보풀이 있는 두툼한 홈스펀homespun이나 트위드tweed, 거칠게 짠 니트웨어 등이다. 페전트 룩의 문양은 주로 꽃이 사용되는데, 애슐리의 작은 꽃문양과 겐조Kenzo의 수련무늬를 비롯한 화사한 꽃무늬가 대표적이다.

페전트 룩은 프랑스의 프로방스Provence나 샹판뉴Champagne 지방의 시골 풍속을 모티브로 한 농부의 패션이 1982년 등장하면서부터 뉴페전트 룩으로 표현되고 있는데, 프랑스 전원 지방을 근원으로한 소박하면서도 세련된 이미지는 현대에 잘 어울린다.

이처럼 페전트 룩은 유럽의 전원적이고 민속적인 스타일에 현대적 시대 감각을 첨가시켜 자연적인 전통성과 세련된 현대성의 양면을 표현하고 있다.

물질문명에 저항, 히피 룩

히피 문화는 기성사회에 저항하는 대표적인 청년문화로, '평화와 사랑' 의 에토스를 구체화시켜 새로운 생활방식을 제시하였다. 히피는 평화를 신봉하여 반전反戰운동과 같은 소극적인 저항을 하였고, 사랑을 상징하는 꽃의 이미지를 반전평화운동의 상징물로 애용하였다. 신비주의를 숭배하고 동양의 철학이나 예술, 종교에 관심을 가지며, 현실의 이념과 모순에 심한 갈등을 느껴 해소책으로 많은 환각제를 사용하기도 하였다. 그들은 현대문명의 이기와 물질만능에 저항하여 자급자족의 전원생활에 기반을 두고 자연으로 회귀하는 생활을 추구하였다.

23 _ 1960년대 말 긴 스커트와 민속풍 문양의 히피 룩

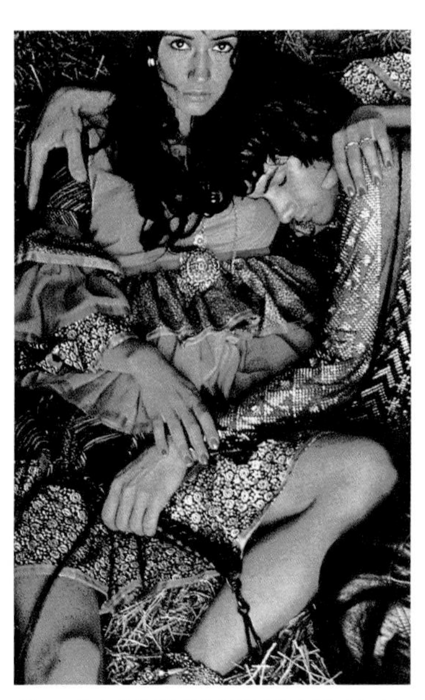

24 _ 히피에서 영감을 받은 집시 룩, 크리스찬 디올, 1969

히피의 패션은 자연과 사랑에 대한 도취의 상징으로 긴 머리와 긴 수염, 구멍 뚫릴 정도로 헤진 낡은 진바지 등을 애용하였고, 길고 펄럭이는 스커트와 단

부분이 종 모양으로 퍼지는 판탈롱을 유행시켰다. 아메리칸 인디언의 영향으로 긴머리에 헤어밴드를 하고, 모카신을 신고, 꽃을 꽂는 등의 옷차림을 하였으며, 화려한 꽃무늬 집시풍의 옷, 어울리지 않는 듯한 여러 겹의 옷, 술장식이 있는 숄 등을 착용한다. 또한 패치워크, 프린지, 코바늘뜨기, 홀치기염, 스모킹, 자수 등 수공예적으로 다양한 멋을 추구한다.

히피 룩은 자연으로부터 얻은 자연 소재와 천연염료를 사용하며 식물문양이나 민속풍 문양 등으로 연출한다. 베이지와 브라운 계열의 자연색과 낡은 듯한 분위기의 회색, 자주색, 연한 보라색이나 꽃무늬와 함께 화려하고 선명한 녹색, 핑크, 오렌지, 레몬, 보라 등의 사이키델릭한 색상이 사용된다.

25 _ 히피적 감성의 패치워크, 이브 생 로랑, 1969

26 _ 1970년대 초 수공예적 기법의 히피 룩

1960년대의 급속한 변화 속에서 스트리트 패션으로 등장한 히피 룩은 자연에 대한 관심과 전원 생활에 대한 동경에서 출발하여 1960년대 말의 패션을 로맨틱한 민속풍으로 이끌었고, 1960년대 말과 1970년대 초의 하이패션에 영향을 주어 로맨틱 룩과 에스닉 룩을 야기시킨 하나의 패션 룩이 되었다.

세련된 감각으로 재현된 히피, 네오히피 룩

1980년대부터 계속되어 온 세계적인 경제 불황과 환경문제, 세기말적 허무주의가 팽배한 시대적 상황에서 1990년대의 패션은 보헤미아니즘bohemianism에 가장 가까운 히피에게서 도피처를 찾고자 하였다. 이러한 요구에 의해 히피 룩이 재해석되어 등장한 스타일이 네오히피 룩이다. 1960년대의 히피 룩이 저항의 의미로 긴 머리를 하고 낡은 옷을 입거나 사랑과 평화의 의미로 꽃 모티브를 사용한 반면에, 네오히피 룩은 환경 문제와 자연 보호, 인간성 회복이라는 사회 문제를 순수하고 자연스러운 아름다움으로 나타냈다.

네오히피 룩은 히피 룩보다 여성적이고 고급스러운 감각으로 히피를 도회적으로 세련되게 재현한 것이 특징이다. 플레어 벨 보텀flare bell-bottom 팬츠와 인체의 곡선을 따라 흐르는 자연스러움과 여유로움을 느끼게 하는 슬림 & 롱slim & long 실루엣이 지배적이며, 벨트나 개더 등을 사용하여 허리선을

27 _ 수공예적 장식을 통한 네오히피 룩, 안나 수이, '93 S/S

28 _ 히피 감성의 시스루 레이스 드레스, 안나 수이, '93 S/S

29 _ 현대적 감각으로 재현된 히피 룩, 구찌, '99 S/S

30 _ 수공예적인 히피방식의 세련된 표현, 트루사르디, '03 S/S

강조하거나 바이어스 재단을 이용하여 부드러운 인체의 실루엣을 보여준다. 그리고 여러 종류의 다양한 길이의 옷을 겹쳐 입어 멋을 내는 레이어드 룩 layered look이 가장 주목할 만한 특징으로, 다양한 의복들의 코디네이션을 통하여 리듬감이 있으면서 낭만적이고 우아하게 느껴지도록 한다. 또한, 그런지, 에스닉, 펑크, 레이어, 오리엔탈 스타일 등의 여러 요소들이 융합되어 다채롭고 복합적인 분위기를 형성하는 것이 큰 특징이다.

인위적이고 정형화된 형태에서 탈피하여 인간의 본능적인 감성, 자연의 순수성, 자연의 생명력을 나타내려는 경향은 강렬한 색과 밝은 색으로 표현된다. 또한 1960년대의 히피 룩에서 보여진 회색조와 부드러운 색조의 빛바랜 듯한 색이 일부 사용되어 과거에 대한 그리움과 동경을 표현하기도 한다. 네오히피 룩의 소재는 면, 마, 모, 견 등의 천연소재가 주로 사용되며, 자연보호적인 측면에서 천연 모피나 천연 가죽의 사용을 자제하는 대신에 인조 모피나 동물 무늬 프린트 소재를 사용한다. 또한 인체의 편안함과 자연스러운 실루엣을 강조하기 위해 얇거나 부드러운 소재, 신축성 있는 니트 소재, 스판 소재, 고탄력 소재 등의 사용이 두드러져 인체의 움직임을 더욱더 자연스럽게 나타낸다.

문양에 있어서도 동물, 식물과 같은 자연친화적인 문양이 두드러지게 많으며, 꽃무늬로는 히피의 상징인 데이지 무늬를 비롯하여 다양한 꽃을 현대적 감각의 문양으로 재창조하고 있다. 그 외에도 얼룩말, 표범 등의 동물무늬나 풍뎅이, 나비 등의 곤충 무늬도 많이 나타난다.

네오히피 룩을 연출하는데 빼놓을 수 없는 부분이 액세서리 등의 소품과 헤어스타일, 메이크업 등이다. 긴 생머리나 한 가닥을 가늘게 땋아내려 색색의 실로 함께 엮은 인디언풍의 헤어스타일과 헤어밴드, 머리수건, 니트로 성글게 짠 모자 등의 히피 스타일은 네오히피 룩에서도 연출되고 있다. 여러 종류의 구슬, 나무, 뿔 또는 고풍스런 유리를 깎아서 만든 장신구를 목에 여러 개씩 걸거나 발목과 허리에 두르는 것이 특징이며, 나무, 돌, 조개, 꽃 등을 소재로 한 길게 엮어 늘어뜨린 목걸이, 허리벨트, 팔찌나 반지 등으로 자연과의 융화를 추구하고 있다.

네오히피 룩은 테크놀로지로부터 탈피한 자연에 대한 관심을 표현하여 에콜로지의 중요성을 상기시키면서, 자연과 순수 그리고 인간 본연으로의 회귀를 강조하고 있다.

과학기술의 발전으로 편리해진 인공적 생활환경에 둘러싸인 현대인은 자연의 순수성과 여유로움에 의한 정신적 풍요를 갈망하게 되었으며, 이는 현대의 예술과 문화의 여러 영역에서 중요한 특징으로 나타나고 있다. 패션에서도 자연이 지니고 있는 근원적인 순수함과 편안함은 자연주의 패션으로 표현되어 나타난다. 자연친화적인 지침을 따르는 자연주의 패션은 인류가 해결해야 할 환경문제와 함께 앞으로도 지속될 것이며, 외적인 형식뿐만 아니라 자연의 본질과 가치를 실질적으로 재현하는 방향으로 전개될 것이다.

CHAPTER 2. 몸의 패션, 노출과 확대

이상적인 몸에 대한 개념은 시대에 따라 변화하여 노출되거나 확대된 패션으로 표현된다.

인간의 몸에 관한 관심은 고대부터 있어 왔지만 몸에 대한 관심이 구체적으로 재조명되고 활발하게 논의된 것은 서구 모더니즘이 지닌 편견과 오류, 한계가 드러나기 시작한 1970년대 말에서 1980년대 초부터이다. 이는 플라톤Platon 이래 정신과 몸을 이분화하여 몸이 정신보다 열등하다고 생각해 왔던 것에서 탈피하여 인간의 몸을 시대와 사회적 상황 속에서 주체의 개념과 함께 변화하는 것으로 보기 시작했기 때문이다.

이러한 몸에 대한 인식의 변화에 따라 각 시대에 이상적이라고 생각한 몸에 기초하여 복식의 형태가 만들어지고, 이러한 과정에서 몸은 무한한 조작과 변화가 가능한 창조물이 되었다. 터너Turner는 『몸과 사회*The body and society*』에서 몸은 육체의 개념이 아니라 정신과 육체를 통합한 총체적인 개념이므로 몸은 인간 자체로 볼 수 있으며, 모든 사회에서 인간은 복식을 착용하고 있으므로 사회적 삶에서 인간존재의 몸은 복식을 착용한 몸으로 확대된다고 밝히고 있다.

이와 같이 복식은 각 시대의 이상적인 몸을 표현하는 대표적인 매체라 할 수 있으며, 복식의 형태는 몸의 확대로 인식되고 있다. 몸에 관한 인식의 변화와 이에 따라 이상화되어지는 몸의 형태는 몸의 노출과 확대에 의해 다양한 형태의 룩으로 나타나는데 이를 드롱DeLong이 제시한 시각적 우선성 즉, 인체-복식 우선형의 관점에서 형성되는 주된 룩을 통해 살펴보도록 한다.

1. 몸과 몸에 관한 인식의 변화

몸이란 사람이나 동물의 머리에서 발끝까지 또는 거기에 딸린 것을 통틀어 일컫는 말이며 신체는 사람의 몸을 의미한다. 전통적으로 몸에 대한 철학적 인식은 대체로 긍정적이라기보다는 부정적인 것으로 전개되어 왔다. 이러한 논의는 플라톤이 “영혼은 신적인 것과 닮았고, 육체는 사멸할 것을 닮았다.”라고 한 것에서 드러나듯이 정신은 영원하고 변하지 않는 진정한 것인 반면, 육체는 변화하고 소멸되는 물질성의 개념으로 파악되어 욕망과 영혼을 혼탁하게 만드는 부정적인 것으로 전개되어 왔다. 이러한 정신과 육체의 이분법적 논의는 17세기 초 데카르트Descarte에 의해 보다 분명하게 표현되었으며 이후 서양 철학사에 커다란 영향을 끼쳐왔다.

하지만 이러한 입장은 근대 이후에는 정신과 육체를 분리하지 않고 이 둘의 통일을 인간의 본질로 보았던 메를로퐁티Merleau-ponty의 일원론을 통해서 거부되고 해체되었으며, 몸의 가치는 회복되었다. 메를로퐁티는 몸의 중요성을 부각시킨 20세기 대표적인 철학자로 『지각의 현상학*Phenomenologie de la perception*』을 비롯한 여러 저서에서 몸적인 이성, 몸적인 주체, 몸적인 행위를 분류하여 설명하였다. 또한 몸과 세계와의 관계에서 "인간의 몸은 심장이 우리의 몸에 있는 것처럼 세계에 거주할 수밖에 없다."고 표현하였다. 이것은 몸과 세계가 두 개의 분리된 영역이라기보다는 서로 구분되면서 '상호 얽힘의 관계'를 갖는다는 것이다.

한편, 이와 같은 철학적 관점의 몸 이론을 배경으로 사회학적 이론에서는 몸을 사회적 의사소통의 매체로 보고 인간의 이성보다 몸을 중시하는 이론을 정립하였다. 라쾨르Laqueur의 주장에 따르면 18세기 전까지는 인체를 인류가 공통으로 갖는 몸, 즉 성별화되어 있지 않은 몸으로 인식하였다. 이것은 하나의 성과 하나의 육체one sex, one flesh 모델이 고대에서부터 17세기말까지 성차에 대한 지배적인 견해를 형성하였음을 의미한다. 이렇듯 자연주의적 몸 개념은 여성의 성징性徵을 열등하고 병리적인 현상으로 간주함으로써 남성의 우월성과 여성의 종속을 자연스런 것으로 합리화시키는데 이용되었다. 18세기를 거치면서 과학은 남성과 여성의 범주를 구체화하기 시작했고, 그 범주의 기초를 생물학적 차이에 두었으며, 과학의 진보와 더불어 몸의 윤곽과 세세한 구성이 점점 더 중요시되었다. 푸코Foucault는 권력의 형태와 지배방식의 변화를 심층적으로 분석한 철학자로 몸에 가해진 권력의 방식을 통해 역사와 그에 따른 인식 구조를 조망함으로써 인류학과 사회학에 많은 시사점을 주었다. 그에 의하면 몸은 권력의 작용점이자 동시에 주체의 문제가 되는 준거점이기도 하다. 따라서 권력은 하나의 사물이 아니라 사물들을 서로 관계 맺도록 하는 어떤 힘의 기능이라고 보게 된다. 몸은 권력의 생산적 기능에 따라 힘을 증가시키는 반면, 복종을 요구하는 정치적 측면에서 몸의 힘은 감소된다. 이와 같이 몸은 태어나면서부터 권력행사의 장이 아니라 다양한 형태의 권력조직에 의해 길들여진 실체라는 점에서 몸은 사회적으로 재생산된 상징물이라 할 수 있다. 이러한 의미에서 '사회적 재생산이론의 핵심은 계급상징을 담지한 몸'이라는 부르디외Bourdieu의 몸 개념과 일치한다.

부르디외는 몸의 현상학적인 시각을 견지하며 몸의 미완결성과 정신적인 것을 구체적으로 실현하기 위한 물질성에 대한 포괄적인 시각을 몸과 정신의 일체성 개념을 토대로 유지하였다. 그리고 이러한 몸은 권력과 연관되어 사회적 불평등을 유지하는데 필수적이다. 즉, 몸은 계급의 상징물, 육체 자본의 한 형태로 존재하고 몸의 개발과 운용은 사회적 지위를 획득하고 사회적 차별화의 과정에 중심적 요소가 된다. 또한 들뢰즈Deleuze는 몸은 그저 몸일 뿐이며, 그것은 그 자체로 전부이고 기관이 필요하지 않기에 기관 없는 신체라고 했다. 즉, 육체는 분절된 부분들의 무질서한 조합으로 파악되어 '기관 없는 신체body without organs'라는 응고되고 몰개성적인 덩어리인 것이다. 기관 없는 신체란 기관이 부재한 신체가 아니라 기관화되지 않은 신체를 뜻한다. 그것은 사회적으로 접합·훈육되고 기호화되어 주체화된 상황에서 새로운 방식으로 재구성되는 신체이다. 따라서 새로운 욕망을 한없이 조장하는 것을 자본주의 사회의 기본 특징으로 보고 있다.

20세기 이후 소비 자본주의 사회에서 성적 본능과 몸이 소비상품으로 물상화되고, 여성 몸의 모든 부분이 교환 가치로 환원되는 것을 볼 수 있다. 즉, 1960년대와 1970년대의 페미니즘 운동으로 인해 여성의 몸이 새롭게 인식된 것, 자본주의 소비문화 속에서 몸의 가시적인 이미지가 중요해지고 몸이 소비의 대상이 되었다는 것, 과학기술의 발달에 따라 사이보그에서 볼 수 있듯이 인간과 기계의 경계가 해체되기 시작하며 몸의 의미가 재정의되고 있다는 것 등을 통해 몸의 중요성을 새롭게 인식하고 있다. 또한, 몸은 문화적 담론에서 그 화두를 차지하고 있는데 인간의 몸을 단순한 생물학적 유기체로 보지 않고 심리적, 이념적, 역사적 의미까지도 내포한 것으로 간주하고 있다. 몸을 매개로 한 복식도 단순히 눈에 보이는 몸과 복식의 물리적 구조를 넘어 그 이상의 다중적인 의미를 전달하고 있다. 몸이 이미 우리들의 자아정체성, 사회, 역사, 문명의 쇄신과 재구성을 위한 담론의 장이 되었듯이 복식 또한 우리들의 끊임없는 욕망의 장이자 소비의 장이며, 다양한 이데올로기의 실험의 장이 되고 있다. 오늘날의 몸은 타고난 자연스러움이 아니라 개인의 의지에 따라 제작되고 변형될 수 있는 것이다.

2. 이상적인 몸과 복식의 형태

시대에 따른 몸에 대한 인식의 변화는 이상적인 몸에 대한 기준을 변화시켰으며, 이는 복식의 형태에 영향을 주었다. 복식에 의해 만들어진 몸의 조작과 변화를 시대별로 살펴보면 다음과 같다.

고대 이집트 시대의 이상적인 몸은 마르고 근육형의 6.5등신이었으며, 인체를 과장하거나 은폐하지 않고 자연스럽게 인체의 형태를 표현하기 위한 복식이 주를 이루었다. 그리스, 로마 시대에는 이데아idea의 반영으로서 이상화된 천상의 비너스를 이상형으로 생각하여 완벽한 조화와 비례를 이룬 인체를 재현하고자 했다. 남성의 인체를 비례의 해부학적 기준으로 여겼기 때문에 남성적이고 영웅적인 인체 즉, 근육형의 8등신이 이 시대의 이상적인 몸이었다. 이 시대에는 인체를 가장 완벽하고 아름다운 자연물로 생각하였으며, 특정부위를 강조하기보다는 황금 분할

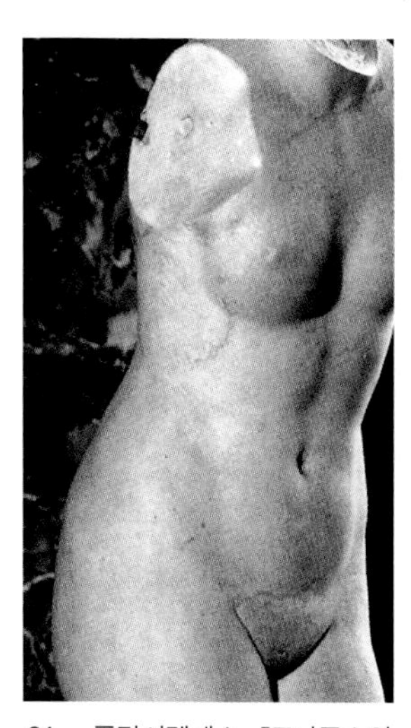

01 _ 프락시텔레스, 「크니도스의 아프로디테」

02 _ 랭부르 형제, 「낙원에서의 추방」, 1416

로 조화적 비례를 이룬 인체 우선형의 복식을 추구하였다. 중세 시대의 인체에 대한 표현은 추상적이었으며 평면적인 선을 중심으로 묘사되었고, 이러한 특징은 복식에 적용되어 구조선이 없는 평면적인 구성으로 재단된 복식이 착용되었다. 고딕 시대에서는 비잔틴의 신비주의와는 달리 인체를 객관적으로 도식화하여 묘사하였고 이는 근대에 인체를 입체적으로 인식하게 된 계기가 되었다. 이 시대 이상적인 몸은 큰 머리, 좁은 어깨, 빈약한 가슴, 높은 허리, 둥글고 불

룩한 배, 긴 다리인 8.5등신이다.

특히, 이상적인 인체의 미의식인 자연성, 세속성, 고결성, 죄악성이 복식을 통하여 표현되었고 재단과 봉제기술의 발달은 다양한 복식 형태의 변화를 가져왔다. 르네상스 시대는 인체를 이상화하지 않고 순수하게 관능에 몰입된 현세적인 것으로 받아들여 인체는 영혼보다 강하고, 관능적인 것이 창조적인 것으로 생각하였다. 이 시대 여성 인체는 가슴과 비슷한 허리둘레, 크고 넓은 엉덩이를 강조한 관능적인 인체미를 표현하였다. 특히 재단방법의 발달로 복식의 상하를 분리하여 재단할 수 있게 됨에 따라 복식이 과장되어 표현되기 시작하였다. 바로크 시대 이상적인 몸은 7등신으로 르네상스 시대의 관능적인 인체이미지에서 더욱 세련되어지고 순수한 관능성, 풍부한 색채감각과 극적인 것에 대한 열정의 증가로 누드nude는 쾌락의 개념이었다. 복식은 극적변화와 자유롭고 비대칭인 표현을 통하여, 인체를 강조하는 형태가 주를 이루면서 버슬 스타일이 등장하였다. 로코코 시대의 이상적인 인체비례는 6등신이었고, 정신적으로는 향락주의가 만연한 시기로 관능적이며 향락적인 특징이 복식에 반영되었다. 가슴을 많이 노출하거나 허리를 극도로 조이고 엉덩이 부위를 과장시킨 형태가 주를 이루면서 버팀대를 이용하여 인체의 형을 인위적으로 과장하여 표현하였다. 고전주의 시대에는 자연적인 욕망의 대상으로서 누드를 이상화시켰으며 '천상의 비너스'의 이미지를 추구하였다. 인체의 이상적인 비례는 8.5등신이 되었고 인체를 자연스럽게 노출시킬 수 있는 근육형이 이상형이었다. 특히 이 시대에는 그리스 시대에서처럼 인체의 자연스런 곡선을 중요시했기 때문에 그리스적 단순미와 자연스런 인체미를 돋보이게 하는 인체가 우선되는 복식이 주를 이루었다. 빅토리안 시기의 낭만주의 시대는 따뜻하고 포근한 여성의 풍만함을 찬미하여 관능미 넘치는 비만형이 이상적인 체형으로 인식되었고, 후기 낭만주의 시대에는 가슴과 엉덩이를 강조한 변형된 몸인 버슬bustle 스타일로 인체미를 과장되게 표현하였다. 19세기 말은 기계문명의 급속한 발전에 의한 사회적 갈등과 모순으로 서구의 제국주의적 권

03 _ 르네상스 시대의 누드, 라파엘로, 「세 명의 여신」

04 _ 바로크 시대의 누드, 루벤스, 「세 명의 여신」

05 _ 앵그르, 「오달리스크」, 1823~1824

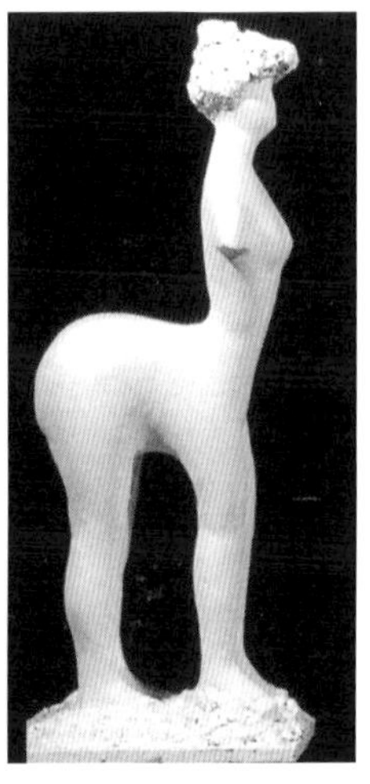

06 _ 버슬 스타일, 루도프스키, 「이상적인 누드」, 1870

력 확장에 대해 우월감을 가졌던 젊은 예술가와 지식인들에게는 회의적이고 불안한 시대였다. 이러한 시대적 분위기는 예술가들이 자연에 관심을 갖게 하는 동기가 되었고, 세기말 탐미적, 유미주의적 성향과 어우러져 아르 누보라는 신예술 운동으로 이어졌다. 이 시대 예술가들은 선을 이용하여 자연생물의 유동적 형태를 표현하고자 했기 때문에, 직선은 피하고 소용돌이치거나 서로 교차하는 곡선을 주로 사용했다. 이러한 시대적 특징을 반영한 복식은 1890년에서 1900년까지의 아워글라스 스타일hourglass style과 1900년에서 1910년경까지 나타난 S-커브 스타일S-curve style이었다. S-커브 스타일은 S자 모양의 인체의 굴곡을 더욱 부각시켜 표현함으로써 과장되고 왜곡된 몸을 만들었다.

이와 같이 20세기 이전의 복식은 그 시대의 사회, 문화적 배경에 따라 자연스럽게 인체 곡선을 부각시키거나 변형과 과장을 통해 인체를 부각시키는 형태로 그 시대의 이상적인 몸을 표현해 왔다. 20세기 이후의 현대인에게 있어서 몸은 사회적 지위를 표현하는 여러 기호들 중의 하나가 되고 있는데, 이것은 전통적으로 아름다움을 통해 신분을 상승하려는 여성의 욕망이 산업 사회라는 시대적 배경 속에서 복식으로 표출되고 있음을 의미한다.

1980년대는 새로운 사조로 표면화되기 시작한 포스트모더니즘의 영향을 받아 복고주의, 이분법적인 사고의 해체를 통한 비주류 문화의 등장과 성적 관심의 부각, 절충주의에 의한 동 · 서양의 조화, 이질적인 것들의 조화 등에 의해 복식문화에 있어도 풍요로움을 누렸던 시대였다. 이러한 배경에서 나타난 복식은 여성의 능동성과 건강미를 중시하는 경향과 함께 신축성 있는 직물, 스타킹stocking, 캐주얼웨어casual wear 등 몸 자체의 기능을 중시하는 복식으로 나타났다. 특히, 활동적인 의복이 유행하여 스포츠웨어가 발달하였고 캐주얼웨어가 보편화되었으며 편안한 빅 룩big look의 형태가 발표되었다. 기능적인 스포츠웨어의 발달은 인체를 드러내는 바디콘셔스body conscious 형태의 복식에 의해 건강미와 섹시한 감성을 드러낼 수 있는 몸을 이상화하는데 영향을 주었다. 반면, 빅 룩은 남녀구분이 없이 입을 수 있는 헐렁한 스타일로 몸을 과장되게 변형하거나 감추는 형태로 착용되었다. 1990년대 중반에 이르러 여성들은 인체의 노출을 통한 복식 형태로 여성미를 표현하였는데, 시스루see-through나 최소한minimal의 표현방법을 통해 인체를 노출하거나 란제리 룩을 통해 여성의 성을 에로틱하게 표현하였다.

이와 같이 복식은 인간의 몸을 떠나서는 형성될 수 없으므로, 각 시대와 문화가 요구하는 이상적인 몸에 따라 다양한 형태로 표현되었다. 특히, 여성의 몸은 각 시대의 이상적인 미를 표현하는 매체가 되어 왔으며, 다양한 방법에 의한 이상적인 몸의 표현으로 새로운 룩을 창조해왔다.

3. 인체우선형, 복식우선형의 몸과 룩

몸 개념과 관련된 룩은 인체의 곡선을 우선적으로 눈에 띄게 하는 섹시 룩sexy look과 인체보다 복식의 형태가 시각적으로 우선되는 빅 룩으로 크게 구분한다. 다시 말하면, 섹시 룩은 복식이 인체의 곡선을 그대로 드러내어 인체가 먼저 인지되는 바디콘셔스 룩body conscious look과 투명하게 비치는 직물의 사용으로 인체가 노출되어 보이는 시스루 룩see-through look이 대표적이다. 빅 룩은 인체와 복식 사이의 공간이 풍성하여 인체를 확장시켜 보이게 하거나, 인체의 특정

부위를 강조하여 과장, 왜곡시킨 부팡 룩buffant look과 버슬 룩bustle look이 대표적이다.

인체 우선형의 섹시 룩

'섹시sexy'의 사전적 의미는 성적 매력이 있는, 매우 화려한, 대중의 인기가 있는 것을 말하며, 섹시 룩이란 여성의 성적 매력을 강조한 디자인, 성적 매력을 강조한 스타일로 몸을 많이 노출하였거나 꼭 맞는 의상들을 말한다.

몸을 환경으로부터 보호하기 위하여 착용하기 시작한 복식의 초기 개념에서는 남여에 따른 성의 구분이 존재하지 않았으나, 문화가 발달하고 사회가 구성되면서 장식과 과시라는 다원적인 개념이 생기게 되었으며, 복식을 통하여 권력이나 신분 및 성적 매력을 표현하게 되었다. 일반적으로 모든 문화권에서 남성보다는 여성의 모습에 더 많은 관심을 가져왔으며 여성에 대한 미의 기준이나 정의는 자주 변하고 있다. 또한, 가장 매력을 느끼는 신체의 부분도 문화나 개인에 따라 다르게 나타난다. 의복 착용동기 중 비정숙성 이론에 따르면 의복은 성적 매력을 위해 입으며 감춰진 신체부위에 시선을 끌기 위한 것이다. 즉, 인간은 의복을 입지 않음으로써가 아니라 옷을 입음으로써 성적 관심을 자극하게 된다는 것이다. 따라서 의복을 입지 않은 나체보다 신체부위를 부분적으로 노출한다든지, 신체가 비치는 의복의 착용이나 밀착된 옷을 착용하여 신체의 선을 드러내는 등의 방법으로 성적인 분위기를 연출할 수 있다는 것이다. 프로이드에 의하면 성욕의 가장 기본적인 욕구 중의 하나는 '보고자 하는 욕구'로써 상대의 성적 특징이 있는 독특한 기관을 보려고 하는 욕망은 남녀 모두에게 능동적이면서도 수동적인 형태로 내재되어 있다고 한다. 아담과 이브의 원죄 이후 몸은 성적 대상물로 전이되었고 생물학적으로 우월한 남성은 능동적인 형태인 관찰로, 생물학적으로 열등한 여성은 수동적 형태인 보여지기 원하는 것으로 성적 충동을 충족시키게 된 것이다. 그 결과 오랜 역사 동안 여성의 옷은 보여주기 위한 치장을 하게 되어 노출과 장식이 여성복의 특징을 이루게 되었다. 역사적으로 살펴보면 이집트 시대의 유방 노출과 크레타 문명 시대의 여인상 그리고 미노스 문명의 의복에서 보여지는 상당한 양의 인체 노출은 과장된 성의 직접적인 표현으로 섹시 룩의 특성을 보여 주는 예라고 할 수 있다.

인체 우선형 몸에서의 관능성은 고딕 스타일에서 나타나는데 여성의 곡선미를 드러내기 위해 허리 부분을 줄이고 유방을 치켜 올려 여체의 윤곽을 강조하였으며, 이후 르네상스, 바로크, 로코코, 낭만주의 복식에 이르기까지 여러 가지 변형된 스타일로 패션에 재현되었다. 이와 같이 섹시 룩은 부분적인 몸의 노출과 은폐 그리고 여성 신체의 다양한 성감대를 강조하는 방법으로 성적 매력을 유도하고 있다.

바디콘셔스 룩

'바디콘셔스'의 사전적 의미를 보면 body는 '몸, 육체, 여성, 섹시한 젊은 여성'의 뜻을 가지고 conscious는 '의식, 자각하고 있는, 알고 있는, 자의식이 강한, 사람 앞임을 의식하는'이라는 형용사의 합성에 의해 '육체의식, 신체의 존재를 의식하다, 강조하다'라는 의미로 번역되는 용어이다.

1980년대에 복식에 사용된 이러한 의미의 바디콘셔스는 1960년대 이후 계속 되어온 페미니즘의 연장으로 볼 수 있으나, 그 내용과 표현 방법이 변화된 것이다. 이 스타일은 여성의 인체를 속박하던 코르셋, 거들, 브래지어 등 많은 속옷에서 벗어나 여성의 인체를 강조한 복식이다. 특히, 엉덩이와 다리의 각선미를 부각시키는 꼭 맞는 바지가 진 소재와 함께 소개되었다. 1970년대의 바지 착용은 여성 해방의 큰 결실 중에 하나로 남녀노소, 국가, 시기를 불문하고 실용성에 의해 착용되었다. 1980년대에 이러한 바디콘셔스 스타일이 등장하게 된 배경의 하나로는 스포츠를 위해 새롭게 개발된 신축성 소재가 운동으로 단련된 신체를 표현하는 가장 좋은 소재로 받아들여졌기 때문이다. 트랙슈트track suit, 러닝슈즈running shoes, 발레 펌프스ballet pumps 등과 같은 운동복은 대중화되어 평상복으로 받아들여졌을 뿐 아니라 제인 폰다의 건강과 미용에 관한 책과 비디오테이프가 에어로빅 산업을 부흥시켜 운동복에 관한 관심이 증가하였다. 이러한 운동에 대한 관심의 증가는 바디콘셔스 룩이 대중화되는 계기가 되었다.

1984년 이후 바디콘셔스 룩이 유행하기 시작하여 1986년 이후에도 여성의 아름다운 인체의 곡선미를 부각시킨 룩이 성행하였는데 특히, 아즈딘 알라이아Azzedine Alaïa는 나일론과 라이크라의 신축성을 이용하여 인체곡선을 강조한 원피스 등을 전 세계적으로 유행시켜 '바디콘셔스'라는 용어를 대중화시킨 대표적인 디자이너이다. 1987년 가을/겨울 파리 컬렉션에는 니트, 스판덱스, 투명 소재, 입체적인 레이스 등을 사용하여 자연스런 인체를 강조한 디자인이 주를 이루었다.

1989년에는 에콜로지라는 패션 테마와 함께 자연적인 외관과 촉감을 지닌 직물로 여성의 신체를 자연스럽게 부각시킨 바디콘셔스 룩이 표현되었다. 이세이 미야케Issey Miyake는 1989년 문신tattoo body이라는 작품에서 신축성 있는 소재로 문신처럼 보이는 문양을 프린트하여 제2의 피부와 같은 의복으로 인체의 관능적인 아름다움을 표현하였다. 장 폴 고티에Jean Paul Gaultier의 작품은 신축성이 강한 꽃무늬 자

07 _ 신축성 있는 소재와 뜨개질에 의한 솔기처리로 인체 라인을 강조한 바디콘셔스 드레스, 아즈딘 알라이아, '87

08 _ 바디콘셔스 룩의 후드 원피스 드레스, 아즈딘 알라이아

09 _ 신축성 소재로 인체를 강조한 바디콘셔스 룩, 장 폴 고티에, '87 S/S

10 _ 문신프린트의 바디콘셔스 룩, 이세이 미야케, '89~'90 F/W

11 _ 코르셋 탱고 드레스, 장 폴 고티에, '92 S/S

12 _ 투명 소재에 의한 인체노출로 섹시미를 강조한 비대칭 원피스 드레스, 티에리 뮈글러, '98~'99 F/W

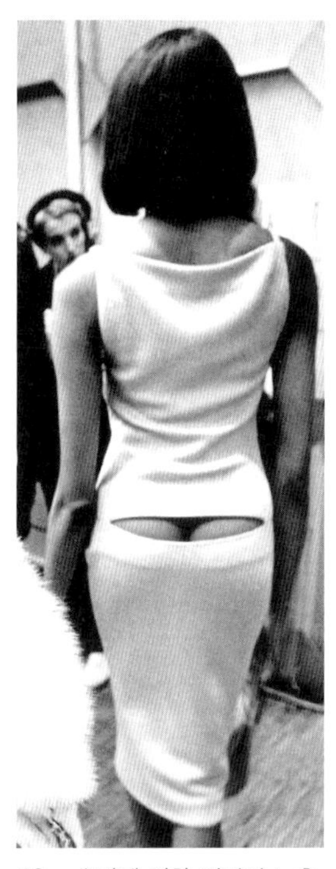

13 _ 슬릿에 의한 엉덩이 노출로 섹시미를 강조한 바디콘셔스 룩, 카르벵, '99~'00 F/W

카드 직물로 여성의 인체미를 살리고, 뒤 중심과 엉덩이 부분에 코르셋 디테일 효과를 이용하여 시선을 집중케 함으로써 섹시함을 강조하고 있다. 디자이너 오즈벡Ozbek과 마틴 싯봉Martine Sitbon도 1995년 봄/여름 컬렉션에서 스포츠웨어를 일상복으로 응용한 바디콘셔스 룩을 발표하였다. 티에리 뮤글러Thierry Mugler의 비대칭적인 원피스는 가슴, 다리 부위를 투명 소재로 꼭 맞게 하여 여성의 인체 곡선을 강조하였다. 니트 소재의 특성을 살려 자연스럽게 인체를 드러나게 하고, 슬릿을 이용하여 엉덩이 부위를 강조한 카르벵Carven의 원피스는 섹시한 감성을 유머러스하게 표현하였다.

이처럼 바디콘셔스 룩은 여성의 몸을 다양한 방법으로 노출시키고, 꼭 맞는 실루엣으로 인체를 강조함으로써, 이상적인 인체미를 표현하는 방식과 신축성 있는 소재에 의한 섹시함의 적극적 표현으로 창출되고 있다.

시스루 룩

'see-through'는 '투시하다, 무엇인가를 통해 본다'라는 의미이며, 시스루 룩이란 천을 통해 살결이 비쳐 보이는 룩의 총칭을 말한다. 1964년 미국 디자이너 루디 게른라이히Rudi Gernreich가 발표한 얇은 옷감인 시어sheer로 살이 비치게 만든 블라우스나 1966년 이브 생 로랑이 발표한 얇고 광택 있는 시폰 드레스의 총칭이다. 시스루란 명칭은 이브 생 로랑이 이와 같은 소재를 이용한 의상을 발표하면서 처음으로 패션에 나타났다. 시스루 룩은 보통 얇고 투명하거나 반투명한 모든 종류의 직물인 시어나 오건디와 같은 천으로 만든 블라우스나 드레스 등을 착용하여 살이 비쳐보이게 함으로써 감추어진 인체의 매력을 관능적으로 드러나게 하는 것으로 시어 룩과 동의어로 쓰이기도 한다.

비치는 소재를 사용하기 시작한 것은 고대 그리스 로마 시대부터였는데 장방형의 반투명한 리넨 천을 그대로 인체에 두르거나 감싸 자연스럽게 늘어뜨리는 드레이퍼리형인 로인 클로스loin cloth, 시스 스커트sheath skirt, 칼라시리스kalasiris 등을 들 수 있다. 고전주의 시기의 엠파이어 라인 드레스는 하이웨스트라인을 사용하여 가슴을 강조하였으며 비치는 모슬린 옷감을 통해 긴 다리의 곡선을 드러나게 하는 시스루 룩의 특징을 보였다. 이 시대의 슈미즈 가운은 그리스 로마 시대에서처럼 자연스런 곡선에 의해, 자연스런 인체미를 돋보이게 하는 의상이었다.

현대에 이르러서는 현대패션의 아버지라 부르는 폴 푸아레에 의해 20세기 모드의 새로운 장을 열게 되었다. 푸아레는 몇 세기 동안 여성의 몸을 조이던 코르셋으로부터 여성을 해방시키고 여성의 신체에 자유를 부여했다. 따라서 현대의 여성복식은 합리적이고 활동적인 복장으로 급속히 변화되었으며, 젊음 지향의 시대인 1960년대에는 젊은 소비자들의 취향에 따라 다양하고 이질적인 소재들이 패션에 도입되었다. 1964년 루디 게른라이히는 비치는 소재의 특성을 살려 여성 신체를 부각시킨 시스루 룩을 발표하였고, 1965년에는 반투명한 직물로 만든 시스루 드레스나 그물망, 크로셰 기법으로 신체의 일부를 들여다보이게 하는 의복이 나옴에 따라 자연스런 유방선을 나타내었다. 1967년 앙드레 쿠레주André Courrège는 살이 비치는 소재를 이용하여 장식효과를 준 활동적인 원피스를 발표하였고, 이 디자인은 독창적으로 노출을 시도한 미래 지향적인 의상으로 제시되었다. 파코 라반Paco Rabanne의 경우도 플라스틱이나 투명한 비닐, 유리구슬, 진주, 인조, 모피 등의 독특한 소재를 사용하여 전위적인 디자이너로 꼽히고 있다. 이브 생 로랑이 1968년경 속살이 훤히 비치는 얇은 블라우스로 시스루 룩을 선보여 섹시한 아름다움을 표현하자, 루이 페로Louis Féraud, 루디 게른라이히, 스텔라 매카트니Stella Macartney 등 많은 디자이너들이 시스루 룩을 발표하였다. 1990년대는 섬유와 직물생산의 발달로 비치는 직물이 많이 개발됨에 따라 인체와 의복의

14 _ 로인 클로스, 시스 스커트, 칼라시리스

15 _ 엠파이어라인 드레스, 슈미즈, 1790

16 _ 장식 효과로 부분적 인체노출을 새롭게 시도한 원피스 드레스, 앙드레 쿠레주, '67

17 _ 독특한 소재의 결합에 의한 시스루 룩, 파코라반, '69

18 _ 얇고 투명한 소재에 의한 시스루 룩, 이브 생 로랑

19 _ 관능적인 섹시 룩을 강조한 원피스 드레스, 지방시, '98 S/S

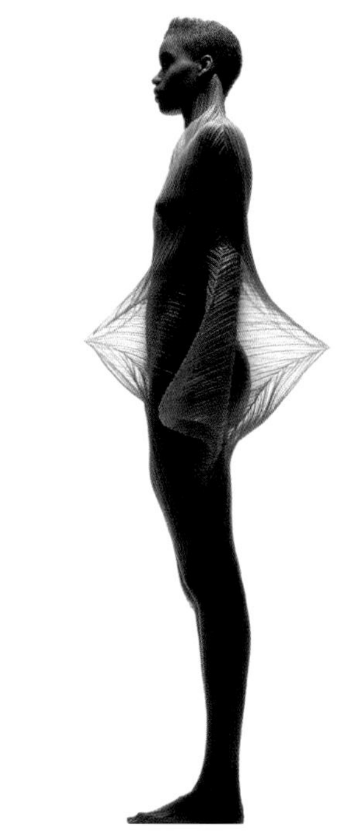

20 _ 매미 날개 형태의 주름으로 조형미를 강조한 시스루 룩, 이세이 미야케, '89 S/S

21 _ 물고기 패턴에 의한 인체노출로 생동감있는 인체미를 강조한 드레스, 알렉산더 맥퀸, '98 S/S

22 _ 슬립 형태로 관능적인 인체미를 강조한 시스루 룩, 지아니 베르사체, '95 S/S

23 _ 화려한 장식을 이용한 이브닝 드레스, 존 갈리아노, '97 S/S

24 _ 르네상스 시대의 남녀 의상

경계가 모호할 정도가 되었고, 의복은 제2의 피부second skin로 여겨졌다. 시스루 룩이 대중적으로 유행된 시대의 작품을 살펴보면, 먼저 1998년 봄/여름 파리 컬렉션에서 발표한 지방시Givenchy의 작품을 들 수 있는데, 투명한 꽃무늬 소재에 의해 인체곡선을 부각시켜서 관능적인 섹시미를 강조하고 있다. 이세이 미야케의 작품은 투명소재를 이용한 주름을 사용하여, 섹시하고 조형적인 인체미를 현대적인 감각으로 표현하고 있으며, 알렉산더 맥퀸Alexander McQueen은 1998년 오트쿠튀르 컬렉션에서 물고기 프린트의 투명 소재 블라우스로 자연스런 관능미를 강조하고 있다.

이와 같이 시스루 룩은 비치는 소재의 개발과 함께 여성의 아름다운 인체미와 섹시미를 부각시키는 룩이다. 특히, 시스루 룩의 슬립드레스slip dress는 1990년대 이후 비즈나 자수 장식 등을 이용한 이브닝 웨어나 야회복 등으로 대중적인 인기를 얻고 있다.

복식 우선형의 빅 룩

빅 룩big look의 사전적 의미를 보면 '큰 룩'이라는 의미로 의복의 크기 또는 개더, 주름, 플레어, 패딩 등을 여유 있고 헐렁하게 적용시켜 볼륨을 강조한 디자인을 말한다. 이 스타일은 1970년 후반에 여성들의 적극적인 사회참여와 함께 유행하였다. 1970년대의 빅 룩은 편안하고 활동성을 강조한 여유있는 스타일을 말한다. 그러나 복식사 전반에 걸쳐 나타난 빅 룩의 범주는 앞에서 제시한 것처럼 인체의 형태를 변형, 왜곡하여 크게 확대시킨 복식스타일을 포함한다. 즉, 빅 룩에서 '크다'라는 의미는 풍성하고 헐렁한 형태의 복식과 디테일을 크게 과장시켜 인체가 확대되어 보이거나 변형되어 보이게 하는 복식 우선형의 몸으로 볼 수 있다. 이러한 복식의 특징은 르네상스 시대 복식에서 잘 나타나고 있다. 르네상스 시대는 그리스, 로마 시대처럼 정신, 육체, 의복이 하나로 융합된 형태의 복식으로 여성의 아름다움을 표현하게 됨에 따라 인체미의 강조와 더불어 인위적인 과장에 이르게 되었다.

고딕 시대에는 몸의 곡선을 자연스럽게 나타내기 위해 몸에 잘 맞는 의복을 착용했으나, 르네상스 시대에 들어와서 남자들은 남성미를 강조하기 위해 과장되게 부풀리고, 여자들은 여성미를 선정적으로 나타내기 위해 목둘레선을 깊이 파고 스커트를 부풀려 허리를 더 가늘어 보이게 하였다. 이와 같은 실루엣의 과장은 16세기에 더욱 심해져 전성기 르네상스 양식을 이루게 된다. 실루엣의 변화는 고딕 시대 이래로 진전되어 오던 재단법의 발달을 촉진시켜 중세적 튜닉 스타일 재단이 투피스식으로 복식의 상, 하가 분리되었고 세부적인 재단도 더욱 기교화되기 시작하였다. 이로써 인체미를 현실적으로 인식하고, 인체미는 복식을 통하여 과장되게 표현되었다. 현세적인 성적 표현은 중요하여 복식을 통하여 인체의 배 부분을 강조하는 전방형, 엉덩이를 강조한 좌우형, 몸통은 축소시키고, 목 부위를 강조한 복식 등으로 몸을 과장하고 변형시킨 복식의 특징을 보이고 있다. 르네상스 시기에 몸의 아름다움을 재발견하면서 형성된 관능적인 비너스 이미지는 바로크 시대에 와서 더욱 세련되면서 관능성과 풍부한 색채감각, 극적인 열정의 증가에 의해 표현되었다. 누드는 쾌락의 개념이었으며, 방탕한 정신 상태와 파괴적인 향락주의가 범람하면서 인체는 점차 세속화되어 극적이고 자유스러우며 비대칭적으로 표현되었다. 이에 따라 허리선은 올라가고 길이가 짧으며, 복부는 덜 나오고 허리는 편 자세를 중요시하였다. 크고 둥근 가슴을 강조하기 위해 가슴과 엉덩이를 돌출되게 하였는데 이것이 확대 표현되어 17세기 버슬 스

25 _ 인체가 과장된 복고적인 드레스, 비비안 웨스트우드, '98 S/S

26 _ 평면적인 패턴의 확대로 인체를 과장시킨 빅 룩, 레이 가와쿠보, '83

27 _ 풍성한 실루엣으로 인체를 과장한 빅 룩, 레이 가와쿠보 '84

타일로 등장하였다. 버슬 스타일은 후기 낭만주의 시대인 1870년대 찰스 워스Charles Worth에 의해 재창조되었는데, 몸을 과장시켜 여성의 몸을 강조함으로써 성적인 감성을 유도하는 빅 룩의 형태이다. 이 시대 복식에서는 이처럼 관능미를 세련되게 표현하기 위하여 인위적인 복식 강조형이 지배적으로 등장하였다. 이러한 복식 형태는 1980년대에 복고풍 패션의 하나로 다양한 문화적 현상과 접목되어 나타났는데, 비비안 웨스트우드가 과장된 실루엣과 장식효과로 복고적인 감성을 현대적으로 표현한 드레스로 복식 우선형의 몸을 표현하였다. 현대 여성들의 사회진출 증가와 생활영역의 확대는 생활수준의 향상을 가져왔으며 결과적으로 여가를 선용하게 되고 패션에 있어서는 다양화와 개성화를 요구하게 되었다. 이러한 시대적 배경에 따라 여성의 사회적 지위가 향상되면서 복식에 있어서는 남성과 동등한 존재임을 나타내기 위한 과장된 형태의 의상을 착용하였다. 특히, 입체적인 서양의복과 평면적인 동양의복을 절충한 형태의 빅 룩이 1983년 레이 가와쿠보Rei Kawakubo에 의해 발표되면서 이세이 미야케, 요지 야마모토Yohji Yamamoto 등의 일본 디자이너들에 의해 크고 헐렁한 스타일의 실루엣이 활동적이면서 개성있는 빅 룩의 형태로 다양하게 발표되었다.

이와 같이 빅 룩의 형태는 그 시대적인 특징을 반영한 이상적인 인체미를 표현하는 방식으로 다양하게 확대 표현되어 왔으며, 현대에서 이러한 형태들은 복고 테마의 하나로 시대의 패션 감각에 맞게 재창조되고 있다.

부팡 룩

부팡buffant은 프랑스어로 '부풀어 오르다' 라는 뜻이다. 부팡 룩buffant look의 의미는 인체의 머리, 목, 팔, 하의 부분 등을 강조시켜 부풀린 디자인으로 인체가 과장, 변형되어 보이는 룩을 말한다. 이 룩은 르네상스 시대의 복식 특징에서 두드러지게 나타나고 있다. 인간성의 재생을 목적으로 하는 르네상스 복식의 특징은 관능적인 아름다움에 치중하여 인간의 인체를 변형시켜 가면서 과장된 실루엣을 형성하였다. 실루엣의 변화뿐 아니라 과다한 장식을 이용하여 인체 부위에 따라 과장되게 표현함으로써 더욱 화려하게 몸을 강조하였다. 특히, 소매는 슬래시, 목은 러프 칼라

28 _ 과장된 실루엣의 르네상스 복식 엘리자베스 1세 여왕, 1593

로 강조하여 우아한 인체를 과장되게 표현한 스타일이 주를 이루었다. 1820년 이후 퍼프 소매가 점점 풍성해지면서 길이도 길어지고, 특히, 몸의 어깨부위를 강조한 과장된 스타일과 역삼각형 형태의 레그 오브 머튼leg of mutton 소매가 크게 유행하였다. 이와 같이 과거 복식사에 나타난 몸의 확대 개념은 옷의 실루엣을 변화시키는 인체미의 기준이 되었으며, 어느 부위를 확대시켜 강조하느냐에 따라 다양한 실루엣의 복식형태를 창조하였다.

현대에 들어 폴 푸아레를 위시하여 크리스찬 디올Christian Dior, 발렌시아가Balenciaga, 피에르가르뎅Pierre Cardin, 지방시Givenchy 등의 디자이너들로부터 순수성 지향이라는 현대적 복식조형이 전개되기 시작하였고, 복식이 지닌 예술적 가치가 인정되면서 옷의 개념에 큰 변화를 주었다. 파코라반은 의복은 추상적이어야 한다고 하였고 퍼 스푹Per Spook은 인체를 조각이라 하였다. 따라서 살바도르 달리Salvador Dali, 조셉 코넬Joseph Cornell 등 초현실주의 작가들이 보여 주었던 형태의 변형과 왜곡은 현대 복식을 표현하는 조형적 영감의 원천이 되었으며, 인체의 형태를 무시하고 실루엣을 과장되게 변형, 왜곡시킨 의상이 제시되었다. 이것은 20세기 미술경향의 영향을 받아 복식에 나타난 실험성과 혁신성으로, 1960년대 이후 기발한 감각을 가진 전위적인 형태의 복식이 표현되면서 복식은 인체에 입혀지는 것일 뿐 아니라 독립적인 형태로 그 속에서 인체가 둘러싸여지는 것이라는 새로운 구조적 개념을 가지게 되었다. 구조적 형태의 강조는 지나치게 인체형태를 왜곡시키고 확대시켜 착용했을 때 여러 형태의 동시적 표현으로 일정한 실루엣이 형성되지 않기도 하지만, 지나친 형태의 변형과 왜곡으로 인해 그로테스크한 특성을 지니게 된다. 특히, 현대인에게 있어 의상 형태의 변형은 급변하는 문명에 대한 허무나 자기 부정을 의미하는 동시에 그러한 현실에 적응하여 살아남기 위한 실존의 자각이기도 한 것이다. 이와 같이 인체가 복식에 의미를 부여한다는 것은 인체의 형태와 구조에 대한 과학적인

29 _ 인체 조각 형태의 의복. 실루엣으로 조형적인 인체미 강조, 조지나 가들리, '86

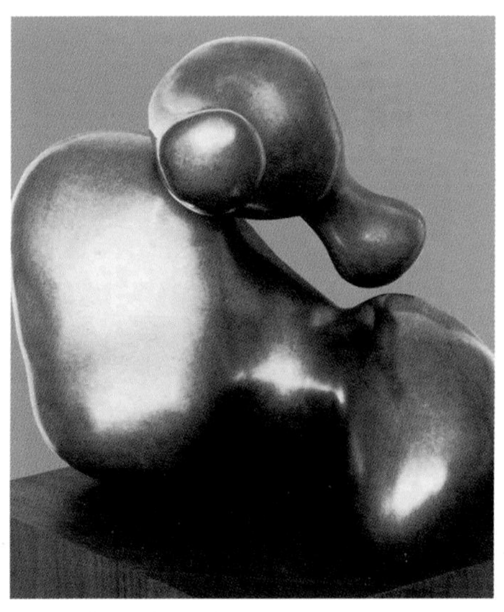

30 _ 인간의 응결, 장 아르프

31 _ 인체 조각 형태의 드레스, 레이 가와쿠보, '97 S/S

32 _ 어깨 부위를 강조한 빅 룩, 빅터 & 롤프, '98 F/W

33 _ 입체적인 장식효과로 인체를 과장시킨 빅 룩, 후세인 샬라얀, '00 S/S

해석을 바탕으로 인간의 합리적인 사고가 만들어 놓은 복식구조를 갖게 됨을 의미한다. 그러나 인체의 이상형을 추구하는 복식 형태로부터 자유로워지고자 하는 반항은 복식구조의 해체를 통해 변형된 몸으로 과장되어 나타나거나, 가장 사실적이고 순수한 몸으로 표현되기도 한다. 1980년경에는 몸에 대한 초현실주의자들의 표현들이 많은 디자이너들에게 영향을 미치게 되었는데 그 한 예로서 조지나 가들리Geogina Godley의 작품은 초현실주의 예술가 장 아르프Jean Arp의 조각형태를 의복의 실루엣으로 적용시켜 왜곡된 몸의 형태로 인체의 아름다움을 표현하였다. 레이 가와쿠보의 작품에서는 인체 조각을 추상적으로 표현한 작품과 같이 조형적인 인체미를 강조하고 있다. 이는 복식 형태에 의한 몸의 확대 표현으로 디자이너의 창의력에 따라 다양한 실루엣에 의한 복식조형물로 새로운 인체미 표현의 무한한 가능성을 보여준다. 전통적으로 의복에 대한 관념은 인체형과 비례의 보편성에 근거하여 의복 맞음새의 기준이 되어 왔다.

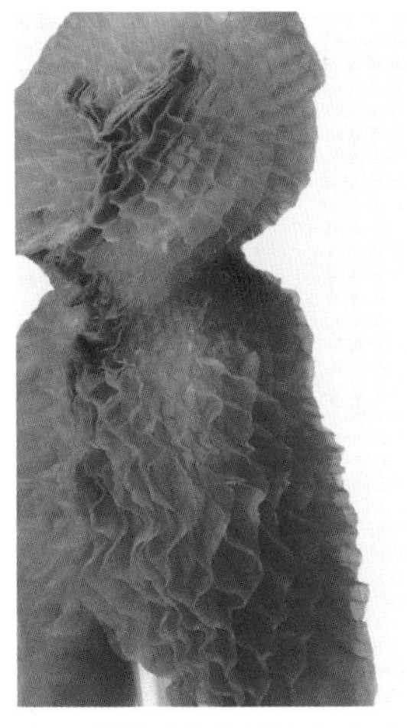

34 _ 조형기법에 의한 소재 개발로 인체를 과장시킨 빅 룩, 준야 와타나베, '00 F/W

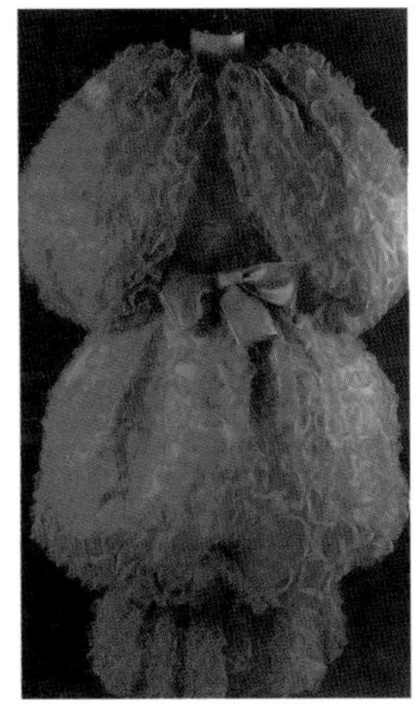

35 _ 러플 장식에 의한 과장된 인체 표현, 발렌시아가, '61

36 _ 소매를 과장시킨 칵테일 드레스, 발렌시아가, '61

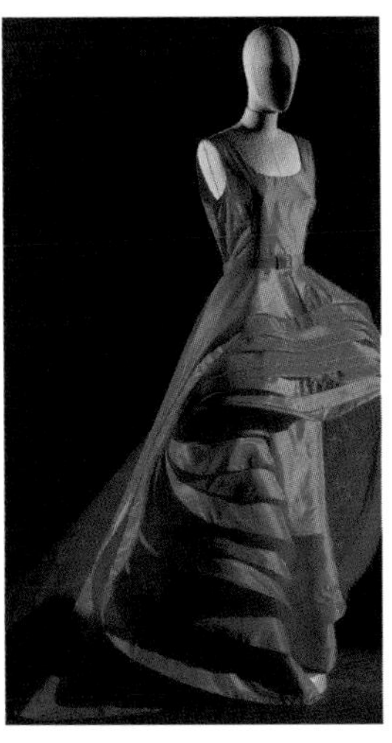

37 _ 스커트 부위를 강조한 빅 룩, 로베르토 카푸치

38 _ 어깨 부위를 과장시킨 블라우스, 크리스찬 라크르와, '88 F/W

그러나 패션에 영향을 미치는 시대적인 배경과 디자이너들의 창의력에 따른 표현 방법에 따라 의복 치수의 적합성은 복식미의 관점을 변화시키고 있다. 특히 아방가르드한 디자이너들의 작품을 살펴보면 치수의 적합성은 보이지 않는다. 빅터 & 롤프Vickor & Rolf의 작품은 가슴 부위를 확대시켜 표현함으로써 그로테스크한 분위기를 연출하고 있으며, 후세인 샬라얀Hussein Chalayan과 준야 와타나베Junya Watanabe의 작품은 장식과 조형기법을 활용한 소재 개발로 인체를 과장되게 표현한 것으로 인체에 대한 새로운 미학적 관점을 제시하고 있다. 이에 대한 실험적 연구는 발렌시아가에 의해 다양하게 시작되었는데, 1961년 발렌시아가는 알렉산더 아키펜코Alexander Archipenko의 과장된 인체 조각의 형태를 칵테일 드레스와 케이프 소매Cape sleeve 디자인에 응용하여 발표하였다. 기하학에 기초를 둔 조형이념으로 구조적 의상을 창작해 온 로베르토 카푸치Roberto Capucci는 '82~83 도쿄에서 오페라 의상을 발표하였는데 구의 형태를 스커트의 실루엣으로 응용하고, 주름의 반복효과를 이용하여 과장된 몸을 표현하였다. 크리스찬 라크르와Christian Lacroix의 바디스라는 작품은 소매를 과장하여 몸이 변형된 실루엣으로 구조적인 형태의 인체미를 표현하고 있다.

이와 같이 부팡 룩은 디자이너들이 복식을 하나의 조형물로 인식하고, 끊임없는 실험정신으로 그 시대의 다양한 특성을 반영하면서 몸의 확장된 형태로 다양하게 창조되고 있다.

버슬 스타일

버슬 스타일bustle style은 엉덩이 부분을 강조한 디자인으로 인체가 변형, 왜곡되어 보이는 스타일을 의미한다. 버슬bustle이란 엉덩이 부분을 부풀리기 위해

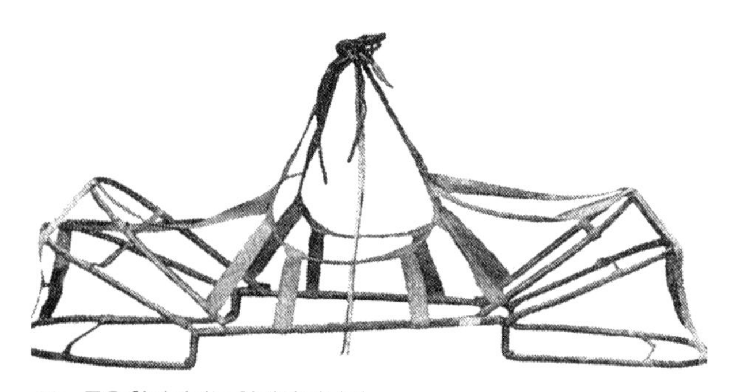

39 _ 몸을 확장시키는 형태의 파니에

40 _ 1870년대 버슬 스타일

허리에 착용하던 버팀대를 의미하는 것으로 버슬스타일은 1670년경 오버스커트를 걷어 올려서 뒤로 모아 묶거나 위 허리에 집어넣은 과정에서 처음 등장하였다. 17세기 말 버슬 스타일의 발생원인은 시대적 분위기에 따른 의식의 변화와 계몽주의 사상의 영향으로 인한 여성의 사회참여 확대로 이어진다. 이러한 변화가 여성 복식에 영향을 주면서 합리적이고 기능적인 복식을 요구하게 되었고 과거의 과장된 복식에 대한 반작용으로 새로운 복식형태가 개발되었다. 18세기말에는 그동안 과장되었던 복식 스타일에서 불필요한 장식이 사라지기 시작하면서 파니에와 스커트가 축소되었고 이것이 엉덩이 부위의 과장을 가져왔다. 19세기 말에 버슬 스타일이 나타나게 된 사회문화적 배경으로는 프랑스 제 2제정의 붕괴와 산업발전으로 인한 여성의 사회 진출을 들 수 있는데 이것은 여성의 생활환경을 변화시키는 계기가 되어 복식문화에 큰 영향을 미치게 되었다. 1870년대 이후에는 여성복식의 간소화 현상으로 환상적이고 아름다운 복식형태에서 실용적이고 간편한 형태의 복식이 요구됨에 따라 양옆을 부풀려 과장시킨 귀족적인 분위기의 크리놀린crinoline 스타일은 점차 부풀림을 뒤로한 버슬 스타일로 변화되었다.

버슬의 형태는 엉덩이를 부풀리기 위해 스커트 밑에 버슬bustle, tournure이라는 패드를 넣어 입었고, 스커트를 뒤로 올려 묶거나, 긴 트레인train을 달고 여러 가지 장식을 하기도 하였다. 버슬은 두 가지 형태의 버팀대를 사용하였는데, 하나는 버슬패드를 만들어 속치마의 엉덩이 부분에만 달아 준 것이고, 또 하나는 강철사로 삼태기와 같은 틀을 만들어 속치마 위에 입는 것이다. 버슬 스타일의 변화를 살펴보면 1860년대에는 크리놀린 스타일의 스커트 폭이 다소 줄었으며, 1870년대 중반부터는 스커트의 단이나 트레인의 길이가 뒤로 길게 장식되었다. 버슬스타일의 버슬부분은 힙 드레이프hip drape, 힙 백hip bag이라 하며 복잡한 주름과 과다한 러플, 레이스 등으로 장식되었다. 스커트 단의 강조는 1880년대가 되면서 힙 쪽으로 옮겨져 1880년대 중반에는 엉덩이 부분이 거의 직각이 될 정도로 돌출되었다. 그러나 1888년이 되면서 크기가 줄어들고, 1890년대에는 거의 사라져 아워글라스 실루엣으로 변화되었다. 특히 19세기 말의 버슬 스타일은 화려하고 장식적인 트레인을 이용하거나 버슬이란 도구를 이용하여 엉덩이를 과장되게 부풀리는 형태로 절정을 이루었다.

1980년대에 등장한 포스트모더니즘post-modernism은 1960년대 말에 두드러졌던 모더니즘modernism적인 사고를 거부하고 주류와 비주류간의 경계를 해체함으로써 장르가 붕괴되고 서로 혼합되는 양상을 보였다. 이것은 정해진 사고의 가치나 판단기준을 거부하는 것으로 기존의 것을 파괴한 새롭고 유희적인 것을 추구하며 확산시켰다. 특히, 포스트모더니즘은 모더니즘의 추상적 경향에 의해 결여

41 _ 1880년대 버슬 스타일

42 _ 가방 장식을 이용한 버슬 룩, 크리스찬 디올, '00 F/W

43 _ 이질적인 소재를 이용한 버슬 형태의 드레스, 후세인 샬라얀, '00 S/S

44 _ 엷은 망사로 엉덩이 부위를 강조한 코트, 요지 야마모토, '86 F/W

45 _ 버슬 형태의 투피스, 비비안 웨스트우드, '94 F/W

되었던 예술의 상징성이 과거의 역사적 요소를 참조하고 이들을 해체, 과장, 확대, 축소 등을 통하여 새롭게 창조되는 경향으로 나타나고 있다. 이러한 사회 · 문화적 배경이 패션의 흐름을 지배하게 됨에 따라 기존의 버슬 스타일과는 다른 몸의 왜곡 형태로 표현되고 있다. 존 갈리아노John Galliano의 가방과 털 장식으로 엉덩이 부분을 과장한 작품은 도전적이고 전위적인 이미지의 버슬 스타일로 기존 사고의 해체적 특징을 표현한 몸의 왜곡 형태이다. 후세인 샬라얀과 요지 야마모토의 작품은 이질적인 소재를 이용하여 엉덩이 부위를 과장시킨 룩으로 복고적인 버슬 형태의 이미지와는 달리 개성있는 인체 표현으로 현대적인 조형미가 부각되고 있고, 비비안 웨스트우드의 우아하고 로맨틱한 분위기의 투피스는 복고적이면서 섹시한 감성이 나타나고 있다.

이와 같이 버슬 스타일은 몸을 확대 표현하는 방법의 하나로 디자이너의 창의력에 따라 그 시대의 지배적인 사회문화적 특징을 반영하면서 다양한 이미지의 룩을 창조하고 있다.

이성이라는 가치 기준 아래 억압받아온 육체는 감성 시대의 도래와 함께 욕구를 표출하는 수단으로 새롭게 인식되면서 20세기 말 문화 전반의 지배적인 키워드로 '몸'이 부각되고 있다. 이와 같은 시대적 배경에 따라 복식을 표현하는 대상으로서의 몸은 하나의 조형물로서 새로운 인체미를 갖게 된다.

몸의 노출에 의한 룩은 인체를 자연스럽게 드러내는 방법이나 몸의 특정 부위를 독특한 소재와 기법을 활용하여 부각시키는 방법으로 섹시한 감성을 대담하고 독특하게 표현하고 있다.

몸의 확대에 의한 룩은 디자이너들의 실험 정신과 창의력에 따라 몸을 하나의 조형물로 인식하고 변형과 왜곡을 유도하여 전위적이고 미래지향적인 이미지의 복식으로 창출되고 있다. 몸의 확대 표현을 위한 복식의 구조적인 구성방법이나 소재 개발을 위한 다양한 기법들의 활용은 새로운 룩의 창출에 무한한 가능성을 갖게 한다.

CHAPTER 3. 패션으로 표현된 남성성과 여성성

시대에 따른 성 정체성의 변화는 남성패션과 여성패션의 교차, 공유, 혼합을 통하여 강조된다.

트렌드 분석 전문가 페이스 팝콘Faith Popcorn은 그녀의 저서 『클릭 미래 속으로』에서 뉴밀레니엄을 위한 트렌드 17가지를 제시하면서 21세기의 다문화적인 현상을 표현하였다. 그 중, 여성이 생각하고 행동하는 방식이 비즈니스에 영향을 미침에 따라 마케팅도 계급서열 모델로부터 인간관계 모델로 변화한다는 '여성적인 사고 트렌드'와 남성들이 전통적인 역할을 거부하고 그들의 자유를 만끽하며 스스로 원하는 삶을 살아가는 '남성해방Mancipation 트렌드'는 현대 사회의 성性역할의 변화를 말해주고 있다. 국내에서도 2004년 17~39세 남녀 300명을 대상으로 조사 발표한 우리 시대 남녀의 조용한 혁명으로 명명한 소비자 분석 보고서에 따르면 조사 대상 중 남성의 67%, 여성의 57%가 성역할에 대한 고정관념을 탈피한 것으로 나타났다. 제일기획은 이를 각각 '미스터 뷰티Mr. Beauty'와 '미즈 스트롱Ms. Strong' 그룹으로 명명하고 남녀 성역할 변화는 더욱 일반화될 것이므로 이에 따른 마케팅적 대응이 필요하다고 설명했다.

이와 같이 21세기는 과학과 이성, 지식과 정보로 대표되는 세계로 사회와 삶의 영역들에서 근력이나 힘으로 대변되던 남성성의 영역이 점점 축소되고 부드러운 여성성이 확대되어 가는 흐름을 맞고 있다. 영국의 시인 콜리지Coleridge는 "위대한 정신은 남녀 양성을 겸비하고 있다."고 하여 특정한 성이 아닌 여성성과 남성성의 균형적인 시각과 경험의 중요성에 대해 말하였다. 이제는 성적인 특성을 따로 구분하여 생각하는 것은 시대에 뒤떨어진 것으로 여겨지고 있는 것이다. 심리학이나 사회학적 측면에서도 남성, 여성을 분리하기보다는 남성이든 여성이든 가슴속에 함께 공유하고 있는 남성성과 여성

01 _ 장 폴 고티에의 사롱sarong을 착용한 데이비드 베컴, 1998

성 즉, 성별에 관계없이 혼재하고 있는 양성성을 잘 활용하는 것이 새로운 시대에 잘 적응할 수 있는 방법이라고 설명하고 있으며 이에 관한 다양한 연구 결과들이 발표되고 있다. 그러므로 패션에 있어서도 이러한 성역할의 변화 현상을 인식하고 그 의미를 분석해 볼 필요가 있다.

02 _ 영화 「툼레이더」 라라 크로포트역의 안젤리나 졸리, 강인함과 여성스러운 섹시함을 지닌 새로운 여성상의 표현

1. 성

일상생활에서 사용하고 있는 성이라는 용어는 남녀를 구분할 때에 사용되는 영문의 섹스sex와 젠더gender라는 용어들을 번역한 단어이다. 보통 생물학적인 면에서 남녀를 구분할 경우에 섹스라는 용어를 사용하는데, 이는 개인이 태어나면서부터 구분된 선천적인 성별을 뜻한다. 어원상 섹스라는 단어는 '자르다to cut or divide' 라는 뜻을 지니고 있는 라틴어 동사secare에서 유래하였는데, 플라톤의 『향연*Symposium*』에 언급되는 아리스토파네스Aristophanes의 이야기[1]로부터 이러한 의미를 쉽게 추론할 수 있다. 또한 심리학자 스톨러Stoller에 따르면, 섹스는 염색체, 외부생식기, 생식선, 내부생식기, 호르몬 상태, 제2차 성징, 뇌 등을 포함하는 생물학적 구성요소를 지칭한다. 즉 일반적으로 섹스는 성기를 비롯하여 그 밖에 남성과 여성에게 부과되는 신체적 특징인 생물학적 의미의 성을 포괄하는 것이다.

젠더는 남자냐 여자냐에 대한 심리적 · 사회적 · 문화적 영역으로 정의된다. 이는 개인이 출생한 이후에 사회적, 문화적, 심리적인 환경에 의해 학습되어진 후천적으로 주어진 남녀의 특성을 의미한다. 철학이나 언어학에서만 사용되던 이 용어를 심리학에서는 1955년 존 머니John Money가 외부 생식기가 애매한 상태로 태어난 사람들의 남성 또는 여성적인 상태를 기술하면서 적용하기 시작했다. 머니에 의하면 섹스는 남성, 여성 또는 중성으로서의 개인의 신분을 의미하고, 젠더는 신체적이고 행동적인 기준에 따른 개인의 남성 또는 여성적인 특성을 의미하는 방향으로 구분되어 사용된다. 사회학에서도 생물학적 성sex이라는 용어를 해부학적, 생리학적 관점에 입각하여 성별로 나타나는 신체적 차이를 일컫는다. 그 반대로 사회적 성gender은 양성간의 심리적, 사회적, 문화적 차이를 지칭하며 사회적으로 구축된 남성다움 또는 여성스러움의 개념과 관련이 있다. 사회적 성은 반드시 한 개인의 생물학적 성의 직접적인 산물일 필요는 없다. 생물학적 성과 사회적 성의 차이는 근본

1) 인간의 조상은 원래 남녀가 합해진 양성체였다. 몸은 둥글고, 손발을 합하여 네 쌍, 얼굴이 둘, 등은 함께 붙어 있었다. 반듯하게 걸을 수도 있지만, 8개의 손발을 이용하여 땅을 짚고 굴러다닐 수도 있고, 아주 빠르게 움직일 수도 있었다. 능력이 뛰어난 인간은 자존심이 강해서 신들에게 대들기도 할 정도였다. 신들은 인간의 무례함에 화를 내기도 하고, 위협을 느끼기도 했다. 결국 신의 총수인 제우스의 결정에 따라서 인간을 둘로 분리시키기로 했다. 그렇게 되면 지금보다 더 약해질 것이고, 신들이 더 유리해질 것으로 믿었기 때문에 인간은 남자와 여자로 분리되었다. 이 때문에 남녀는 예전처럼 하나가 되려고 서로 다른 반쪽을 추구하게 되었다. 윤가연(1998)

적인 자질인데, 남녀 간에 나타나는 여러 차이는 그 연원이 생물학적 요소에 기반하지 않기 때문이다.

동양에서는 섹스와 젠더라는 영문의 단어들을 단순히 성이라고 번역하여 사용하고 있지만, 성性이라는 글자가 지니는 원래의 의미는 마음心과 몸生을 동시에 표현하고 있다. 다시 말하면, 성은 전체적인 인간 그 자체를 뜻하는 것이지 결코 성행동이나 성적 쾌락만을 의미하지는 않는다는 것이다.

남성성과 여성성

인간은 생물학적으로 누구나 남성male 또는 여성female으로 태어난다. 이 생물학적 성차가 남성다움과 여성다움의 성 특성을 형성하고 남녀의 성역할을 구분한다고 생물학적 결정론자들은 말한다. 반면에 사회화론자들은 이와 같은 성별 고정관념은 편견이고 후천적 사회화의 소산일 뿐이라고 보는 성차별 없는 사회화를 제안하고 있다.

심리학자 융Jung에 의하면 인간의 마음속에는 여성성과 남성성인 아니마anima와 아니무스animus가 존재한다고 하였다. 아니마는 남성의 마음속에 있는 여성적 심리경향이 인격화한 것이다. 즉 막연한 느낌이나 기분, 예견적인 육감, 비합리적인 것에 대한 감수성, 개인적인 사랑의 능력, 자연에 대한 감정 그리고 무의식 등이 바로 이러한 심리경향이다. 또한 융은 여성의 마음속에 존재하는 남성성으로 표현되는 아니무스는 여성의 정신적 기반을 튼튼히 해주고, 외적인 연약함을 보상할 수 있게 해주는 보이지 않는 내적인 힘을 준다고 하면서 여성성과 남성성에 대한 지적을 하였다. 그러나 일반적인 사람들은 남성다움과 여성다움에 대한 고정관념을 갖고 있으며, 남성다움의 특징으로 도구적, 능동적, 활동적, 공격적, 지배적 등의 특징을, 여성다움은 장식적, 이해적, 수동적, 순종적, 관계 중심적 등을 특징으로 여기고 있다. 아담과 이브의 창조 이래 최근까지 '남성=문화, 여성=자연' 이라는 양분법이 우리 사회에 만연되어 왔으며, 또 하늘의 신 우라노스Uranus와 대지의 여신 가이아Gaea 등과 같은 신화를 통해 남성은 하늘, 여성은 대지로 상징되어 오랜 세월 동안 남성이 여성을 지배하는 우월적인 위치를 누려왔다. 이러한 남성에 대한 인식에 반하여 수세기 동안 여성은 수동적인 존재이며 이분법적 성별체계에 의해 남성에게 종속불가피한 존재로 인식되어 왔다.

전통적인 성역할과 성정체성

생물학적으로 개인이 남성인가 아니면 여성인가를 나타낼 때에는 성적인 정체성 또는 주체성sexual identity이라는 용어를 적용시키며, 한 개인이 소속된 사회 문화권에 통용되는 남성다움, 남성성masculinity이나 여성다움, 여성성femininity을 나타낼 때에는 정신적 성인 젠더 정체성gender identity이라는 용어가 적용된다. 정체성은 사람들이 스스로를 누구라고 여기는지 또 자신에게 중요한 것은 어떤 것인지를 이해하는 것과 관련이 있다. 개인의 정신적 성의 주체성 형성은 환경, 특히 부모와 또래들과의 사회화 과정을 통하여 이루어지는 것이 보통이며, 인류가 경험한 가장 오래된 문화적 경험은 바로 '남자 되기' 와 '여자 되기' 로 볼 수 있다.

미드Mead의 자아형성이론에 의하면 남성다움과 여성다움에 대한 사회화 과정은 아이가 태어나는 그 순간부터 시작되어 '엄마놀이' 나 '아빠놀이' 등을 통해서 엄마와 아빠 같은 중요한 타자significant others의 역할을 습득하게 된다. 이러한 놀이단계를 지나서 게임단계game stage에 이르면 아이들은 일반화된 타자generalized others의 역할까지 인지하게 되며, 자신과 밀접한 관계가 있는 사람 뿐 아니라 전체사회 구성원들이 자신에게 요구하는 기대 즉, 역할 취하기role-taking를 통해 자신에게 기대되는 사회적 역할이 무엇인지 인식하게 된다는 것이다. 이처럼 미드의 이론은 놀이와 게임을 통한 사회화 과정이 아동의 자아형성에 얼마나 큰 영향을 미치는지 보여주고 있으며, 이와 같이 남녀별로 차이가 나는 장난감의 형태, 게임 및 놀이는 아이들이 사회적으로 기대되는 성역할을 학습하는데 중요한 역할을 한다는 것을 보여주고 있다. 즉, 아이들은 이를 통해 성별에 따른 차별적인 능력과 정체감을 형성하게 되는 것이다.

전통적인 성 역할과 차별성은 산업혁명 이후 가부장제의 부르주아 계급에서 확실하게 생겨났다. 가부장제는 노동, 교육, 문화 등 사회활동 영역 전반에 걸쳐 만연되어 있는 여성에 대한 차별과 가정에서의 종속적인 여성의 삶, 가사, 육아, 성관계를 포함하는 개념이었으며, 여성의 경제적 의존 등 남성간의 사회관계에 기초한 많은 제도들은 가부장제 사회에서 여성에 대한 차별적 요소로 지적되어 왔다. 남성들은 한 가정의 가장이며 생산이 이루어지는 사회라는 공적인 영역에 속하게 되며 여성은 아내와 어머니인 사적인 영역에 속하게 된다. 따라서 남성성과 여성성의 관념이 철저히 사회적 우월과 열등의 표시로 대립되었으며 남성성은 남성이 지배하게 된 사회에 대해 주체로서 권력의 상징, 육체보다는 이성적 상징으로 보았으며 여성들은 남성들이 이미 규정해 놓은 어머니, 처녀, 창녀, 마녀와 같은 전형steretype으로 재현되었으며, 육체적, 의존적, 감정적인 여성성으로 규정되었다.

이러한 성 역할에 대한 고정적 정체성은 1980년대에 들어 사회, 문화적으로 많은 변화가 있었는데, 이는 '정치적 행동의 변화'를 주장한 페미니즘의 오랜 역사적 투쟁에서 초기에 지향한 남녀 평등 운동의 결과로 나타난 것이다.

패션에 표현된 성정체성

전통적으로 어떤 사회나 문화에서 남녀의 성역할은 시대 상황과 태어난 국가, 종교에 따라 다소 차이가 있을지언정 대부분의 문화에서는 남자와 여자를 구별하는 사회적 관습 즉, 옷차림, 교육방식, 기대되는 행위, 언어 등에 이르기까지 남녀를 구분하는 규범, 가치관 등은 정교하게 발달되어 있다. 그러므로 남자 또는 여자는 각각의 성역할에 적합하다고 생각되는 행위 및 태도를 학습시키는 성역할 사회화 과정을 통해서 성장된다. 서구에서는 오랜 기간 여성은 스커트를, 남성은 바지를 입었는데 스커트는 여성의 역할을 상징하여 온화하고 의존적이며 비공격적인 것을 나타내고, 반대로 남자의 바지는 남성적이며 힘이 세고 독립적이며 공격적이라는 여성과 반대적 특성을 나타낸다. 어린이들은 성장하면서 이러한 의복의 구분을 배우며 의복은 사회화의 도구로서 이용된다.

서양의 복식사에 의하면 초기에는 남녀 모두 치마 형태의 의복을 착용하였다. 그러나 12세기 후반 중세유럽에서 비롯된 갑옷의 개발 이후 다리가 갈라진 형태의 바지가 오랫동안 남성들의 것으로 전해져 내려왔으며 중세 시대의 갑옷은 외형적 정교함과 복합적인 화려함, 초자연적인 힘의 추상적 이미지를 지니고 남성 신체의 아름다움을 고양시키게 디자인되었다. 갑옷은 금속으로부터 인체

03 _ 노출된 가슴과 고전적인 드레이퍼리의 조화는 오랜 역사에 걸쳐 유행했던 남성 권위의 상징적 이미지, 아우구스투스, B.C. 2C

04 _ 영국의 헨리 8세가 푸르푸앵을 입은 모습은 남성적인 힘을 표현, 헨리 3세의 초상화

를 보호할 수 있는 속옷이 필요하였는데, 그에 필요한 정교한 재단법이 이 시기부터 발달하기 시작하였으며, 남성과 여성의 의복이 확실한 차이를 보이게 되었다.

남성은 다리가 갈라진 형태의 타이즈, 바지를 착용하게 되었고, 여성은 허리를 가늘게 조이고 부피가 큰 긴 스커트를 착용하게 되면서 복식의 성차가 드러나기 시작했다. 르네상스 시기에는 남성이 어깨에 과도한 패드를 대어 역삼각형의 상체를 만들기 위하여 부피가 큰 푸르푸앵pourpoint을 착용하고 하의는 타이즈 형태의 쇼스chausse를 착용하면서 복식의 성차는 더욱 두드러졌다. 프랑스 혁명과 함께 18세기 말과 19세기 초에 이르러 젠더의 구분이 더욱 명확해지면서 남성복은 절제된 스타일로 변화되었고 여성복은 장식이 증가하고 화려해졌다. 그러나 남성들은 그 변화를 단절시켰으며 이러한 상황을 플뤼겔Flügel은 '위대한 남성의 거부the Great Masculine Renunciation'라 칭하였다. 남성들이 아름답고자 하는 욕망을 버리고 단지 유용성만을 추구하는 합당한 의복을 착용한 이유는 그들이 나르시즘적 욕구가 여성보다 강하지 않고 사회적 동물이며, 산업혁명 이후 경제적인 노동의 가치가 증대되면서 노동에 적합한 의복을 착용하려는 사회적 요구가 있었기 때문이었다. 반면, 여성들은 선천적으로 자기도취적이며 무의식적으로 성적인 경쟁심을 가지고 있기 때문에 패션에서 경쟁을 한다고 하였다.

2. 패션과 성정체성

21세기에는 다양한 특성을 가진 문화가 공존하며, 융합되고 조화를 이루는 현상을 보이고 있다. 패션분야에서도 전통적인 성의 역할 변화와 함께 성의 경계 없이 남성성과 여성성이 공존하는 복식으로 자유와 즐거움을 다양하게 표현하게 되었다. 과거 이성 간에 다른 것으로 구분되었던 성역할 고정관념은 매우 임의적이며 한계가 있는 개념이라 보게 되었으며, 남성과 여성 사이에 성의 차이라는 기본적 가정이 사라지고 성별에 기초를 두지 않은 개인의 차이를 강조하는 새로운 가정이 대두되면서 각 성에 존재하는 양성적 특성을 수용하게 되었다.

이러한 사회심리 경향을 배경으로 패션에 있어서도 여성이 입어야 하는 옷, 남성이 입어야 하는 옷이라는 개념을 넘어서 두 가지 성의 특징을 담아내거나 그 경계를 허물어버린 새롭고 다양한 차원의 룩이 등장하였다. 과거 20세기 초로 거슬러 올라가 패션의 역사를 살펴보면 남성성과 여성성이 만나는 접점은 줄곧 있어왔다. 여성성을 강조하는 코르셋으로부터의 해방과 함께 나타났던 가르손느 룩garçonne look을 시초로, 페미니즘과 함께 등장한 70년대 유니섹스 룩unisex look, 남성성과 여성성의 공존을 내포한 80년대의 앤드로지너스 룩androgynous look 등이 그것이다. 또한 1990년대 이후 남성들의 부드러움을 강조하는 감성, 직업 영역, 일하는 방식 등 사회의 기준들이 달라지고 가치관이 다양해지면서 나타난 메트로섹슈얼metro-sexual은 남성성과 여성성의 경계를 초월한 젠더리스 룩genderless look의 대표적인 것으로 볼 수 있다 .

매스큘린 룩

매스큘린 룩masculine look은 매니시 룩mannish look이라고도 하며 여성들이 전형적인 남성복장인 바지를 착용한 남성 이미지의 여성복장을 의미한다. 여성해방운동은 복식에 나타난 성적 특성에 많은 변화를 가져왔는데 매스큘린 룩은 그 중 하나이다. 제인 그로브Jane Grove는 20세기 복식의 혁명 중의 하나는 성의 혁명으로 여성이 남성 스타일을 수용함으로써 전통적인 여성의 가시적

05 _ 앵그르, 바지로 된 철갑옷의 겉에 스커트를 착용한 「잔 다르크」, 1854

06 _ 블루머 수트

07 _ 스트레이트 박스 스타일의 투피스

이미지에 대해 도전한다고 하였다.

바지는 과거 중세시대 이후 오랜 동안 남성들의 소유물로 인식되어 왔다. 특히 16세기 이후의 상류 사회에서는 바지는 방탕한 여자들이 남성들을 유혹하기 위해 착용하는 것으로 인지되었으며, 하위 직업이라 여겨졌던 여자 광부, 어부, 농부, 무용수, 곡예사, 여배우, 가수들에게 입혀지는 의복이었다. 남성의 바지를 최초로 착용했던 여성은 1420년 경 십자군 전쟁 당시의 잔 다르크라고 할 수 있다. 앵그르Ingres의 그림에서 볼 수 있듯이 잔 다르크는 기사복의 바지 위에 스커트를 착용하였으며, 그 당시 남녀의 분리라는 철저한 규율을 깨고 가려져 있던 여성의 다리를 보여주는 기사복장을 착용하였다. 그녀의 바지 차림 기사복은 갑옷 속에 내재된 정치적인 힘과 정신세계를 내포하였으며 남성복장이 여성에게도 필요하다는 주장을 불러일으켰지만 그 당시의 사회 문화적인 이데올로기에서는 결국 정신적으로 야심에 불타는 병든 모습으로 보이게 하였으며, 이단의 마녀로 취급되어 파멸로 이끌었다.

잔 다르크 이후, 프랑스의 여류 소설가 조르주 상드George Sand는 여성해방과 자유연애를 주창하였고 이 당시 상상할 수도 없는 남성의 전유물인 바지를 즐겨 입었으며, 이러한 모습이 패션의 역사에 있어서는 최초의 남장 차림으로 기록되어 있다. 또한 아멜리아 블루머Amelia Bloomer는 1850년 여성 의상 개혁운동을 전개하면서 몸을 조이는 크리놀린 스타일을 벗어버리고 블루머bloomer 스타일의 바지 형태를 착용하여 여성도 남성과 평등하게 바지를 입을 수 있다는 가능성을 인식시켜 주었다. 그 후 제1차 세계대전을 치르면서 바지나 셔츠는 작업복이나 운동복으로 활용되기 시작하였다. 1916년 입대하는 남성들이 늘어나면서 병원, 농장에서 뿐만 아니라 군수품 공장 그리고 교통과 화학 산업 같은 직종에도 여성들의 참여가 장려되었고, 이는 작업복의 새로운 발전을 가져왔으며, 여성들의 바지착용을 일반화시켰다. 직업을 가진 여성들은 바지차림이나 스트레이트 박스 스타일straight box style의 투피스를 착용하였다. 가브리엘 샤넬Gabrielle Chanel은 일하는 여성을 위해 남성적인 분위기의 풀오버pullover와 같은 스포츠웨어를 제안하여 매스큘린 룩을 선도하였으며 이는 이후 가르손느 룩으로 연결된다.

08 _ 『라 가르손느』의 표지, 짧은 머리에 남성 재킷과 타이를 착용한 여성 주인공의 모습

가르손느 룩

세계 1차 대전 직후 여성들이 여성스러운 스타일보다는 가슴을 납작하게 하고 허리곡선을 완화시킨 스트레이트 박스 스타일을 선호하면서 복식의 남성

화가 이루어져 보이시 스타일boyish style이 유행되었다. 영국에서는 1918년 일부 여성들에게 참정권이 주어지기 시작하였으며, 미국에서는 1920년대에 여성의 참정권이 부여되었고 정치적, 경제적 지위 향상, 남녀평등과 자유연애 사상 등이 결합되어 여성들의 패션에도 변화가 나타나기 시작한 것이다.

1920년대의 보이시 스타일은 가르손느 룩, 또는 플래퍼 룩flapper look이라고도 불린다. 가르손느 룩은 그 당시 세상을 깜짝 놀라게 했던 빅토르 마르그리트Victor Margueritte의 소설『라 가르손느 *La Garçonne*』에서 파생되었는데 표지에서 보여지듯이 독립적인 삶을 찾아가는 젊은 여성 주인공이 머리를 짧게 자르고 남성의 재킷과 타이를 입고 있는 모습에서 따온 것이다. 그 시대에는 급진적인 사회, 경제, 정치적 자유를 실제로 경험한 여성이 거의 없었으므로 가르손느 룩은 현실적이기보다는 이상적인 패션이었다. 소년과 같은 의미를 내포하는 플래퍼flapper는 '말괄량이'라는 뜻으로 특히 1920년대에 자유를 찾아 의복행동 등에서 관습을 깨뜨린 젊은 여성을 가리키며, 복식에서는 유행에 열중한 약간 엉뚱한 소녀를 일컫는다. 플래퍼는 깃이 없고 소매 없는 짧은 드레스가 특징이며, 보브bob, 싱글single, 이튼 크롭eton crop 등과 같은 짧은 헤어스타일에 빨간 립스틱을 발라 그 시대로는 전위적인 복식을 보여주고 있다. 당시 짧은 머리에는 클로슈cloche 모자가 필수적이었다. 루이즈 부룩스Louise Brooks와 글로리아 스완슨Gloria Swanson같은 스타가 20년대의 인기 플래퍼이다. 가르손느 룩은 여성들이 남성들과 동등해지기를 원하는 내면적인 의향을 나타낸 것으로, 이런 의향은 여성복식을 더욱 기능적으로 변하게 하였으며 20년대 후반까지 지속되었다. 남장을 모방하였지만 주름이나 리본 등으로 여성적 이미지를 가미한 소년 같은 여성의 이미지를 나타내고 있다.

1980년대 이후 양성화 트렌드와 관련되어 지다 북스바움Gerda Buxbaum은 1920년대의 디자이너들은 여성을 성적 억압으로부터 벗어나게 하기 위하여 자유 수트freedom suit를 만든 것이 아니라, 남성과 여성의 관계를 폭넓게 하기 위하여 즉, 양성성을 위한 성의 교차적 의미로 디자인했다고 해석하고 있다. 그레타 가르보Greta Garbo와 마를린 디트리히Marlene Dietrich는 남성 이미지의 복식을 착

9 _ 클로슈, 1925

10 _ 루이즈 브룩스

11 _ 디 담므, 짧은 머리에 클로슈 모자를 착용한 20년대 여성들의 모습, 1928

12 _ 그레타 가르보, 1928

13 _ 마를린 디트리흐, 1930

용하였던 대표적 모델이었으며, 많은 여성들의 복식을 남성 이미지로 유행시켰다.

페미닌 룩

1930년대는 전 세계에 경제공황과 대량실업의 여파를 가져온 뉴욕 주식시장의 붕괴에 따른 불황과 현실 도피의 시기였다. 이러한 불황 속에서 많은 디자이너들은 값이 저렴한 기성복을 도입하여 기성복 시장의 문을 열었다. 이 시기의 디자이너들은 1920년대의 가르손느 룩을 버리고 여성의 인체미를 살리는 부드럽고 입체감이 있는 의복을 발표하였다. 가슴을 납작하게 하던 유행이 지나고 다시 브래지어와 가벼운 뼈대와 끈으로 조이는 코르셋 그리고 신축성 있는 속옷에 의해 허리선이 강조되는 페미닌 룩feminine look이 다시 등장하였다.

14 _ 크리스찬 디올의 뉴 룩, 1947

15 _ 여성스러운 몸매를 강조한 뉴 룩, 1950년대

'여성적' 이라는 의미는 시대의 변화에 따라 다양하게 해석될 수 있고, '여성답다' 는 의미도 사회 문화와 지역에 따라 다를 수 있지만, 여성성을 의미하는 'femininity' 의 사전적 정의를 보면 특히 남성에게 매력적인 것으로 간주되는 여성적 특질을 가리키는데 주로 쓰인다. 바로크와 로코코 시대에 여성들이 착용했던 크리놀린 스타일의 스커트, 화장과 몸치장, 화려하게 장식되었거나 몸을 구속시키거나 변형시키는 속옷, 하이힐, 신체장식과 장신구 등이 여성성의 대표적 코드로 볼 수 있다. 색채나 디자인 등이 남성적 요소가 배제된 보다 여성스러운 것으로 받아들일 수 있는 '사랑스럽고 귀여운, 우아한' 이미지를 만드는 요소로 표현된다.

1930년대 후반부터 19세기 빅토리아풍이 유행되면서 많은 양의 실크와 레이스를 사용한 드레스들이 패션디자이너들에 의해서 만들어졌으며, 로맨틱한 분위기를 내기 위한 코르사주나 꽃장식, 목걸이, 팔찌 등이 사용되었다. 제2차 세계대전이 끝난 후 1947년 크리스찬 디오르가 발표한 뉴 룩New look

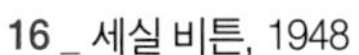

16 _ 세실 비튼, 1948

17 _ 돌체 & 가바나, '03 S/S

은 19세기 중반 드레스의 가느다란 허리와 여성의 가슴을 강조하고 넓은 스커트를 부활시킨 페미닌 룩의 대표적인 예이다. 페미닌 룩은 성숙하고 우아한 여성스러움을 강조하는 엘레강스 룩과 어리고 낭만적인 여성스러움을 강조하는 로맨틱 룩, 성적 매력을 강조하는 섹시 룩 등으로 꾸준히 디자이너들에 의해 제안되고 있다.

유니섹스 룩

'유니섹스unisex'라는 용어는 사전적 의미로 '남녀 공용인, 남녀 구별이 없는'의 뜻을 가지고 있으며, 오덴발트Oldenwald가 그의 저서 『사라진 성 *The disappearing sex*』에서 기존의 성 개념과 다른 미래지향적인 개념으로 처음 사용하였다. 유니섹스 룩은 1960년대 미국 내에서 유행되기 시작했는데 이 시기는 여성해방운동이 사회 전반에 걸쳐 적극적으로 전개되기 시작했으며 히피 등의 청년문화가 주장하는 사회운동에 영향을 받아서 복장에서는 표현의 자유로움이 증가되었다.

히피들이 채용한 의상과 액세서리, 즉 남성들의 긴 머리와 꽃장식, 여성성을 배제한 여성들의 의복 스타일의 자유로운 연출은 20세기 이후 처음으로 남녀가 동일한 의복형태를 착용하는 계기를 마련하였다. 이와 같이 청년 하위문화의 특징인 기존질서에 대한 반항은 합법적이고 전통적인 성의 질서에 대하여도 도전을 제기하면서, 의복의 외양에서 성의 혼돈을 초래하며 유니섹스 룩으로 표현되었다. 유니섹스는 논섹스nonsex, 모노섹스mono sex 등의 의미로도 쓰이는데 하나라는 뜻의 모노mono는 의복에 있어서 '자유'라는 의미를 품고 있으며 성의 구분이 없을 때 자유로울 수 있는 인간의 심리가 의복을 통해서 가장 먼저 그리고 가장 확실히 드러나고 있는 것을 보여주고 있다.

18 _ 자유로운 정신세계와 함께 자유로운 의복스타일을 추구한 히피

19 _ 겐죠와 유니섹스 룩, 여성미와 남성미를 초월하여 성의 개념을 탈피한 의복

20 _ 60년대 패션모델, 트위기

유니섹스 룩의 주된 형성원인은 여성에 대한 사회의 태도 변화와 함께 기계문명과 산업화에 의해 모든 것이 가속화된 사회에서 소외감과 허무감에 빠진 사람들이 동성이나 이성간의 경쟁 심리를 버리고 서로의 결속력과 동질성을 추구하는 과정에서 비롯된 남녀 간의 동화현상으로도 이해할 수 있다. 블루진blue jeans, T-셔츠, 캐주얼 재킷, 운동화 등 남녀가 비슷한 의상을 즐겨 입으면서, 의복을 통해 '여성미'와 '남성미'를 초월한, 그리고 이성의 요소를 공유한 현상으로서 성 개념을 탈피한 성의 혁명이었다. 1960년대를 대표한 패션모델 트위기Twiggy는 미소년과 같은 모습으로 다양한 형태의 남성 수트를 착용하고 여러 잡지 기사에 등장하였으며, 유니섹스 룩의 선두적 역

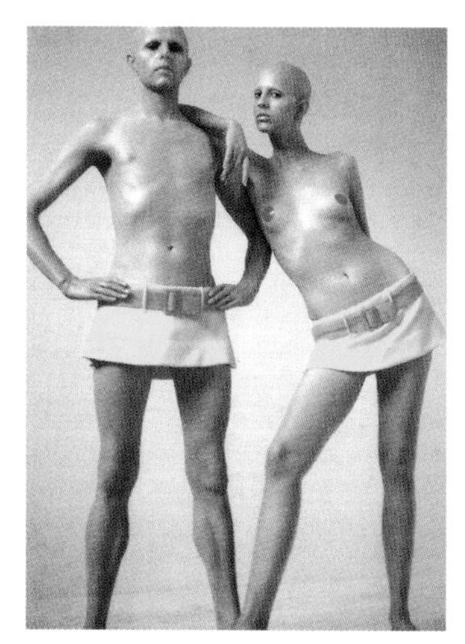

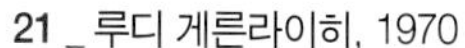

21 _ 루디 게른라이히, 1970

22 _ 영화 「애니 홀」 다이안 키튼의 유니섹스 룩

할을 하였던 루디 게른라이히는 인간의 성에 많은 관심을 가지고 기존의 관념에서 탈피한 매우 개방적인 개념의 유니섹스 룩을 발표하기도 하였다. 1977년 「영화 애니홀Annie Hall」에서 다이안 키튼은 남성의 점유물인 베스트, Y-셔츠, 넥타이를 착용한 모습을 보여주었다. 이브 생 로랑은 1960년대 후반 남성의 수트와 유사한 여성의 팬츠 수트 '르 스모킹Le Smoking'을 발표하였다. 수트 안에 블라우스와 조끼를 입고 타이를 맨 모습은 남녀의 구분이 뚜렷하지 않은 유니섹스 룩이었으나, 이러한 디자인은 1970년대를 거쳐 1980년대로 오면서 앤드로지너스 룩의 기초를 마련하였다.

앤드로지너스 룩

패션 사전에 의하면 '앤드로지너스androgynous'는 그리스어에서 유래된 단어로 '앤드로스andros'는 남자를, '지나케아gynacea'는 여자를 나타내며 남자와 여자의 특징을 모두 소유하고 있는 것을 의미한다. 벤더 젠든Vender Zanden은 양성성을 의미하는 '앤드로지니androgyny'를 '성의 고정 관념에 관계없이 개인으로 하여금 인간의 전체범위의 감정과 역할 가능성을 표현하도록 허용하는 기준'이라고 설명하였다. 앤드로지니는 신체적이고 정신적인 면에서 남성과 여성의 양쪽 특성을 가지고 있는 것으로 의미되었으나 현대에서는 육체적, 성적이기보다는 사회 문화적인 의미로 사용되며 남녀의 심리적인 측면에 초점을 맞추고 있다.

심리학자 산드라 벰Sandra Bem도 양성성의 개념을 주장하였는데, 남성성

23 _ 이브 생 로랑, 1960년대 후반

24 _ 조르지오 아르마니, 1984

이나 여성성의 양분화된 범주로 인간을 국한시키는 것은 위험하며, 남성이나 여성은 모두 남성적 특질과 동시에 여성적 특질을 함께 지닐 수 있다고 하였다. 즉 여성성과 남성성의 특질이 모두 높은 사람을 양성적androgynous이라고 하였다. 심리학에서는 이러한 양성의 의미를 '제3의 성'이라고 표현하고 있다. 최근 심리학자들은 인간에게는 남성성과 여성성에 대한 특징이 같이 공존하고 있으며, 양성성의 개발과 표출이 현대 다문화 시대를 대표할 것이라 하였다. 그러한 예로 패션에서도 앤드로지너스 룩은 커다란 흐름으로 자리 잡고 있다.

이와 같이 앤드로지너스는 남성성과 여성성이 조화되는 자유로운 감성이며, 앤드로지너스 룩은 자신의 성적 특성을 부정하지 않으면서 여성이 남성적인 옷차림으로 남성적인 이미지를 지향하거나 남성이 여성적인 옷차림으로 여성적인 이미지를 지향하며 자유롭게 양성을 융합시키는 표현방식이다. 즉, 서로의 성적 특성을 교차시켜 기존의 성 개념을 초월함으로써 새로운 아름다움을 표현하며 성을 초월한 자유로운 정신세계를 나타낸다. 또한 앤드로지너스 룩은 남성과 여성의 이미지가 모두 느껴지는 양성적 이미지와 남녀 모두의 특성이 제거된 중성적 이미지를 띠기도 한다. 이러한 경향은 유니섹스와 상통하지만, 남성과 여성의 전유물로써 명확한 차이를 보이는 복식을 서로 교류하여 착용함으로써 유니섹스와 차별된다.

이브 생 로랑의 팬츠 수트의 디자인 이후, 조르지오 아르마니Giorgio Armani도 강한 남성 이미지를 부드러운 여성성으로 중화시킨 남성용 수트의 앤드로지너스 룩을 표현하였다. 그러나 앤드로지너스 룩이 주류를 이루었던 1980년대 남성 패션에서는 여성성의 요소가 포함된 디자인은 성도착fetishism이나 동성애적 이미지를 나타내는 하위문화의 패션으로 취급받기도 하였다. 앤 홀랜더Anne Hollander는 "우리가 오늘날 새로운 앤드로지니라고 생각하는 것은 남성성과 여성성 사이의 중간 지점을 향한 평행적인 움직임보다 매스큘린 룩을 모방하고자 하는 여자들의 의식 작용이다."라고 하여 1980년대 패션에서는 앤드로지너스에 대한 개념이 여성들의 매스큘린 룩의 모방에 맞추어져 있음을 강조하였다.

그러나 1990년대로 들어서서 남성패션에도 여성적인 복식의 이미지가 과감하게 도입되었다. 다양한 색조, 부드러운 재질감, 핫팬츠, 부드러운 선의 테일러드 수트, 연약한 제스처 등은 여성을 방불케 하는 앤드로지너스 룩으로 발전되었다. 장 폴 고티에는 앤드로지너스 룩을 제안하는 대표적 디자이너로, 여성성을 전달하는 화장과 의복, 하이힐 등을 남성의 패션에 적용시켜 여성성과 남성성을 혼합한 다양한 디자인을 발표하여 왔으며, 더 나아가 성의 경계를 없애버린 젠더리스 룩을 형성하고 있다. 돌체 & 가바나Dolce & Gabbana는 흘러내리는 듯한 부드러운 소재의 니트와 여성의 점유물이라 여겨졌던 스커트를 남성복에 도입시켰으며, 안나 수이Anna Sui는 1994년 사이버 펑크cyberpunk 컬렉션에서 네오 히피 모습의 앤드로지너스 룩을 발표했다.

25 _ 돌체 & 가바나의 남성 스커트, '94 S/S

26 _ 안나 수이의 사이버 펑크 컬렉션, 베이비 돌 드레스를 착용한 남성과 여성, '94 S/S

27 _ 여성성의 느낌을 내포한 세일러보이 수트, 장 폴 고티에, '89 S/S

젠더리스 룩

성의 구분은 앞에서 설명했듯이 태어날 때 결정되는 생물학적인 성sex과 사회 문화적으로 구성되어진 젠더gender로 구분되어진다. 젠더라는 개념은 '생산하다' 라는 의미를 갖고 있는 라틴어인 '제네로genero' 에서 파생되어 성적인 의미와 관련된다. '젠더리스genderless' 란 1990년대에 들어 국제적으로 성별을 지칭하는 용어로 권장되고 있는 젠더에서 파생된 말로써 '성의 구별이 없는' 또는 '중성적인' 의 뜻이다. 남녀 복식의 경계를 허물어뜨린 중성적인 패션을 표방하는 젠더리스 룩은 자신의 감정에 솔직하고자 하는 현대인들의 성역할에 대한 반발이며 이는 곧 현대의 인간 내면 욕구의 표출이다. 유니섹스 룩이나 앤드로지너스 룩이 남성성을 지향한 여성의 욕구에 의한 표출이었다면 젠더리스 룩은 남성해방을 희망하는 남성들의 의지의 표현이라고 할 수 있다.

페이스 팝콘은 남성해방을 통한 미래의 남성기준을 감성적이며 부드러움을 겸비한 모습으로 해석하고 있으며, 최근 21세기 남성 트렌드를 대표하는 '메트로섹슈얼'은 이와 같은 새로운 남성상을 표현하고 있다. 1990년대 중반 영국의 작가 마크 심슨이 새로운 타입의 남성 종족에게 붙여준 용어인 메트로섹슈얼은 세련된 미적 감각과 교양을 지닌 도시 남성을 뜻하며 과거에는 힘으로 대표되었던 획일적인 사고방식에서 벗어나 자유롭게 자신을 표현하고 솔직하게 기꺼이 여성스러움을 받아들이려는 열망을 가진 것으로 설명된다. 남성들이 착용한 귀고리 등 액세서리는 얼마 전까지만 해도 동성애를 상징해 왔으나 이제는 개성적인 삶의 표현으로 인식되면서 패션의 하나로 자리 잡고 있다. 지난 월드컵 때 선수들의 형형색색 염색을 한 헤어스타일과 액세서리로 치장한 모습은 그들만의 개성으로 비쳤다. 데이비드 베컴David

28 _ 스커트를 착용한 장 폴 고티에

29 _ 장 폴 고티에, 화려하게 디자인된 남성복, '97

30 _ 드리스 반 노튼, '97 A/W

31 _ 콤 데 가르송, '98 F/W

Beckham은 빨간 매니큐어를 바르고 경기에 임하며, 스커트를 착용한 모습을 보여주기도 한다.

장 폴 고티에와 비비안 웨스트우드Vivienne Westwood는 앤드로지너스 룩을 선도한 대표적 디자이너로서 90년대 중반 이후에는 성의 개념을 파괴한 듯한 개념의 젠더리스 룩의 디자인을 많이 발표하고 있다. 장 폴 고티에는 스스로도 여성의 점유물이라 여겨졌던 스커트를 착용한 모습으로 대중들에게 소구하였으며, 그는 남녀 성의 경계를 그의 패션에서 모호하게 표현한다. 최근에는 드리스 반 노튼Dries Van Noten 등의 여러 디자이너들에 의해 남성다운 느낌을 표현하는 남성스커트가 발표, 착용되고 있다. 남성스커트 애호가들은 스커트가 여성의 점유물이 아니라 남성들도 착용할 수 있다고 주장하고 있다. 비비안 웨스트우드는 2001년 와일드 뷰티wild beauty라는 개념으로 강인하면서도 여성스러운 여성복과 부드러우며 남성성을 겸한 남성복 디자인을 제안하였다. 와일드 뷰티의 대표적 여성상은 컴퓨터 게임의 주인공 라라 크로프트Lara Croft를 들 수 있으며 강인하고 여성스러운 모습을 겸비한 현대가 원하는 여성상이다. 알렉산더 맥퀸도 강하고 섹시한 여성 패션을 발표하고 있다.

32 _ 비비안 웨스트우드, 2001

33 _ 알렉산더 맥퀸, '03 F/W

34 _ 라라 크로프트

근대 이후 구 자본주의 사회의 남성상에 억압받았던 여성들은 여성해방, 페미니즘의 구호를 앞세우고 사회로의 진출을 희망하였으며 그러한 여성들의 의식과 함께 패션의 형태도 다양하게 변화하였다. 20세기 말 남성패션에도 변화가 일어나 현대의 남성은 과거에 이상적이라 여겨지던 남성상을 벗어버리고 여성스러운 감성과 부드러움을 지닌 남성의 모습으로 표현되고 있다. 유니섹스 룩이나 앤드로지너스 룩이 남성성을 지향한 여성의 욕구에 의한 표출이었다면 젠더리스 룩은 남성해방을 희망하는 남성들의 의지의 표현이다. 현대의 남성과 여성은 개인이 지니고 있는 양성성의 특성을 어떻게 활용하느냐 하는 것이 새로운 시대에 대한 적응력에 일치될 수 있을 것이다.

문화성과 룩

4. 소통의 기호, 음악과 패션
5. 패션읽기의 새로운 코드, 취향
6. 패션으로 이해하는 오리엔탈리즘
7. 모방을 통한 패션의 재창조

CULTURE and LOOK

CHAPTER 4. 소통의 기호, 음악과 패션

음악은 패션에, 패션은 음악에 서로 영감을 주는 문화 매체로서 시대적 감성과 소통한다.

그 시대의 사회 문화적인 기호로 대표되는 것 가운데 하나가 패션이다. 이는 패션이 단순히 디자인이나 유행의 현상에 그치지 않고 일종의 문화 소통의 코드이며 그 자체로서 하나의 미디어로서 기능하기 때문이다. 음악은 항상 패션에 영감을 주었고 패션 역시 음악에 그러한 영향력을 발휘하여 왔다. 패션은 시각적으로, 음악은 청각적으로 세계에 대한 우리의 의미를 표현하면서 서로 밀접하게 관련되어 나타난다. 이렇게 불가분의 관계를 가지고 있는 패션과 음악은 사회상을 투영하는 동시에 사회 문화 전반에 걸쳐 영향력을 끼치고 있는데 음악이 새롭게 변천될 때마다 항상 새로운 청년문화가 창출되어 왔으며 이 문화들은 고유한 패션을 이루며 확산되었다. 음악들이 변화할 때마다 창출된 새로운 청년문화는 주류 문화에서 탈피한 하위문화였으며 이 하위문화는 일반적 주류패션이 아닌 스트리트 스타일을 창출해 내고 있다. 뿐만 아니라 하위문화는 일시적인 문화현상을 넘어서 매스 미디어에 의해 대중문화로 상향전파되고 우리의 취향, 라이프 스타일, 패션, 음악 그리고 구매의 사결정에 영향을 미치고 있다. 이와 같이 하위문화 스타일은 다수에 의해 획일적으로 추종되는 대중유행 스타일과는 달리 음악이라는 매체를 통해 패션의 미의식을 자극하고 새로운 미적 가치를 창출해왔다.

01 _ 소통기호로서의 음악

1. 하위문화의 문화적 차별성

하위문화는 계급이나 성, 세대 등으로 구분되는 커다란 범주 속에 속하면서 각기 다른 속성에 의해 구별되는 다양한 소집단들의 독특한 정체성을 반영하는 문화이다. 서구의 하위문화연구는 이미 1920년대부터 시카고 대학의 사회학자와 범죄 심리학자들이 중심이 되어 당시 청년 갱단의 일탈 행위에 대한 증거들을 수집 관찰하면서 시작되었다. 이후에는 알버트 코헨Albert Cohen이 1950년대의 청소년 갱단에 대한 분석을 통해 지배적인 가치들과 종속적 가치들 사이의 연속성과 단절들을 추적하면서 하위문화를 하나의 종속문화로 이해하기 시작했고, 1960년대에서 1970년대에 필 코헨Phil Cohen, 존 클라크John Clark, 스튜어트 홀Stuart Hall 등이 하위문화의 계급적이며 정치적이고 인종적인 문제에 대한 사회 문화적 혹은 민속지리학적인 접근을 시도했다. 최근에 하위문화 연구에 대한 종합적인 문헌들을 정리한 독본 「*The subculture reader*」가 발간됨으로써 1950년대에서 1990년대에 이르는 하위문화 연구의 다양한 경로들과 문제의식들을 접할 수 있게 되었다.

하위문화 개념의 핵심은 하위문화 집단 내의 다양한 하위집단이 드러내는 문화적 차별성에 있다. 이를테면, 노동자 계급문화라고 하는 커다란 범주 아래에는 연령층에 따라 청소년 노동집단, 성인 노동집단 등의 소집단들이 있을 수 있으며 이 집단들은 노동자 계급이라고 하는 성격을 공유하면서 세대간의 변수의 차이에 의해 부분적으로 구별되는 문화적 특징을 가지고 있다는 것이다. 따라서 하위문화는 모문화와 구별되는 그들만의 동질적으로 만드는 두드러진 구조와 형태, 즉 행동, 가치관과 인공물의 사용, 지역 공간 등에서 차별화되어 하위문화의 상징적 의미를 갖게 되는 것이다. 그러므로 하위문화의 구성원들은 걷는 것, 말하는 것, 행동하는 것, 보는 것이 그들의 지배문화 양식과 다르고 같은 소속원들은 일, 의복, 행동, 여가추구 등의 라이프 스타일에 있어 같은 문화적 반응과 비슷한 해결 방식을 통해 그들이 동일한 하위문화 그룹임을 시사한다.

02 _ 스트리트 스타일에 의한 새로운 문화 창출

또한 하위문화는 지배적인 문화에 대한 하위집단의 의식적, 무의식적 대응이며 거기에는 어떤 형태로든 하위집단의 욕구와 원망이 반영되어 있다. 이러한 하위문화는 지배문화의 지배 메커니즘과 하위집단의 저항 메커니즘이 일정한 수준에서 타협한 결과라고 볼 수 있다.

하위문화 집단의 분류는 그 집단의 특징적인 성향에 따라 여러 사회학자들에 의해 몇 가지의 분류가 제시되고 있다. 브레이크 엠Brake M.은 각각의 청소년 하위문화 집단을 그 구성원들의 가치관, 의미의 상징성, 태도 등에 따라 존경받는 모범집단, 이탈 청소년 집단, 문화적 반항집단, 정치 군사적 항거집단 등으로 분류하였다. 또한 잭 영Jack Young은 노동과 여가의 활동에 초점을 맞춘 계급 문화론적 입장에서 노동계층의 탈선하는 하위문화집단과 중상층의 보헤미안 청소년 하위문화 집단으로 구분하였으며 시몬 프리스Simon Frith는 발생지역의 특성에 따른 기준으로 영국발생 문화집단과 미국발생 문화집단 등으로 분류하였다.

2. 거리문화의 변천과정

시몬 프리스는 하위문화 스타일을 분석하기 쉬운 방식은 그것을 '거리문화street culture의 변용으로 보는 것' 이라고 하였다. 거리문화의 주동자들은 어느 시대, 어느 곳에서든지 거리를 점령한 폭군이었다. 기성세대나 앞선 세대가 만들어 놓은 모든 방식의 답습을 거부하면서 새로운 그들만의 신문화를 만들어내고 사고방식, 예술형태, 표현문화, 패션문화, 음악 등 모든 것에 있어 그들은 기존의 것과는 다른 형태의 문화를 가지고 있다.

거리문화에 의해 생성된 스트리트 스타일은 1940년대 미국의 소외된 계층이었던 흑인 젊은이들에 의해 생겨난 주트 스타일zoot style로 시작되었다. 그들은 주트 수트zoot suit와 화려한 액세서리를 남용하면서 정체성을 표방했다. 그러나 하위문화는 주트 스타일에 반발하면서 발생한 검은 가죽재킷의 착용으로 대표되는 바이커biker, 비트beat로 이어진다. 바이커는 안락한 생활을 거부하고 가죽재킷을 입고 오토바이를 타고 거리를 방황하던 청소년들로 1954년 영화 「*The wild one*」에서 말론 브란도Marlon Brando에 의해 완벽하게 표현되었다. 비트는 1950년대 미국사회를 거부하는 작가와 지식인들로 이루어진 언더그라운드under ground 운동을 배경으로 형성된 그룹이다.

하위문화 스타일은 1950년대 테디 보이즈Teddy boys에 이르러 진정한 10

03 _ 미국의 흑인 젊은이에 의해 생겨난 주트 스타일, 1940년대

대의 청소년들의 문화를 형성하게 되었는데 테디 보이즈는 영국의 미숙련된 노동자 계층의 소비 지향적이며 쾌락과 향락을 추구하는 10대 청소년들 사이에서 발생한 문화이다. 이것은 1960년대 모즈Mods나 록커rocker의 형성을 위한 요인을 제공해준다. 1960년대 모즈는 카나비 스트리트Carnaby street를 중심으로 발생한 소비지향적인 노동자계급의 자녀들로 구성된 집단으로 카페나 클럽의 열정적인 생활을 통해서 그들의 낮은 지위와 업무를 거부하였다. 그러나 그들은 냉철한 사고의 소유자들이었다. 록커는 로큰롤rock' n' roll의 인기와 함께 영국에서 발생하였는데 모즈와는 달리 소비지향적 생활과 유행을 거부하고 공격적인 노동자 계층의 불량배 이미지를 나타내고 있으며 댄스와 로큰롤에 심취하였다. 이후 하위문화는 히피와, 학교로부터 소외당하고 사회의 저변을 돌고 있던 스킨헤드skinhead로 이어졌다. 그리고 1970년대 킹스로드king' s road를 중심으로 실업자인 노동계층의 자녀로 좌절에 대한 돌파구를 찾기 위한, 하위문화 스타일 중 가장 과격한 그룹인 펑크punk 그룹으로 나타났고, 1980년대의 엘리트주의에 반동으로 나타난 그런지grunge로 이어졌다. 하위문화는 최근 1990년대 컴퓨터 문화의 확산과 고도의 기술 성장 배경으로 나타난 테크노 사이버 펑크와 다이내믹한 춤과 흑인 음악에 있어서 가장 혁명적인 표현 방식인 랩으로 표현되는 힙합에 이르는 변천과정을 겪었다.

표 4-1 하위문화 스타일의 변천과정

1940년대	1950년대	1960년대	1970년대	1980년대	1990년대
주트(Zoot)					
	비트(Beat)				
	테디 보이즈 (Teddy boys)				
	모즈(Mods)				
	록커(Rocker)				
		히피(Hippies)			
		스킨헤드 (Skinhead)			
			펑크(Punk)		
				레이버(Raver)	
				애시드 재즈 (Acid jazz)	
				그런지(Grunge)	
				테크노&사이버 펑크 (Techno&Cyber Punk)	
					힙합(Hip hop)

3. 장르별 음악과 패션 스타일의 변천과정

하위문화 분석가들은 "젊은이들 집단의 가치와 젊은이들이 그들 자신을 기호화하기 위해 사용하는 음악의 형태들 사이에는 상관관계가 있으며, 사회적인 문제는 그 스타일을 해독하는 것이다."라고 주장하였다. 그들의 관심을 끌었던 것은 패션과 음악이었고 상업적으로 제공된 패션에 음악적 상징들을 수용했으므로 하위문화 스타일이 표면화된 시기인 1950년대 이후부터 관련된 음악과 패션 스타일에 관하여 살펴보고자 한다.

1950년대는 일반적으로 미국인들에게는 여러 면에서 안정적인 시기였다. 이 시기의 미국인들은 융성하고 번영했으며 국가적 이미지 차원에서 볼 때 미국이 한국전쟁에 연루되었던 것은 성공적인 것이라고 생각하는 사람이 많았다. 즉 미국인들은 자신들이 세계의 유일한 강대국으로서 민주주의를 위하여 싸움을 이끌어온 나라의 국민이라는 자긍심을 갖게 되었다. 또한 베이비붐과 더욱 팽배해진 주인의식이 함께 했던 번영의 시기로서 많은 미국인들은 경제적 자급능력에 크게 만족하고 있었고 예상했던 인플레이션 현상은 일어나지 않았다. 중산층의 미국인들은 번영을 느끼고 있었으나 점차 사치와 물질주의 만연에 대한 우려와 비난의 목소리도 커지고 있었다.

이 시기에 새롭게 부상하며 불만을 터뜨린 부류는 바로 비주류집단인 틴에이저들과 흑인 그리고 하층민이었다. 경제적 부흥을 누리던 1950년대에 이르러 흑인들은 그들의 힘을 주장하기 시작했다. 또한 젊은이들도 기성세대에 대한 도전을 시작했으며 부모 세대들이 만들어 낸 물질적 풍요와 더불어 세력을 확장시켜 나갔다. 이러한 사회적 상황이 하위문화를 형성하고 발달시킨 배경이 되었다.

리듬 & 블루스 요소가 가미된 로커빌리와 로커빌리 룩

록이라는 용어가 처음 생겨난 시점은 1950년대의 로커빌리rock-a-billy란 음악 장르가 대두한 때부터였다. 로커빌리는 문자 그대로 록rock과 히빌리hibilly, 즉 남부농장의 가난한 백인을 일컫는 속어의 합성어이다. 필라델피아 출신의 빌 헤일리Bill Haley는 컨트리 뮤직 음악에 리듬 & 블루스적인 요소를 가미한 음악을 추구하게 되었는데 이것을 로커빌리의 시초로 보고 있다. 즉, 로커빌리는 리듬 & 블루스에 컨트리 비트를 가미하여 강한 비트의 록으로 탄생된 것이다. 컨트리 음악은 보수적이라는 인식이 강했으나 점차 주류 대중

04 _ 엘비스 프레슬리의 로커빌리 스타일

음악에 식상해 있던 청중들을 확보하기 시작했다. 그러면서 보수적인 컨트리도 점차 빨라지고 거칠어지기 시작했고 리듬 & 블루스와의 교류도 빈번해지기 시작했다. 로커빌리의 대표적 가수는 엘비스 프레슬리로 로커빌리가 로큰롤로 꽃을 피우게 하는 결정적 계기가 되었으며 격정적인 무대 매너로 힙을 흔들거나 머리, 손, 팔을 움직였다.

로커빌리와 컨트리 뮤직의 음악적 특징의 차이점은 컨트리 & 웨스턴이 악기면에서 밴조, 만돌린, 하모니카, 기타가 주를 이룬 반면 로커빌리는 전기 기타, 리듬 기타, 베이스로 구성되고 사운드 면에서도 거친 것이 특징이다. 창법은 성문 폐쇄음입 속으로 중얼거리는 소리, 딸국질법을 사용하였는데 이것은 긴장감과 강약을 나타내기 위해 고안된 것으로 흑인 창법에서 유래된 것이다. 로커빌리는 흑인의 리듬 & 블루스와 남부 백인의 재즈와 가스펠에서 영감을 받았으나 의상 스타일은 단순히 흑인 재즈 뮤지션 스타일을 따라하지 않고 나름대로 남부의 댄디로 화려하게 재창조하고 있다.

로커빌리 스타일은 2가지 스타일로 요약되는데 드레스 업스타일과 드레스 다운스타일이다. 드레스 업스타일은 백색과 연한 색조의 옷감에 다이아몬드와 자수 장식이 눈에 띄는 스티치, 부분적인 색상의 첨가, 화려한 옷솔기, 화려한 색채와 극명한 색 대비, 재킷의 옷깃에 둘러있는 상당히 폭이 넓은 셔츠 칼라 등과 같은 과장된 모습이다. 바지 윗부분은 헐렁한 반면 발목에 이르러서는 좁아지는 형태로 패그톱peg top 스타일로 불리기도 하였고 신발은 새하얗거나 서로 대비되는 두 가지 색조로 이루어졌으며 푸른색 스웨이드로 만들어진 것도 있었다. 넓은 어깨의 주트 수트zoot suit, 광택 있는 샤 스킨 재킷도 크게 유행하였다. 반면 드레스 다운스타일은 낡아빠진 데님 작업복 재킷에 청바지와 부츠를 착용하는 것이 대표적 차림이다.

로커빌리 스타일은 산업 현장에서 노동자로 일해야 했던 가난한 젊은이들이 자신들의 경제적 빈곤과 육체적 노동에 찌들음을 화려한 옷차림을 통하여 사회적인 성공을 과시하고자 한 스타일이었다.

기호적 관점에서 살펴보면, 로커빌리 음악에서는 전기 기타와 리듬 기타, 베이스를 통한 거친 소음과 같은 음의 지표로 로커빌리들의 음악적 반란을 상징하고 있으며 중얼거리는 듯한 성문 폐쇄음과 딸꾹질법을 통하여 긴장감에 대한 해석이 가능하다. 도상을 통하여 나타나는 패션 스타일은 2가지로 화려한 색채와 자수, 장식적인 옷솔기, 극명한 색채 대비, 넓은 셔츠 컬러로 대변되는 주트 수트와 같은 드레스 업스타일과 가난한 노동자 계급의 옷차림

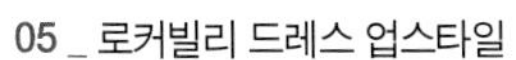

05 _ 로커빌리 드레스 업스타일

06 _ 로커빌리 드레스 다운스타일

이었던 낡아빠진 데님과 지저분한 부츠로 대변되는 드레스 다운스타일로 나타남으로써 빈곤과 노동, 긴장, 반란, 과장됨의 상징으로 해석할 수 있겠다. 특히 로커빌리들은 드레스 업스타일을 선호하는데 화려한 남부의 댄디들을 모방함으로써 그들의 내제된 빈곤함을 감추는 과시적인 그들의 내면의 기의를 표출하고 있다. 그들 음악과 패션의 지표를 통한 기의 중 공통적으로 표출되는 것은 긴장과 반란으로 요약할 수 있다.

표 4-2 로커빌리와 로커빌리 스타일의 싱징적 해석

음 악			패 션		
기 표	기 의		기 의	기 표	도 상
전기 기타 → 리듬 기타 ↗ 베이스의 소음 ↗	반란	공통기의	과장 ← ↖	화려한 자수 넓은 셔츠 칼라	
			긴장 ←	극명한 색대비	
성문폐쇄음 → 딸국질법 ↗	긴장	긴장 반란	빈곤 ← 노동 ← 반란 ↙	낡아빠진 데님 지저분한 부츠	

폭발하는 젊음, 록과 로커스 룩

록 음악은 영미권에서 발생하여 시대에 따라 새롭게 변화, 재창조됨을 거듭하여 새로운 시대의 개성을 표현해 왔다. 현대의 대중음악은 당시 사회상을 투영하는 동시에 사회, 문화 전반에 걸쳐 영향력을 끼치고 있다. 록음악은 미국에서 컨트리country 음악에 뿌리를 두고 흑인의 리듬 & 블루스가 가미된 음악이며 로커빌리가 로큰롤로 표기되다가 록으로 줄여진 전위음악이다.

1950년대 중반부터 1960년대 젊은이들이 중심이 되는 문화혁명이 영국 런던에서 가장 먼저 일어나게 되었는데 이는 바로 록 음악의 중심이 되었다. 이때부터 로큰롤이 유행하기 시작했으며 록 음악의 폭발성으로부터 스탠더드 팝이 지배한 음의 세계에 대한 반란이 시작되었다. 그것은 소리의 반란으로 음악적 충격을 넘어 사회적 충격을 야기했다. 또한 록은 상업적 효과와 틴에이저 감성의 돌파구로서 젊은이 문화의 저변을 이루었고 노동자 계층의 하위문화를 받아들여 기존의 가치 체계에 대해서 반문화를 이루었다. 록 음악 문화에 영향을 받은 틴에이저 집단 문화 또한 기성세대가 제공한 풍요 속에 안주하고 그를 그대로 모방하려는 것에 반기를 들고 일어났다.

록의 음악적 특징은 기존의 컨트리 앤 웨스턴에 리듬 & 블루스를 가미한 것으로 영국 출신 4인조 그룹 비틀즈에 의해 전 세계적인 록 열풍이 일어나게

07 _ 헤진 가죽재킷에 장식을 한 로커스 스타일

08 _ 로커스 59배지와 해골그림

표 4-3 록과 로커스 스타일의 상징적 해석

음 악			패 션		
기 표	기 의		기 의	기 표	도 상
거칠은 사운드 →	거칠음	공통기의	실용성 ←	청바지, 가죽재킷	
폭발하는 듯한 음 →	충격, 반항		반항 ←	사슬	
세련되고 예술적인 표현과 가사 →	독자성	반항 거칠음 독자성	거칠음 ←	메탈징	
			독자성 ←	해골그림, 59클럽 배지	

되었다. 표현이나 가사 내용이 기존의 로큰롤 세대보다 세련되고 예술적으로 가다듬어지게 되었다. 로커스들은 저돌적인 태도와 반항적인 아웃사이더로서 그들의 위치를 공표했다. 또한 로커스들은 낮에는 학교, 밤에는 가정이라는 현대 사회의 조직의 원리에서 해방되어 밤거리를 배회하게 되었고 댄스홀에서 음악에 맞추어 집단적으로 어울리게 되었다. 로큰롤의 가사에는 자동차, 오토바이, 거리, 댄스 호텔, 고속도로, 주크박스, 파티 등이 주를 이루었고 이는 안주할 곳이 없는 그들이 잠시 머무는 행로를 말해주고 있다. 즉, 로큰롤은 전통적 방식으로는 조절이 되지 않는 젊은 대중이 만들어낸 것이다.

스타일 면에 있어서 로커스들은 헤어진 청바지를 입고 소매를 잘라 내거나 소매 아래가 헤진 데님 가죽 재킷을 입었다. 가죽이나 데님은 빈틈없이 사슬이나 장식 단추, 색칠한 기장, 혹은 배지로 장식했다. 장식으로는 59클럽 배지를 포함하여 파시즘과 분리될 수 없는 철십자 훈장 등이 있다. 또한 장식을 강조하여 메탈 징을 박았고 특유한 문장은 더욱더 명백한 집단의 독자성을 창조했다. 로커스의 가죽 재킷은 실용적이고 질긴 의복으로 사용된 반면 노동자 계층의 의상으로 반발의 상징인 이중성을 보여주고 있다. 또한 유사한 의복을 착용함으로써 집단의 동질성을 보여주기도 했다.

가죽 재킷 등판에 그려진 해골 그림은 고속을 즐기는 오토바이족에게 가장 공통적인 표시였고 다른 그림이나 징으로 박힌 장식들은 자신이 속해 있는 집단을 표시하는 것이었다.

기호적 관점에서 살펴보면 록은 음악에서는 거친 사운드로 내면의 거칠고 메마른 정서를 표출하고 있으며 폭발하는 듯한 음으로 충격, 반항의 지표적 해석이 가능하다. 또한 기존의 컨트리 뮤직에 리듬 & 블루스를 가미하여 세련되고 예술적으로 승화된 사운드로 독자성이라는 폭발하는 젊음에 대한 음의 지표적 해석도 가능하다. 패션 스타일에서 보이는 메탈 징은 거칠음을 상징하며 찢어진 청바지, 가죽재킷은 어디서든지 입기 편한 옷차림의 실용성과 반항이라는 이중적 상징으로 해석할 수 있다. 또한 사슬은 반항의 의미로 도상적 해석을 할 수 있으며 해골그림, 59클럽 배지 등의 도상을 통해 스타일에 대한 독자성이라는 도상적 해석을 할 수 있다. 음악과 패션에서 보이는 이러한 지표성의 도움을 통해 추상적 관념 속의 공통적인 기의는 음악에 있어서는 거친 사운드로 거칠음, 음의 세계에 대한 반항과 독자성의 확립으로 나타났다. 패션스타일은 기존의 미의식에 대한 반항과 거칠음 그리고 그들 스스로 만든 스타일에 있어서 독자성으로 상징되는 약호가 될 수 있다.

9 _ 긴 머리와 배지 장식의 헤드뱅어 스타일

샤우트 창법이 묻어나는 헤비메탈과 헤드뱅어 룩

헤비메탈의 기원은 보통 하드 록hard rock이라고 불리는 스타일이다. 록 음악계를 논할 때 주로 프로그레시브 록progressive rock과 헤비메탈의 분열을 지적한다. 온건한 프로그레시브 록은 주로 중간 계급의 전유물이었다면 이 헤비메탈은 폭주와 비행을 일삼는 노동자층의 전유물이었다. 음악적 특징은 고음의 샤우트shout 창법에 큰 드럼, 거친 금속성 사운드가 특징이다. 대표적 뮤지션은 레드 제플린Led Zeppelin, 딥퍼플Deep Purple 등이 있다. 악기나 창법에 따라서 헤비메탈은 4가지 장르로 나눠진다.

헤비메탈 음악을 하는 사람들이나 그들의 옷차림을 표방하는 이들을 헤드뱅어스head bangers라 부르는데 이 용어는 스테이지 위에서 머리를 위, 아래, 혹은 좌우로 흔드는 제스처를 일컫는 말에서 따온 것이다. 헤드뱅어스의 긴 머리와 해드빙head bing, 기타를 정신없이 연주하는 젊은이, 마이크를 자유롭게 흔드는 행동 등은 젊은이 문화의 상징이 되었다.

헤드뱅어스 의상의 특징은 초라하고 낡아 보이는 히피 스타일과 반짝거리는 비즈 장식의 사이키델릭 그리고 가죽재킷, 장식을 댄 가죽, 로커스 스타일이 혼합된 스타일이다. 머리 스타일은 히피의 영향으로 긴 머리인데 일명 푸들poodle머리로 불렸다. 징 박은 가죽 재킷, 스판덱스 진, 금속 장식, 배지 등도 빼놓을 수 없는 특징이고 뱀의 표피와 표범무늬 문양의 액세서리는 1990년대 이후에 패션에도 큰 영향을 끼쳤다. 기호적 관점에서 살펴보면 헤비메탈 음악에서 들려지는 고음의 샤우트 창법은 폭주, 비행을 상징하며 거

표 4-4 헤비메탈과 헤드뱅어스 스타일의 상징적 해석

음악		공통기의	패션		
기표	기의		기의	기표	도상
고음의 샤우트 창법 →	폭주, 비행	자유	환각 ←	번쩍이는 비즈 장식	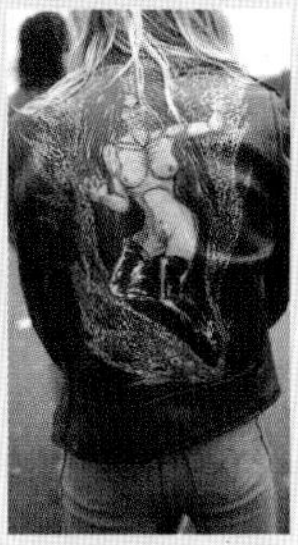
거친 금속성 사운드 →	과격함	젊음	젊음 ←	가죽 재킷	
폭발하는 듯한 큰 드럼소리 →	긴장	과격함	과격함 ←	금속 장식	
마이크, 머리를 흔드는 제스처 →	자유, 젊음		실용성 ←	스판덱스	
			독자성 ←	배지	
			자유 ←	긴 머리	

친 금속성 사운드는 과격함을, 큰 드럼 소리는 긴장을 상징하고 있다. 그리고 노래할 때 스테이지 위에서 머리를 위, 아래, 좌우로 흔드는 헤드빙, 기타를 정신없이 연주하는 모습, 마이크를 자유롭게 흔드는 행동 등으로 자유, 젊음의 상징적 해석이 가능하다. 헤비메탈을 하는 사람들이 입었던 옷차림을 표방하는 헤드뱅어스는 긴 머리, 낡고 초라한 히피 스타일 그리고 번쩍거리는 비즈 장식의 사이키델릭한 분위기, 가죽재킷 등으로 혼합된 스타일과 푸들이라고 불리는 긴 머리 등의 도상을 통해 자유와 젊음 그리고 자아정체성에 대한 혼란이라는 의미를 상징적으로 해석할 수 있다. 또한, 금속장식을 통해 과격함을 상징하는 도상적 해석도 가능하다. 그러므로 음악과 패션에 있어서 공통되는 상징적 기의는 자유와 젊음, 그리고 패션스타일에 있어서의 금속장식과 음에 있어서의 금속성의 거친 사운드로 과격함의 상징적 해석을 유추할 수 있다.

성구별의 모호함, 글램 록과 글램 룩

영국에서 시도되었던 실험적인 장르의 음악인 글램glam에서 나온 명칭으로 대표적 뮤지션은 록 가수인 티 렉스T. Rex, 마크 볼란Marc Bollan, 데이비드 보위David Bowie이다. 그들의 양성적인 옷차림과 현란한 화장을 대중매체에서 '글래머러스'라고 표현하였던 것이 음악과 스타일의 대명사가 되었다. 글램의 음악 세계는 퇴폐적이면서 냉정하고 인위적인 도시감각이 짙게 베어 있다는 공통점을 지니고 있다. 의도적인 조작과 성구별의 모호성이 1970년대 글

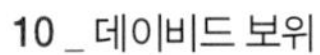

10 _ 데이비드 보위

11_ 양성적인 옷차림과 통굽 구두의 글램 스타일

램 록의 중심 특징이었다. 그들의 패션인 글램 스타일의 근원은 1960년대의 활기찬 런던Swing London으로서, 특정한 정치적인 이슈의 표현이 아닌 개인적 정체감의 표현을 위해 스타일적인 실험을 시도하고 있다. 예를 들자면 장발과 히피의 신비주의 패션 스타일로 글램은 남녀양성androgyny을 강조하고 한 몸에 남성성과 여성성을 합치려고 노력하였다. 뿐만 아니라 글램 룩은 1970년대 헐리우드 황금기의 공상과학물로부터 나온 성적 매력에서 아이디어를 끌어온 연출로 성의 경계에 대해 도전하였다. 글램 록 운동의 중심 인물인 데이비드 보위는 매혹적이고 양성적인 인물을 만드는데 성공하였다. 데이비드 보위가 공연 중 입은 스커트는 규정된 스타일의 기준을 벗어나 사회적 이슈가 되었다. 1971년 캠프 인카네이션Camp Incarnation 시리즈 중에 첫 번째 앨범 커버에 데이비드 보위는 드레스를 입고 포즈를 취하였다. 이것은 영국 디자이너 미셸 피쉬Michal fish에게서 산 두 드레스 중의 하나로 각각의 무게가 50파운드였다. 미셸 피시는 미니 스커트도 만들었는데 이것을 믹 재거Mick Jagger가 1969년 런던 하이드파크에서 있었던 롤링 스톤스Rolling stones 콘서트

표 4-5 글램 록과 글램 룩의 상징적 해석

음악			패션		
기표	기의		기의	기표	도상
퇴폐적인 목소리	→ 퇴폐성	공통기의	성정체성 ←	양성적인 옷차림	
자극적인 무대 매너	→ 성정체성	모호성	도시적인 감각 ←	현란한 화장	
인위적인 사운드	→ 냉소적	퇴폐성	퇴폐성 ←	괴상한 머리 염색	

에서 입었다. 믹 재거는 공연에서 핏빛의 립스틱을 바르고 막 감은 머리를 어깨에 늘어뜨린 채 예전에는 볼 수 없었던 성적 모호함sexual ambiguity을 보여주었다. 데이비드 보위는 이의 영향을 많이 받았다고 할 수 있다. 뿐만 아니라 보위는 그 이전까지 억제당하고 무시되며 다소 암시될 뿐이었던 성적 주체성과 양성애에 대한 질문을 젊은이들에게 던지는 계기가 되었다.

글램 스타일은 양성애에 대한 공개적인 지지와 도발적인 화장, 괴상한 색상의 머리 염색을 하였다. 복식은 화려하고 번쩍이는 공상 과학 영화 의상 같은 스타일을 선호했으며, 신발은 굽이 두꺼운 1960년대 풍 구두를 신었다. 글램의 스타일적인 특징은 펑크, 뉴 로맨틱, 고트 등의 집단으로 계승되었다.

글램의 상징적 해석은 퇴폐적인 목소리와 인위적인 사운드, 자극적인 무대 매너들의 기표를 통하여 퇴폐적, 성정체성, 냉소적이라는 기의를 나타내며 그것이 상호작용하여 기호로써 대상을 대신하게 되었으며 패션스타일에 있어서는 양성적인 옷차림, 현란한 화장, 괴상한 머리 염색들의 도상으로 대상의 성정체감과 도시적인 패션, 퇴폐적 감각들의 상징적인 해석이 가능하다. 음악과 패션에서 공통적인 기의는 성에 대한 정체성, 퇴폐성으로 나타났다.

억압에 대한 반발, 레게음악과 레게 룩

레게reggae란 '원하는 것을 갖지 못하는 사람들이 원하는 모든 것'을 뜻하는 자메이카 말이다. 레게음악은 자메이카 민속 음악을 기원으로 한다. 1655년부터 300여 년간 영국의 지배하에 살았던 자메이카인들이 1930년대 멘토mento라는 자신들의 고유의 음악 장르를 만들었다. 이 멘토는 1940년대와

12 _ 흑인들의 저항적 메세지로서의 레게음악

1950년대에는 스카ska라는 음악으로 발전했다. 1966년에는 스카 리듬을 사용한 록 스테디rock steady라는 장르가 생겨났으며 그 후 그것이 레게로 변화하여 1968년은 레게가 관심의 초점으로 떠오르게 되었다.

레게란 용어가 레코드에 처음 등장한 것은 1969년 메이탈스Maytals의 「*Do the reggae*」라는 곡부터이다. 그 후 1972년부터 레게리듬에 매력을 느낀 미국과 영국의 음악가들이 자신들의 음악에 레게음악을 도입하게 되는데, 레게음악의 황제는 밥 말리Bob Marley이다. 그는 길게 꼰 머리와 자연섬유의 옷을 입고 레게음악을 노래하였는데 이는 당시 영국의 청소년들에게 인기를 얻었다.

레게음악의 진정한 힘은 그 외형에 숨어있는 메시지에 있다. 거기에는 경쾌한 비트와는 다르게 자메이카 흑인들이 겪는 인종차별과 자본주의의 억압적 정치에 대한 반발, 흑인 의식의 고취 등과 같은 무거운 메시지를 준다. 밥 말리는 대다수의 인구가 흑인이면서 인구의 10%에 못 미치는 소수의 백인들이 지배하는 자메이카의 실정을 고발하기 위해 레게음악을 '반역음악'이라 일컬어 저항의 수단으로 삼았다.

레게음악이 영국과 미국에서 두드러지기 시작한 것은 1970년대 초반이다. 1972년부터 계속적으로 미국과 영국의 많은 음악가들이 레게음악의 비트를 사용한 레코드를 만들었는데 조니 내시Jonny Nash의 「*I can see clearly*」와 스태플 싱어The staple singer의 「*I'll take you there*」등이 포함된다. 또한 레게가수 지미 클리프Jimmy Cliff가 주연한 영화 「*Harder they come*」이 미국에 상영되는 계기가 되었다. 이 영화의 영향으로 1978년 Bob Marley & The Wailers가 매디슨 스퀘어 가든에서 공연하여 레게음악을 보다 폭넓게 인식시

표 4-6 레게음악과 레게 스타일의 상징적 해석

음악			패션		
기표	기의		기의	기표	도상
경쾌한 비트 →	흑인의 저항 의식	공통기의	흑인의 저항 의식	← 길게 꼰 머리	
			자연적	← 천연 섬유의 옷	
솔 뮤직의 결합 →	아프리카로의 복귀	흑인의 저항 의식	원시적	← 아프리카 원주민 민속복	

키는 계기가 되었다. 그 후 레게음악의 열풍은 한층 가속화되어 1980년에는 Huruise & The News, UB40, Big Mountain 등의 가수들이 레게음악을 선보여 인기를 얻었다.

아프리카에 대한 관심과 아프로 패션은 흑인 음악과 밀접한 관련 속에서 블루스, 재즈, 솔, 레게, 랩 음악으로 변화되어 왔고 그 중에서 레게음악은 인종적, 계급적 모순이 중첩된 흑인들의 고통과 경험이 반영된 음악으로 그들뿐만 아니라 백인 사회의 청소년 하위문화에 중요한 영향력을 주었다.

패션 스타일에 있어서 레게 스타일은 3가지로 나타나고 있다. 첫 번째는 라스타파리안 스타일rastafarians style로 대도시의 슬럼가에 흩어져 사는 흑인에게 있어 아프리카는 약속의 땅이자 시온의 꿈이었다. 그들은 과거와 현재가 연결된 아프리카의 고대 문명, 특히 에티오피아에서 영감을 찾았다. 그리고 공업화와 인공적인 탐욕 속에서 현대 세계가 오랫동안 기억 속에서 지워버렸던 그들의 자연을 재발견하고 평화적으로 인내하는 생활 방식을 채택하였다. 라스타파리안의 색은 적색, 황색, 녹색이다. 이는 아프리카에서 미래의 통일국으로 인식하고 있는 에티오피아의 국기 색을 활용한 것이다. 적색은 노예의 피를, 황색은 금으로 아프리카의 부를 상징하며, 녹색은 아프리카 고유의 색으로 푸른 초원을 의미한다.

13 _ 드레드락스 헤어스타일

14 _ 아프리카의 영감으로 만들어진 드레스

머리 스타일은 대표적으로 드레드락스 헤어dread-locks hair를 함으로써 라스타파리아니즘의 신앙과 믿음을 표현하였다. 두 번째는 라거머핀과 비행라 스타일raggamuffins & bhangra style이다. 1980년대의 소비 문화는 폭력적이고 개인주의를 찬양하며 향락과 섹스를 추구하는 스타일로 표현되었다. 세 번째는 힙합 레게 스타일hip-hop reggae style이다. 1990년대 남아프리카 공화국의 인종차별 폐지의 상징인 첫 흑인 대통령 만델라의 취임은 음악이나 패션 등의 대중문화에도 큰 영향을 주었으며 1994년 세계 대중음악계에서 레게음악이

댄스음악으로 급부상한 것이 그 대표적인 예이다. 이러한 경향은 복식의 유행에도 크게 영향을 미쳐 힙합 레게 스타일이 널리 확산되었다.

레게 음악과 레게 스타일의 상징적 해석을 보면 레게는 솔soul 뮤직을 결합한 경쾌한 비트의 사운드이지만 그러한 지표를 운반하는 기의는 흑인들이 겪는 인종차별에 대한 고통과 자본주의의 억압적 정치에 대한 반발로 흑인의 저항의식과 아프리카의 복귀를 선언하고 있다. 이것은 외형으로 나타나는 경쾌한 비트의 기표와 추상적인 관념, 정신적 의미의 기호의 내용이 자의적으로 만들어진 것으로 이러한 것이 상호작용하여 기호로써 나타나고 있음을 알 수 있다. 패션스타일에 있어서 보여지는 기표는 길게 꼰 머리, 천연 섬유의 옷, 아프리카 원주민의 민속복, 검은색 피부, 드레드락스, 다시키dashiki 등의 대상과 동일한 유사성을 지속시킨 사진의 시각적 기호로 공업화와 인간적 탐욕 속에서 그들의 고향인 아프리카의 자연을 동경함으로써 억압에서 탈출하고 싶은 욕망의 기의와 자연적, 원시적이라는 기의를 나타내고 있다. 이와 같이 레게음악과 레게 패션스타일에 있어서 보여지는 기표를 통하여 상호 관련된 공통 기의로 표출된 것은 흑인의 저항의식과 인종차별에 대한 부당함을 상징하는 해석이 가능하다고 볼 수 있다.

젊음의 폭발적 저항의 미학, 펑크 록과 펑크 룩

펑크가 1970년대 중반에 등장하게 된 것은 이 당시 젊은이들의 대부분이 실직한 상태이고 성취되는 일이 없으며 기성사회에 반항하였기 때문이다.

1960년대에 유스퀘이크youthquake[1]를 주도한 틴에이저 그룹이 생겨난 것을 보면 복식과 음악은 서로 융합되어 있으며 이를 기반으로 펑크 록과 펑크 룩이 멋진 등장을 할 수 있었다. 대중들은 상업적 흐름에서 탈출, 지루함에 대한 파격을 갈구하던 차에 펑크 록이 변화의 실마리를 던져주었다.

록이란 '젊음의 폭발적 저항의 미학' 이라고 표현되고 있는데 이 정의에는 록과 관련된 네 가지 주요 개념인 청춘성, 폭발성, 저항성 그리고 예술성이 함축되어 있다. 청춘성은 특히 청년 문화의 음악임을 가리키며, 폭발성의 개념은 청춘성과 직결되어 1970년대 후반 영국을 강타한 펑크에 이르러 절정에 달했다. 펑크세대 젊은이들은 당시 록계를 주름 잡고 있던 '록 엘리트' 들에게 반기를 들어 기타 솔로를 빼고 전기톱 기타의 소음만을 친 그들의 음악을 통해 본질적으로 젊음의 굉음을 되찾기 위한 몸부림으로 폭발성을 표현하였다.

1) youthquake: 젊은이의 반란, 1960, 1970년대 사회체제를 뒤흔든 젊은이 문화와 가치관을 앞세운 운동, 한컴 영어 사전

이렇듯 펑크 록은 저항의식의 사운드와 원시적 아우성을 동원한 공격성으로 기존의 사회에 충격을 가했고 자신들의 반항이 결코 자본주의의 사회를 강화시켜주는 주변인들의 반란에 머물지 않음을 경고했다. 적어도 그것은 음악의 질서를 완전히 뒤바꿔 놓았다.

섹스 피스톨스Sex pistols와 클래시Clash 등 펑크 밴드들은 이러한 예술성의 치중과 미학적 경향에 반기를 들고 반 미학을 주장했지만 결과적으로 반미학이라는 미학을 수립하는 역설을 실천했다. 음악적인 면에서 펑크밴드는 기타 솔로를 없애버리고 3코드만으로 모든 음악이 가능하다는 '최소주의'를 실천했다. 그들이 이를 통해 '누구나 할 수 있다anyone can do it', '스스로 하라do it yourself'는 평등과 독립의 이데올로기를 확립했다. 따라서 펑크는 '록의 폭발성'을 복원함과 더불어 록 특유의 저항 문화를 탄생시켰다는 점에서 록 역사에 있어 가장 중요한 장르로 취급되고 있다. 섹스 피스톨스는 의도적으로 영국의 왕실을 비꼬았다. 동료밴드인 클래시는 "미국이 지긋지긋하다."고 소리쳤다. 클래시는 섹스 피스톨스의 허무주의 굴레를 벗고 영국에 만연되어 있던 파시즘과 인종 차별을 공격하는 등 저항 영역을 확대했다.

음악적인 특징을 수반한 펑크 패션은 1976년 영국의 로큰롤 그룹의 무대의상에서 시작되었다. 펑크의 복식은 단정하고 아름다워야 한다는 기존의 미의식을 전적으로 부정하며 이상한 것을 자연스럽게 하고자 하는 스트리트 패션으로 나타났다. 최초의 펑크족들은 기묘한 플라스틱plastic peculiars이라고 불리는 것 같이 고무나 플라스틱제의 팬츠, 마이크로 미니스커트, 플라스틱과 그물망으로 된 셔츠, 멜빵바지, 모조 표범가죽, 당돌한 구호가 프린트된

표 4-7 펑크 록과 펑크 룩의 상징적 해석

음악			패션		
기표	기의		기의	기표	도상
사우트 창법 →	과격함	공통기의	인공적 ←	고무, 플라스틱 팬츠	
전기톱 기타 →	공격성		미니멀리즘 ←	미니스커트	
3단 코드 →	미니멀리즘	과격함 공격성 미니멀리즘	야수성 ←	모조표범가죽	
원시적 아우성 →	충격		공격성 ←	모히칸의 닭벼슬머리	
			과격함 ←	면도날 장식	

15 _ 펑크 헤어스타일

티셔츠 등을 일부러 무질서하게 코디시켜 혐오감을 불러일으켰다. 이러한 현상은 남녀복식 모두에 나타났고 소매나 바지의 무릎 부분에 구멍을 내기도 하고 너덜너덜하게 찢기도 하여 파괴적이고 무질서하며 인간적 정서가 없어 보이는 기괴한 모습을 보이기도 했다. 헤어스타일은 매우 특색이 있었는데 모히칸족의 헤어스타일과 비비꼬아 폭발하는 듯한 모양의 스파이크 헤어스타일이 있었다. 메이크업은 눈언저리에 검은 웅덩이 모양으로 선을 두르고 눈초리를 날카롭게 그리는 드라큘라형의 화장, 검은 점을 찍거나 입술을 검게 칠하기도 하며 외관상으로 공격성과 불쾌감을 주는 것을 목적으로 문명 파괴적인 양상을 보였다.

액세서리도 면도날, 낡은 볼트, 반지, 옷핀, 쇠사슬 등 실생활의 사소한 물건들을 무질서하게 사용하였으며 뾰족한 금속 징들이 박혀 있는 가죽 팔찌, 장갑, 벨트를 사용하였다. 그러한 배경 하에 말콤 맥라렌Malcolm Mclaren과 비비안 웨스트우드 그리고 그들의 샵은 펑크 룩의 메카로 군림했으며 섹스 피스톨스와 클래시 같은 펑크 록 밴드들의 근거지가 되었다. 그들의 옷은 사도 마조키스트sado-masochist의 여성성과 남성성의 양성이 교차되었고 그 당시 반역의 상징으로 받아들이던 타탄tartan 체크의 킬트kilt를 입기도 했다. 그들의 패션은 무정부주의의 이상을 표현하는 수단이 되었다.

16 _ 모히칸족의 닭벼슬머리

17 _ 펑크 스타일 패션

한편 21세기에 들어서 하이패션에서 나타난 펑크 룩은 미적 특성으로는 상징적 측면에서 풍부한 의미 구조를 이끌어내는 모호성, 재활용된 이미지와 이질적인 소재를 콜라주와 패치워크 등의 기법을 이용하여 의외적인 형태 파괴 및 부조화로 전개되는 절충성으로 나타나고 있으며 변질, 치환, 탈피, 키치, 재해석 등 다중적인 요소와 방법으로 표현되는 해체성을 들 수 있다.

펑크 룩은 하위문화와 연관된 에너지와 정통성이 바람직하게 여겨져 새로운 가치를 찾게 되었으나 이때, 패션은 사상과 라이프 스타일에 뿌리를 두기보다는 의류와 장식에 초점을 맞추고 있음을 알 수 있다. 이와 같이 하위문화 스타일이 모문화와 주류패션으로 흡수될 때는 본래의 의미는 사라진 채 이미지만 남는다는 것을 알 수 있는데 이는 기의가 상실된 기표만을 차용한 것으로 보인다.

또한 펑크는 음악에 있어서 원시적인 아우성으로 들리는 소리와 샤우트 창법으로 과격함을 표현했으며 전기톱 기타의 소음으로 공격성을 나타내기도 하였다. 기타 솔로를 없애버리고 3단 코드만으로 모든 음악이 가능하다는 음악에 있어서 최소주의를 낳았으며 원시적인 아우성 같은 목소리로 기존 사회에 대하여 충격을 주었다. 도상을 통한 패션 스타일에 있어서는 고무, 플라스틱 팬츠로 인공적인 지표적 해석이 가능하며 미니스커트를 입음으로 미니멀리즘을 추구하고 있다. 또한 모조 표범 가죽의 문양을 사용한 패션 스타일을 추구함으로써 야수성을 표현하고 있으며 모히칸족의 닭벼슬머리 등으로 공격성을 표현했고 면도날과 같은 공격적 오브제로 장식함으로써 과격하고, 파괴적인 비인간성과 반미학을 추구했다. 펑크 록과 펑크 룩에서 보여지는 이러한 기표는 과격함, 공격성, 미니멀리즘이라는 공통 의미의 운반체가 된다고 할 수 있다.

냉소적이고 실용적인 그런지 록과 그런지 룩

1970년 초반의 게이 운동주의자처럼 그런지 록Grung rock 가수들은 주류사회에 대항하는 성명처럼 드레스dress를 수용하였다. 그런지 록은 1980년대 후반 시애틀에서 나타나기 시작한 것으로 펑크와 히피를 함께 믹스한 음악이며 미국 북서부 해안의 문화를 종합한 것이다. 선두 주창자는 중류의 백인 청년으로 시끄러운 즉흥 음악과 기타 치는 것을 즐기는 사람들로 때로는 남자다운 것이 무엇인지 정의하기 어렵고 여자를 싫어하는 마음상태를 가진 사람들로 알려져 있다. 대표적 밴드로는 니르바나Nirvana, 펄잼Pearl Jam, 머드 허니Mud honey, 사운드 가든Sound garden 등의 그룹으로 1990년대 1분기 동안 대서양의 양쪽에서 음악 차트를 석권했다. 그들은 X세대의 실종이라는 주제로 그들의 독자성과 음악을 제공하였다. 이 X세대는 보통 중류계층의 백인 젊은이로 그들의 부모가 가졌던 경제력과 부에 전혀 미칠 수 없는 젊은이들이었다. 미국에서 백인 지상주의 움직임이 지지되는 동안 환경적인 영향으로 이민, 자유 등의 성공적인 움직임도 동시에 일어나고 있었다. 그런지는 이런 모순되는 상황을 보여주는 스타일이었다.

18 _ 그런지 록 가수 커트 코베인

니르바나의 리드 싱어인 코베인Cobain의 음악은 상처입고 고생하고 신뢰할 수 없는 남권주의를 잘 표현하였다. 고통스럽고 공격당하기 쉬운 성의 주체성에 대한 그의 몰입은 그의 외양에 잘 표현되었다.

스타일로서 그런지는 그런지grungy를 변형하여 만들어낸 미국 청소년층의 신조어로 뭐든 더럽고 혐오감을 주는 지저분한 것을 의미한다. 현실에 냉소적이고 실용적인 가치관을 낳은 그런지는 히피문화의 이슈와 같은 히피 패션의 부활을 가져왔다. 중요하게 받아들여야 할 것은 한정된 자원을 중시하는 재활용recycling 개념의 확산을 불러 일으켰다는 것이다. 또한 여러 가지 아이템을 다양하게 레이어링layering 시킨 것이 특징이다. 소재 선택에서도 환경파괴를 유발하지 않고 가공되지 않은 듯한 천연소재가 각광을 받았다. 그리고 이질적인 소재의 믹스 & 매치mix & match와 프린트 물을 변화있게 사용하였다. 그런지 패션은 세기말의 패션 전환기를 향한 하위문화 패션의 하나로서 하류 계층의 요소를 많이 가지고 하이패션에 깊숙이 침투한 1990년대 전반의 획기적인 패션 스타일로 기록된다.

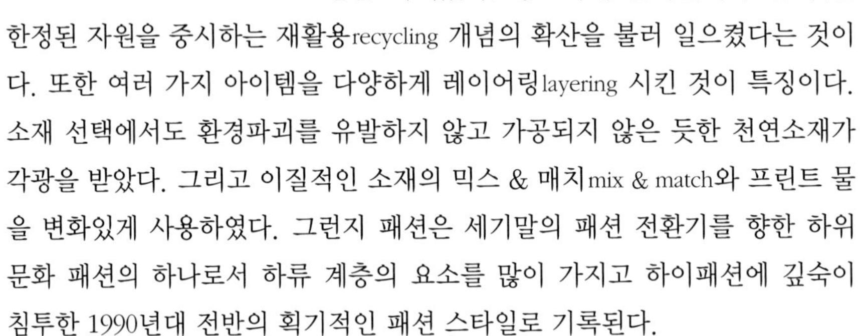

기호적 관점에서 그런지 록은 펑크와 히피를 함께 믹스한 음악으로 중류층의 백인청년들의 시끄러운 기타소리로 혼란이라는 기의를 표출하고 있으며, 폭발하는 음으로 충격을 주었다. 뿐만 아니라 즉흥적이고, 펑크와 히피를 믹스한 사운드는 독자성이라는 기의를 나타내고 있다. 패션스타일로서의 그런지는 더럽고 혐오감을 주는 옷차림과 여러 가지 아이템을 겹쳐 입은 레이어링, 환경파괴를 유발하지 않는 천연소재의 사용과 이질적인 소재의 믹스매치의 기표를 통하여 냉소적이며 반항적인 이미지를 표출하여 그들의 패션을

표 4-8 그런지 록과 그런지 룩의 상징적 해석

음악			패션		
기표	기의	공통기의	기의	기표	도상
시끄러운 기타소리	혼란	혼란	냉소적	더럽고 혐오감을 주는 옷차림	
폭발하는 음, 즉흥적인 음악	충격	독자적	독자성	이질적인 소재	
펑크와 히피를 믹스한 음악	독자성		혼란	미스매치	

하위문화 패션의 하나의 기호로 정착하게 만들었다. 공통적 기의는 혼란과 독자적이라는 상징적 해석을 할 수 있다.

자유롭고 즉흥적인 힙합과 힙합 룩

1980년대 미국에서부터 유행하기 시작한 다이내믹한 춤과 음악의 총칭인 힙합은 1990년대 들어서면서 가장 주목받는 유형의 문화로 힙합뮤직, 힙합댄스, 힙합패션, 힙합스타일로 1990년대의 문화전반을 이끌었다. 또한 힙합은 1970년대 후반 뉴욕 할렘가에 거주하는 흑인이나 스페인계 청소년들에 의해 형성된 새로운 문화운동 전반을 가리키는 말이었으므로 힙합을 미국에서 독자적으로 만들어진 유일한 문화라고 평하기도 한다.

힙합hiphop의 뜻은 움직이는 엉덩이, 다시 말해 약동하는 육체를 뜻하며 문화적으로는 흑인들의 제반 생활양식과 정서를 포함한다. 음악에 있어서 힙합은 비트가 빠른 리듬에 맞춰 자기 생각이나 일상의 삶을 이야기하는 랩, 랩에 맞춰 곡예 같은 춤을 추는 브레이크 댄스 등의 활동으로 이루어져 있다. 또한 힙합은 랩의 효과음으로 사용되던 LP판을 손으로 앞뒤로 움직여 나오는 잡음을 타악기 소리처럼 사용하는 스크래치, 다채로운 음원을 교묘하게 믹서 조작으로 재구성하는 브레이크 믹스 등의 독특한 음향 효과로 주목을 끌었다. 이 기법은 테크놀러지의 급속한 발전으로 힙합 운동 출신의 사운드 크리에이터creator들을 등장시켰고 이들이 만들어낸 사운드는 1980년대에 미국 대중음악의 새로운 경향의 하나로 정착되었다. 그 이후로 힙합은 주로 이러한 사운드 기법을 재창하는 경우가 많아졌다. 흑인 음악가 퀸시 존스Quincy Jones

19 _ 힙합 패션

는 '현대 흑인음악에 있어서 가장 혁명적인 표현방식' 이라고 랩을 평가하고 있다.

1990년대에 들어서면서 미국에서 시작된 힙합스타일은 전 세계적으로 신세대들을 중심으로 보다 자유스럽고 즉흥적인 형태의 패션으로 알려져 있다. 한편 힙합스타일은 할렘 빈민가 노동자 계층 2세들이 옷 살 돈이 없어서 아버지 옷을 물려 입는 것에서 시작되었다고 한다. 할렘에서 자란 아이들이 권총과 총탄, 마약 등을 많이 소지하기 위해 일부러 통 넓은 바지와 많은 주머니를 원하게 되면서 점점 길거리의 패션으로 자리 잡게 되었다. 또한 감방에서 착용하는 죄수복은 사이즈가 개인에게 맞추기 어려웠고 벨트 없이 흘러내리는 것이 특징이었는데 이러한 옷의 느낌을 일상복에서 질질 끌리는 헐렁하고 큰 바지로 이용한 것이라고 하였다. 또 다른 의견은 80년대 말 미국시장에 많은 브랜드들이 출현했고 세일이 성행해 90% 세일까지 등장하였는데 매장에서 상품이 거의 빠지고 나면 흑인들이 남아있는 큰 옷들을 사서 헐렁한 상태로 입은 것에서 유래되었다는 의견이 있다. 이와 같이 힙합은 음악이나 미술뿐만 아니라 패션에 있어서도 많은 영향을 주었으며 대중패션 뿐만 아니라 하이패션에 있어서도 많은 영향을 주었다.

마지막으로 힙합의 상징적 해석은 음악에 있어서는 강한 랩과 격렬한 춤동작으로 빈민가 계층이었음을 거리낌 없이 드러내는 반항성과 당당함을 표현했고 패션 스타일에 있어서는 팬티 밑에 걸쳐 입은 바지, 헐렁하고 벙벙한 스타일, 통이 넓은 바지로 당당함을 상징하고 있으며, 운동복, 배기팬츠 등 구제품을 입은 듯한 것으로 빈민계층의 소외감을 표현하고 있으며, 두건과 같은 액세서리를 착용함으로써 반항적 이미지를 표출하고 있다.

표 4-9 힙합과 힙합스타일의 상징적 해석

음 악			패 션		
기 표	기 의		기 의	기 표	도 상
강한 랩 →	반항	공통기의	당당함 ←	통이 넓은 바지	
격렬한 춤동작 →	당당함	반항	빈민 ←	운동복, 배기팬츠	
		당당함	반항 ←	두건	

영국의 청년 하위문화는 뚜렷한 계급 의식과 또래 집단의 길거리 규범뿐 아니라 '기호를 위한 투쟁'도 포함하고 있다.

또한 젊음의 이데올로기와 주체, 즉 그들이 누구이고 무엇을 하는 사람들인지에 대한 지배적인 정의에 반응한다. 젊은이 집단들이 '시대의 기호'가 되고 그 집단들은 계급과 성과 연령에 대해서 미디어가 만들어 놓은 이미지를 이용한다. 하위문화는 삶의 규제로부터 도피하거나 이를 해결하는 가장 중요한 기제로써 독특한 음악이나 의복 스타일을 개발하여 상징적으로 저항의 기의를 표출하고 있다. 그러므로 하위문화의 대중음악과 패션스타일은 내면의 가치를 기호화한 유사성으로 나타난다.

CHAPTER 5. 패션의 새로운 코드, 취향

현대 사회에서 취향은 개인을 구별 짓는 중요한 요소이며, 패션은 취향의 차별화를 표현하는 주요 대상이 된다.

현대인은 제품을 선택하거나 향유하는데 있어 연령이나 소속집단의 규범보다는 자신의 취향taste을 더 우선시하는 경향을 보이고 있다. 패션에 대한 취향이 상류계층에서 하류계층으로 일방적으로 전달되고 확산되었던 과거와는 달리, 현대 사회에서는 각자의 취향에 의해 나타난 여러 가지 사회적 행위의 패턴을 단순하게 분리하는 것이 매우 어려워졌다. 그 결과 취향에 관한 문제는 패션디자인 영역에서 점차 중심적인 담론이 되고 있다.

현대 패션에 영향을 미치는 취향은 여러 가지 수단들에 의해 만들어진다. 그것은 패션컬렉션, 대중매체 등을 통하여 대규모로 형성되기도 하고, 제품 구매시 순간적으로 영향을 미치기도 하며, 친구나 지인 등 동료집단의 영향을 받아 지극히 개인적으로 만들어지기도 한다. 중요한 것은 미디어의 발달에 따른 패션정보의 빠른 전달과 확산에도 불구하고 현대 사회에는 다수의 획일적인 동조에 의해 형성되는 패션과 함께 개인의 취향을 중요시하는 여러 유형의 주체적인 패션이 공존하고 있다는 것이다.

패션은 개인의 외관에 의한 이미지 전달 효과가 큰 문화적 기호로서 중요한 의사소통의 도구 역할을 하며, 디자인 요소의 변화를 통한 다양한 연출이 가능하여 시각적으로 개인의 취향을 가장 섬세하게 표출할 수 있다. 그렇다면 영국의 복식학자 제임스 레버James Laver가 "패션이란 취향의 선봉장이며, 바람이 불어오는 방향을 알려주는 동시에 어떠한 방향으로 바람이 불지를 알려주는 풍향계이다."라고 말하였듯이 현대 패션에 나타나는 다양한 이미지, 즉 '룩'을 '취향'에 근거하여 살펴볼 수 있을 것이다.

이 장에서는 취향에 대한 다각적인 접근을 통해 취향에 대한 이해와 더불어 취향을 통해 패션을 읽는 시각을 제공하고자 한다.

1. 취 향

취향의 이해

우리는 일상적인 대화에서 '다른 누구와 취향이 비슷하다' 혹은 '누구의 취향이 독특하다'는 등 '취향'이라는 말을 흔히 사용하고 있다. 이렇듯이 취향은 딱딱하고 생경한 단어가 아니라 생활 속에 자리잡은 친숙한 용어이다.

'취향趣向' 을 사전에서 찾아보면, '하고 싶은 마음이 생기는 방향, 그런 경향' 의 의미라고 풀이되고, 유사한 용어로는 취미, 경향, 의취, 지취 등이 있으며, 취향에 대한 영문 표기는 taste, liking, fondness 등이 주로 사용된다.

취향과 비교하여 '취미趣味' 는 본래 미각을 뜻하는 말로서 '미학적으로 일정한 감각적 사물에 대해 그 미적 가치를 쾌, 불쾌의 감정과 관련시켜 받아들이거나 판정하는 능력' 을 말하며, '기호嗜好' 는 일반적으로 음식과 술, 담배, 커피, 성행동 등 주로 생리적인 기본 욕구에 관하여 평소 즐기고 좋아하는 것을 뜻한다. 또한 취향은 인간의 내부에서 일어나는 심리적 작용을 일컫는 '감성感性' 과도 일맥상통하나 감성에 비해 보다 구체적인 구매욕구와 적극적인 구매의도로 전환될 수 있는 성향을 지니고 있다.

한편 취미는 어떤 대상에 대한 개인적 선호를 의미하며 개인적 감수성의 영역으로 이해될 수 있지만, 실제로 이것이 드러나는 공간이 사회이고 의도적이든 아니든 타인과의 관계에서 개인의 위치를 드러내주는 역할을 하게 될 때, 취미는 취향으로 불리어진다. 다시 말해서 취미는 미학적 용어임에 반해 취향은 사회학적 용어인 것이다.

언어는 사회문화적 배경에 의해 영향을 받으므로 시대의 흐름에 따라 취향의 의미도 다양하게 변화되어 왔다. 초기에 취미로도 불리었던 취향은 인간의 매우 주관적인 감정적 용어였다. 취향은 민족취미, 시대취미 등 집단, 민족, 계급, 시대, 지역 등의 미적 감수感受의 특수한 색조를 나타내기도 하였으며, 여기餘技나 오락을 뜻하기도 하였다. 예술 양식사를 통해 취향이 지녔던 의미를 살펴보면, 고대 그리스의 양식을 좋은 취미라고 기준을 잡고 고딕 시대의 것을 야만적 나쁜 취미의 스타일로, 로코코 양식이란 마담 퐁파두르Pompadour의 저속한 취향을 조소하기 위한 스타일로 여겼으며, 현재의 키치는 대중의 저속한 취미로 인식되고 있다.

오늘날에는 취향에 관한 접근방식 중 '좋은 취향good taste' 과 동의어로서의 '취향' 과 '사회와 물질세계의 복잡한 상호작용의 한 구성요소' 로서의 취향, 대체로 이 두 가지가 통용되고 있다. 보다 사회학적인 측면에서의 취향의 개념은 '사회 내에서 이루어지는, 어떤 대상이나 행위에 대한 선호와 그 표현' 이며 '문화적 산물의 미적인 품질과 사회적 적절성에 대한 판단을 결정하는 개인의 일반적인 지향성' 이라고 할 수 있다. 어떠한 것을 받아들이든 취향의 복합적인 표명들을 설명하기 위해서는 어느 한 단면으로서 이해하기보다는 사회적, 경제적, 심리학적, 미학적인 면 등 다양한 관점에서의 접근이 필요하다.

취향읽기의 이론적인 틀

한 개인의 취향은 사회 내에서 선호되는 대상이나 그가 추구하는 삶의 방식들을 통해 사회 내에서 자유롭게 유통되며, 때로는 다른 사회 구성원들의 선망의 대상이 될 수도 있다. 이전의 계급사회부터 특권층은 하위 계급과 자신을 구별짓는 요소로서 취향을 활용하였으며, 그로 인해 취향이 구별distinction의 요소로서 작용하여 왔다.

취향에 대한 연구는 프랑크푸르트학파의 문화산업론에서 비롯되었으며, 이후 겐즈Gans의 취향문화론으로 이어져 부르디외의 문화자본론에서 아비투스habitus의 개념으로 체계화되었다.

문화적 취향이 개인적 차원이 아닌 사회적 차원에서 다루어질 때 논의의 시작은 문화적 취향이 한 사회 내의 다양한 집단들에 따라서 상이할 것인지, 아니면 동질적인지의 문제이다. 문화산업론을 발전시킨 프랑크푸르트학파들은 문화산업에 의해 생산되는 대중문화를 통해 계급 내지 계층에 따른 문화적 취향이 동질화된다고 주장하였다.

이러한 견해에 대해 비판한 것이 겐즈의 취향문화론이다. 겐즈는 "고급문화와 대중문화의 차이는 과장된 것이며, 둘 다 상이한 경제적이고 교육적인 기회를 지닌 사람들에 의해 선택된 취향문화이기 때문에, 모든 취향문화는 동일한 가치가 있다."고 말하면서 취향이 개별 행위자의 선택이라는 명제에서 논의를 시작하고 있다. 겐즈는 사회계층과 취향공중에 의해 상층, 중층, 중하층, 하층, 신민속하층 등 다섯 개의 문화가 구분되어진다고 하였으며, 대중문화는 사람들에 의해 선택된 취향문화를 단순히 나타내는 것이나 개인의 부와 교육수준에 의해 문화적 취향이 좌우되기 때문에 결과적으로 계급차이에 의해 취향의 차이가 생긴다고 주장하였다.

그에 비해 부르디외는 "취향은 구분하고 분류하는 자를 분류한다. 다양한 분류법에 의해 구분되는 사회적 주체는 아름다운 것과 추한 것, 탁월한 것과 천박한 것을 구별함으로써 스스로의 탁월함을 드러내며, 이 과정에서 각 주체가 객관적 분류과정에서 차지하는 위치가 표현되고 드러난다."고 하였다. 이는 취향이 사회 내에서 구별 짓기 요소로서 작용할 때에 개인적 선호라는 사적인 영역 이상의 의미를 가지고 있으며 지극히 사회적인 체계 내에서 작용한다는 것을 의미한다. 부르디외는 행위자들이 가지는 취향을 선천적으로 물려받은 어떤 것이 아니라 행위자들이 스스로의 경험과 생활 속에서 획득한 후천적 성향으로 보았으며, 구조와 행위를 직접 연결시키기 보다는 그 사이를 매개하는 구조로서 '아비투스'라는 새로운 개념을 끌어들여 기존의 이론들이 극복하지 못했던 구조와 행위의 딜레마를 넘어서려고 시도하였다. 그의 이론에 따르면 취향은 아비투스의 가장 가시적인 표현들 가운데 하나이므로 사회적 존재조건과 취향 사이의 관계를 인지하기 위해서는 각 행위자들의 아비투스를 우선적으로 포착해야 한다고 하였다.

취향의 가치와 의미

자본주의가 성숙하고 대량생산 시스템이 발달할수록 그 사회 속에 존재하는 인간의 의식이나 행동양식은 더 획일화되는 경향을 지닌다. 개인은 대중 속의 한 구성요소로서 존재할 뿐 스스로의 창조력을 상실하고 타인에 의해 좌우되는 수동형 인간으로 변해갔으며, 통합 사회의 단조로움에서 벗어나기 위한 방법으로서 취향을 추구하였고, 그를 통해 타인과의 차별화를 시도하였다. 이후 일률적 사회상이나 서구 문명 중심의 세계 문화 질서에 이의를 갖는 다원화 시대가 되면서 서로 다름을 인정하는 가치관이 중요시되었으며, 그로 인해 취향은 다양성을 표현하는 수단으로도 활용되었다.

이렇듯이 취향의 개념은 개인에 따라 다르며 개인이 속한 민족, 지역에 따라서도 다르며 시대에 따라 변화된다고 하겠다. 일반적으로 취향은 '개인'적인 성향이기 때문에 필요와 자신만의 경험 그리고 축적된 경험에 의해 형성되는 라이프 스타일을 비롯한 인간의 내적 요인들에 의해 결정되지만, 한편으로는 외적 요인에 의한 영향도 받는다. 여기에서 외적 요인은 그 사람이 기본적 욕구의 어느 단계에 있는지에 따라 달라지는데, 인정이나 사랑과 소속감에 대한 욕구 등 자기실현의 욕구 이전 단계에서는 특히 더 자신이 속한 사회나 문화에 의한 외적 요인이 크게 작용하게 된다. 다시 말해서 특정 시대나 특정 민족에게는 공유하는 취향, 일종의 객관적 정신이 지배적으로 작용하며, 개인의 취향과 관련된 정신의 발전에 있어서도 지속적인 특징을 보인다. 그러므로 한 시대의 보편적인 정신은 개인의 취향에 영향을 미치며, 개인 취향의 집합체가 또한 시대적 정신을 이룬다고 할 수 있다.

사회학자 미셸 마페졸리Micheal Maffesoli는 거대 담론이 상실된 시대이면서도 어느 순간 명백히 대중적인 결집력을 드러내는 특이한 현상을 보이고 있는 현 사회를 신부족주의neo-tribalism라는 새로운 개념으로 설명한 바 있다. 이것은 개인의 취향이 타인의 것과 일치되었을 때 일시적으로 나타나는 현상으로 풀이할 수 있으며, 이와 같은 맥락에서 개인주의가 더욱 팽배해질 것으로 예측되는 미래 사회에서의 대중적인 결집력은 오히려 각자의 취향의 공통분모에 의한 동질성에서 비롯될 수도 있을 것이다.

취향이 주목받는 이유

취향이라는 개념은 현대에 와서 처음 등장한 것이 아니다. 취향은 17세기 후반 처음으로 미학상의 용어가 된 이후 줄곧 미학의 중심과제의 하나가 되어왔으며, 특히 최근에 와서 사회 문화의 모든 영역에서 커다란 화두가 되고 있다. 이는 현대 사회문화의 여러 가지 변화에 기인한 것이라 여겨지며, 그 중에서도 개인 중시의 사회 현상, 미美의 다감각주의 추구 경향, 대량맞춤화mass customization의 확산 등이 주요 요인이라 하겠다.

현대 사회에서 취향이 주목받고 있는 첫 번째 원인으로는 집단이나 사회전체보다 개인을 중시하는 사회로의 변화를 들 수 있다. 의복의 사회규범은 특정 스타일이 사회적 상호작용 과정에서 자주 착용되어 많은 사람들에 수용됨으로써 쉽게 형성되며, 일단 규범이 형성되면 그 규범은 특정 상황에 대한 규범적 행동의 기준을 제공함으로써 행동을 규제하게 된다. 이러한 사회규범과 관련지어 의복에 대한 취향은 동조 혹은 일탈로 해석되기도 한다. 그렇게 때문에 그동안 패션업체들은 '비슷한 경험, 생활습관, 가치관 등을 지닌 소비자 집단은 유사한 구매 행태를 가지게 된다.'는 취지에서 마케팅 수행시 타겟target을 선정할 때 연령을 기준으로 하는 세대generation, 특징적인 라이프 스타일을 가지는 족tribe을 대상으로 그 표적시장을 선정해 왔다.

그러나 최근의 소비자들은 유사한 라이프 스타일을 갖고 있다 해도 패션의 수용에 있어서 일률적인 동조 현상을 보이는 것이 아니라 개인의 취향에 따라서 각기 다른 소비형태를 보이고 있다. 이는 정보화 시대에 들어 개인의 중요성이 더욱 강조되면서 자신을 최우선시하는 개인 중시의 사회가 되었으며, 그로 인해 취향이 이전까지의 개인이나 집단을 단순히 구분하고 비교하는 것을 넘어 독립적인 개체로서의 개인의 정체성을 추구하기 위한 수단으로 적극 활용되고 있기 때문이다.

현대 사회에서 취향이 중시되는 두 번째 이유로는 미에 대한 다감각주의 추구를 들 수 있다. 취향의 기저에는 기본적으로 미에 대한 생각이나 가치관이 전제되어 있다. 그러므로 다양한 형태의 미가 공존하고 그 가치가 인정받는 현대 사회에 있어서의 취향을 살펴보기 위해서는 조화로운 것이 아름다운 것이라는 기존의 미에 대한 생각의 재정의가 전제되어야 할 것이다.

인간의 여러 심적 능력 중에서 미에 대한 특수한 능력이 취미 즉, 취향으로 이어지며, 미적 평가의 새로운 개념으로서의 '좋음goodness'은 결국은 시대적 상황과 유행에 따른 개인의 취향인 주관성의 평가라고 할 수 있다. 개인이 자신이 생각하는 혹은 느끼는

'적절함'을 선택하는 것이 취향의 표현으로 간주될 수 있다. 호감이 가지 않는 대상이라도 흥미를 끌 수 있다면 개인의 취향을 만족시킬 수 있으며, 비정상적이고 공격적이며 혐오스러운 것에도 호기심을 가질 수 있는 것이다. 즉, 미에 대한 개인의 견해는 대상이 지니고 있는 객관적인 미의 조건을 받아들인 것에 주관자의 취향이나 경험이 작용한 결과로 성립한다고 볼 수 있다.

포스트모더니즘이 지배하면서 객관적인 미에 대한 기존의 준거는 그 가치를 이미 상실하였으며, 현대 사회에서는 다양한 미적 가치와 감각을 추구하고 있다. 개인의 차별화된 취향이 그 배경의 하나가 될 수 있을 것이다.

현대 사회에서 취향이 새롭게 주목받고 있는 세 번째 이유로는 대량맞춤화의 확산을 들 수 있다. 소비자가 원하는 차별화된 상품이나 서비스를 제공하는 것은 기업이 추구하는 궁극적인 목표이지만, 소비자의 욕구가 세분화되면서 기존의 마케팅 전략으로 모두 다 만족시키기는 불가능했었다. 그러나 기술의 진보와 정보통신의 발달은 고객 개개인의 취향을 만족시킬 수 있는 제품과 서비스를 제공할 수 있는 대량맞춤화를 가능하게 했는데, 이 때 중요한 것은 고객의 취향과 욕구를 '정확히' 만족시키기보다는 '가장 잘' 만족시키는 것이다. 예를 들어 상품구성의 깊이와 폭을 다양하게 가져감으로써 소비자의 취향에 가장 근접한 상품을 제공할 수 있도록 하는 것이다.

현대의 소비자는 스스로 프로슈머prosumer가 되어 제품 기획과 생산단계에 참여하여 자신의 취향을 반영할 수 있으며, 여기에 구매 전 체험을 미리 할 수 있도록 하는 기업의 경험마케팅experience marketing 활동까지 더해져 소비자 스스로의 취향은 더 이상 개인적이고 감성적인 단계가 아닌, 구매의도에 따라 구매행위를 충분히 일으킬 수 있는 직접적인 구매 욕구로 이어지고 있는 것이다.

현대 사회 변화의 흐름 속에서 개인 중시의 사회현상은 개인의 취향이 지닌 가치와 의미를 더하고 있으며, 미의 다감각주의 추구 경향은 다양한 취향의 공존을 가능하게 하며, 개인이나 집단의 취향은 마케팅의 새로운 요소로서 대량맞춤화에 활용되고 있다.

2. 취향으로 패션 읽기

현대에 올수록 취향구조적 세분화가 이루어지고 있으며, 패션과 같은 표상체계는 계층구조에 따라 다른 양상을 보일 수 있으므로 다분히 취향적이라고 할 수 있다. 이제 패션은 더 이상 계급 구분의 도구도, 문화를 비추는 거울도 아니며 개개인의 취향의 문제인 것이다. 다시 말해서 패션이란 개인의 미적 취향에 대한 아비투스의 표현이 복식이라는 대상을 통해 일관성 있게 표현된 것이라고 할 수 있다.

패션에 있어서 취향은 어떠한 디자인을 선택할 것인가에 대해 커다란 영향을 준다. 취향은 외부적인 요인이나 부모의 미적 감각에 의해 영향을 받으나 무엇이 자신에게 어울리는가를 이해함으로써 더 개발될 수 있다. 또한 일단 터득하고 나면 일종의 본능이 되어버리며 상황에 따라 어떤 패션 스타일이 자신에게 적합한지 판단할 줄 알게 한다. 그러므로 의생활에서 취향은 자신이나 남들에게 모두 잘 어울린다는 느낌을 주는 균형감각을 유지하는데 필수적인 요소이다.

패션은 디자인 영역 중에서도 디자인 요소의 변화가 매우 다양하며 외부로의 이미지 전달 효과가 매우 커서 개인의 취향을 가장 잘 표출할 수 있다. 특히 취향은 룩과 매우 직접적인 관계를 갖는데, 이는 룩이 패션의 시각적인 언어의 구체적인 표현이며 소비자들의 취향을 전달하는 중요한 매체이기 때문이다.

3. 패션 속의 취향, 취향 속의 패션

멋쟁이 취향의 표현, 댄디 룩

멋내기와 댄디

'멋쟁이'는 '멋이 있는 사람, 멋을 부리는 사람'을 일컫는 우리말이다. 그와 유사한 의미를 지닌 '댄디 dandy'는 '겉치레, 허세 따위로 멋을 부리려는 경향'의 사전적 정의를 가지고 있으며, 문학에서는 '정신적 귀족주의 경향'으로 표현되어 왔다. 댄디의 어원은 1789년 스코틀랜드 국경 지방의 노래 가사에 등장하는 지역 수호신 세인트 앤드류St. Andrew의 애칭 '잭 어 댄디Jack-a-Dandy'에서 비롯되었으며, 패션에서는 '도심지의 옷 잘 입는 세련된 남자, 옷을 잘 차려 입은 신사'를 가리키는 말로 사용되어 왔다.

댄디들의 독특한 삶의 방식을 의미하는 댄디즘dandyism은 왕정복고시기인 17세기 말과 18세기 초에 형성되어 19세기 초 영국에서 브러멜Brummelle에 의해 본격화되어 19세기 중반 뮤세Musset, 고티에Gautier 등의 프랑스 문학가들에 의해 이론적인 체계가 잡혔다. 댄디의 출현은 18세기 말 산업혁명의 부작용으로 인해 심각한 사회적 병폐를 겪고 있었던 영국에서 전통적인 귀족 계급과 개혁적인 평민 계급 사이의 고리 현상으로 인해 돌출한 사회 현상으로 볼 수 있다. 최고의 우아함을 자랑하는 중상류층 청년들의 옷차림과 귀족적인 취미나 생활 방식을 의미하던 댄디즘의 근본 동기는 당시 사회적으로 만연되어 있었던 부르주아의 속물근성에 대한 저항 의식에서 비롯된 것이었다. 그러나 댄디의 저항 의식은 정치적이고 투쟁적이기보다는 개인적인 세련된 몸치장과 위트 있는 말솜씨의 차별화를 통해 나타났다. 댄디즘은

01 _ 19세기의 전형적인 댄디 룩

02 _ 21세기의 댄디 룩, 존 리치몬드

영국 시골 상류층 복장인 승마복을 도시 남성 패션으로 이끌었으며, 현대 남성복의 기본 형태를 정착시켰다. 19세기와 20세기 초 신사gentleman의 대명사였던 댄디의 스타일은 검정색 플록 코트black flock coat, 빳빳하게 풀 먹인 흰 셔츠white shirts와 높은 모자top hat 등이며, 댄디의 이러한 스타일은 현 남성복의 기본 스타일인 재킷과 바지 그리고 턴-다운 칼라 셔츠turn down collar shirts와 타이tie를 정착시켰다.

여성복에 차용되는 신사복의 형태는 여성도 남자와 동일한 복장을 함으로써, 남자의 소유물이 아닌 남자와 동등한 권리와 의무를 지닌 인간으로 인식을

높이고자 하는 남녀평등의 주창을 배경으로 시작되었다. 샤넬은 스포츠 웨어를 일상복으로 끌어들여 20세기의 새로운 '일하는 여성'을 위한 젊은 캐주얼한 이미지의 댄디 룩을 성립시켰다. 여성복의 경우 매니시 룩과 혼용되어 사용되기도 하는 댄디 룩은 짙은 색의 가는 줄무늬 원단이 자주 사용되며, 헤링본herringbone이나 세퍼드 체크shepherd check 등의 전통적인 패턴도 종종 사용된다. 흑백만을 이용하여 턱시도의 디테일을 도입한 앙상블 스타일의 스모킹 룩, 하이 웨이스트에 전체적으로 헐렁한 스트레이트 라인인 클라이드 팬츠, 펜싱 경기의 유니폼으로 활용되는 역삼각형의 재킷과 타이트한 펜싱 팬츠를 코디시킨 펜싱 수트 등이 대표 아이템이다.

현대 사회에서는 댄디즘의 가치가 새롭게 인식되어 대중에 의해 선택적으로 행해질 수 있는 생활양식의 하나로 정착되었으며, 개인적인 취향에 따라 개별적인 룩으로 추구되어지고 있어 그에 따라 외부로 표현되는 스타일도 다양해졌다.

현대 패션의 영원한 테마, 댄디 룩

2000년대의 패션컬렉션에도 변함없이 다양한 느낌의 댄디 룩이 선보였다. 유행의 빠른 변화에도 불구하고 매 시즌 컬렉션에서 빠지지 않고 등장하고 있는 댄디 룩의 최근 경향을 살펴보면, 기존 이미지를 그대로 살려 표현한 전형적인 스타일과 디자이너 자신의 개성을 투영하여 재해석한 스타일로 크게 나눌 수 있다. 후자의 경우 실루엣의 차이, 디테일의 유무有無, 소재의 종류, 색상의 종류에 따른 외형적 특성에 의해서 각각 우아하고 고급스러움, 낭만적이고 여성스러움, 미니멀한 모더니즘, 실험적이며 자유분방함 등의 내용을 지니고 있는 것으로 나타났다. 해외 컬렉션의 경우는 전체적으로 세련된 남성복의 이미지를 유지하면서도 새로운 감각을 가미한 여러 형태가 보였으며, 국내의 경우는 그에 비해 대체로 도회적이고 세련된 이미지를 보여주고 있다.

저속한 취향의 표현, 키치 룩

대중사회의 대중취향, 키치

저속低俗하다는 말은 '품은 뜻이나 인격 따위가 낮고 속된' 혹은 '학문, 예술성 따위의 정도가 깊거나 고상하지 못하고 천박한' 등 고급의 비교 개념인 저급한 의미로 대부분 통용되고 있다. 즉, 저속한 취향이

03 _ 일본의 전통문양을 활용한 키치 룩, 간사이 야마모토

04 _ 명화를 외설적인 스타일에 활용한 키치 룩, 비비안 웨스트우드

란 고급 취향에 상대되는, 고상하지 못하고 천박한 취향이라 할 수 있다. 하지만 고급문화와 고급취향에 대한 기준과 개념이 모호해진 현대 사회에서는 이러한 정의 역시 많은 모순을 안고 있다.

포스트모더니즘 시대에 접어들면서 고급과 저급이라는 양극 사이에 새롭게 등장한 것이 키치이다. 키치kitsch는 예술적인 나쁜 취향, 저속한 취미, 값싼 대중 취향, 사이비 예술, 반미학 등 다양한 뜻을 가지고 있는데, 의미가 여러 가지이듯이 키치를 이해하는 시각도 다양하다. 키치라는 용어는 어원상 1860년대와 1870년대 뮌헨의 화상에 의해 하찮은 예술을 가리키는 속어에서 시작되었다. 당시 뮌헨의 화상들은 특정한 종류의 미술품, 특히 감상적 부르주아의 동경을 만족시켜준다고 여겨지는 일군의 작품들을 키치라고 불렀는데, 이후 점점 더 도덕적인 결함을 지닌 대상을 지칭하는 의미를 갖게 되었다.

키치는 낭만주의 예술의 발달, 산업혁명과 대중사회를 기본으로 한 자본주의의 성립, 부르주아 사회의 형성에 따른 예술의 상업화 등을 배경으로 성장하였으며, 20세기 후반 폭발적인 대중소비에 의해 키치의 가치가 더욱 부각되고 문화적으로 확산되었다. 키치에 대해서는 고급문화를 모방하며 조악한 복제품을 무차별적으로 만들어내는 거짓감각의 저속한 취향이라는 비판적인 의견도 있으며, 대중적 취향을 적극적이며 긍정적으로 수행하여 산업사회의 소비문화를 수용하는 대중들의 삶의 태도를 표현하고 있다는 긍정적인 견해도 있다. 키치는 산업사회의 예술의 상업화 과정에서 미적 가식과 미적 부적절성을 내포한 저속한 취미의 예술이자 대량소비를 위한 통속적인 대용문화로 치부되기도 하였으나, 팝아트 이후 포스트모더니즘의 영향에 힘입어 민속예술과 고급예술, 대중문화와 엘리트 문화를 모두 포괄하는 미적 모더니티modernity를 표출하고 있다.

현대 사회에 있어서의 키치는 대중과 떼어서는 생각할 수 없는 용어가 되었다. 현대사회에서의 키치는 '단순히 부를 의미하는 것이 되어 버린 순수한 예술과 미적 위신이 부여된, 잘 고안된 비예술 사이의 미적 부적절성의 개념이 적용되는 무수한 단계'의 물건들과 취미영역을 모두 지칭한다고 보았을 때, 키치 룩은 값싸고 대중적인 취향에 의해 선택되어지고 표현되어지지만 예술과 비예술 사이의 미적 가치를 지닌 패션스타일이라고 말할 수 있다.

이국문화에 대한 즐거운 해석, 키치 룩

키치 룩은 산업사회의 문화적 다양성과 복합성을 내포하며 현대 도시인들의 집단 정체성을 디자인을 통해 표현했는데, 특히 19세기 말 모즈, 히피, 펑크 등의 보헤미안 복식에 있어서 시간성, 공간성, 성性의 해체와 부조화, 무절제, 불균형, 몰형식, 왜곡 등의 절충주의적 양식을 통해 반전통적이고 반엘리트적인 복식미를 창조하였다. 현대 패션에 나타난 키치의 미적 범주와 조형성은 정치, 사회, 종교에 대한 풍자성, 관능적 에로티시즘과 성의 혼돈을 표현한 쾌락성, 전원적이고 이국적이면서도 복고적인 향수성, 원시적이면서도 유아적이며 팝아트적인 유머와 즐거움을 표현하는 유희성으로 나타났다. 패션에 있어서 키치는 절충주의와 해체주의를 방법론으로 이용하여 궁극적으로 인간의 자유로운 감성표현과 인간성 회복의 메시지를 나타내었다고 할 수 있다.

2000~2004년 패션컬렉션에 나타난 키치 룩은 트렌드에 따라 조금씩 그 모습을 달리하며 다양하게 표현되어 왔다. 특히 최근 들어서는 한 나라의 전통적인 패턴이나 색채를 다른 나라의 전통적인 스타일이나 세부장식에 적용하거나 여러 나라의 양식을 하나의 스타일에 모두 적용하는 등 다민족주의가 패션에 융합되어 유머러스한 모습으로 표현되는 키치 룩이 많이 보였다. 과장된 세부장식으로 유치하고 유아스러움, 과장된 크기의 소품을 통한 유머와 즐거움, 민속적인 것과 현대적인 것의 부조화를 통한 미美, 한국과 일본의 전통으로부터의 새로운 관능미를 상징적으로 표현하고 있으며, 결과적으로 이국문화에 대한 시각을 새롭게 하면서 한층 더 친근하게 표현하고 있다.

성적 이상 취향의 표현, 페티시 룩

에로티시즘의 또 다른 반향, 성적 이상 취향

성적인 매력을 추구하는 것은 흔히 에로티시즘이라고 일컬어진다. 그와 비교하여 성적 이상이란 성적 상상이나 행위에 있어서 정상적이지 않음을 의미하므로 성적 이상 취향이란 성적으로 이상한 생각이나 행동을 과하게 선호하고 즐기는 경향이라고 할 수 있다.

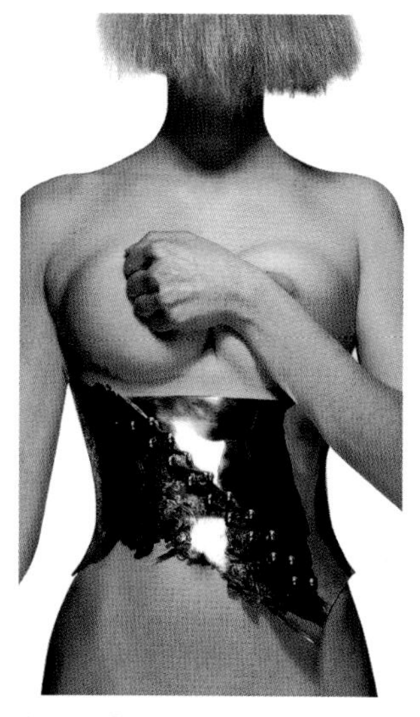

05 _ 노출을 극대화한 페티시 룩, 사라 하마니

페티시fetish의 사전적 의미는 물신物神, 성적 대상으로서의 도구이며, 흔히 무의식 속의 욕망이 현실의 사물로 대체된 것을 일컬어 페티시라 일컫는다. 그러므로 페티시 룩fetish look이란 성적 이상 취향을 주로 패션을 이용하여 만족하고자 생겨난 스타일이라 말할 수 있다.

페티시는 19세기 말 억압적인 빅토리아 성도덕에 반발하여 생겨난 것으로 알려져 있으며, 세기말 풍토와 산업 자본주의 등에 자극받아 급속하게 대중문화 속으로 전파되었으며, 20세기에 들어서는 하위문화에서 하이패션의 주류로까지 급부상하였다. 페티시는 기존의 질서로부터 탈피하려는 패션 이미지의 퇴폐적 표현의 하나이며 성적 해방이야말로 인간이 만든 제도로부터 자유로워지는 것이며 성적인 상상력의 세계를 탐험, 공상과 내면의 생을 자유롭게 허용함으로써 인간존재의 확인을 감행하는 것이라고 그 심리적인 배경을 설명할 수 있다.

페티시즘fetishism이란 일반적으로 비이성적으로 집착하게 되는 매혹적인 대상 자체와 그 대상의 가치를 과도하게 평가하는 생각이나 태도를 언급하기도 하며, 숭배나 지나친 관심의 대상 혹은 집착의 의미로 여성들이 옷에 너무 신경을 쓰는 것을 예로 들 수 있으며, 마술적인 혹은 영적인 힘을 가진 것에 대한 매혹적인 생각을 일컫기도 한다.

칼 막스Karl Max에 의하여 제기된 상품 페티시즘은 현대 자본주의 사회에서 경제적 산물인 상품이 본래의 기능 외에 부와 권력 등의 여러 가지 가치를 갖게 된 것을 말한다. 페티시즘은 원시종교에서 가시적인 대상에 대한 관심, 존경, 숭배에서 그 유래를 찾을 수 있으나, 최근 소비문화가 발달됨에 따라 욕망의 대상이 상품으로 전이되면서 소유에 대한 집착과 그 상품에 대한 가치를 과도하게 평가하며, 환상에 대한 욕구가 대상물의 집착으로 나온 경향을 뜻하기도 한다. 더욱이 패션상품의 구매 및 향유는 곧바로 자신의 취향을 직접적으로 드러내게 되므로 패션상품이 갖는 가치는 더욱 매혹적인 것으로 과대평가되고 있다.

노골적인 성적 유혹, 현대 패션의 페티시 룩

패션은 환유적인 시각화를 통해 성적 자극을 할 수 있는 가장 유력한 매체이다. 페티시 룩의 대표적인 것이 언더웨어 페티시underwear fetish라고 할 수 있다. 언더웨어 페티시는 인위적으로 신체를 감춤으로써 성행위의 전조인 옷을 벗는 행위를 암시하여 성적인 호기심을 더 자극한다. 장 폴 고티에는 페티시 룩을 가장 잘 나타내는 디자이너 중의 한 명이다.

06 _ 마돈나의 무대의상으로 사용된 페티시 룩, 장 폴 고티에

07 _ 금속 징 장식을 사용한 페티시 룩, 로코 바로코

페티시 룩의 디자인 특성은 주로 신체의 피부를 노출하거나 철저한 은폐를 통해 신체의 윤곽선을 오히려 강조한 것이 많다. 몸에 꼭 끼는 옷을 입어 인체의 외곽선을 그대로 드러내거나 비치는 소재를 사용하여 은근히 인체의 형태를 보이게 하는 신체의 노출은 인체미에 대한 상상력을 자극하고 이성에 대한 유혹을 더욱 고조시킨다.

2000년대의 패션컬렉션에 나타난 페티시 룩을 살펴보면 대부분이 검정색과 금속성 소재를 사용하여 관능미를 표현한 것이 많으며 외형적인 특징이 점점 다양해지고 있다. 비치는 소재를 사용한 시스루 룩으로 은유적인 성적 암시를 주기도 하며, 밀착된 라인과 과감한 절개로 파격적이고 도발적인 인상을 주기도 한다. 또한 속옷의 겉옷화를 통해 보다 유혹적으로 표현하기도 하고, 여러 겹의 여밈을 통해 성에 대한 집착을 상징하고 있다.

엽기 취향의 표현, 그로테스크 룩

2000년대의 신종취향, 엽기

엽기bizarreness는 '괴이한 일이나 사물에 흥미가 끌려 사냥하듯 쫓아다니거나 수집한다.'는 사전적 의미를 가지고 있다. 엽기에 대한 기존 의미는 일반적인 상식을 넘어서는 반인륜적 범죄 사건이나 비정상적인 변태적 성행위를 수식하는 매우 부정적인 표현이었으나 현대적인 개념의 엽기는 기이하고 이상한 일에 흥미를 느끼거나 즐기는 현상, 상식적인 것에 반하는 것들 중에서 창의적이고 독특한 것 등을 모두 포함하는 개념으로 확대되었다. 즉, 엽기 취향이란 기이하고 비상식적인 엽기를 좋아하여 그러한 제품 또는 행동을 즐겨 사용하거나 행하는 것이라 할 수 있다.

엽기는 현대에 와서 주목받게 된 개념이기는 하지만 이전에도 그와 유사한 개념을 찾아볼 수 있다. 원시사회의 카니발리즘, 구약성서 속 카인과 아벨, 예수의 못박힘, 일본의 할복의식 등의 문화적 현상 등이 그 예가 될 수 있으며, 19세기 말 서양에서 유행했던 악마주의 문학과 잔혹극 등에서도 찾을 수 있다. 일본을 비롯한 외국의 만화와 비디오 등을 통해 국내의 일부 마니아 집단에게 유입되어 시작된 우리나라의 엽기 열풍은 새로운 밀레니엄을 맞이하면서 인터넷을 통해 급속하게 확산되었다. 그러나 일본의 엽기가 외설, 공포, 폭력, 마약 등과 같이 부정적인 측면을 안고 있는 변태문화의 양상을 띠는 것에 반해 한국의 엽기는 코믹comic, 황당한 블랙 유머black humor, 키치 등 가벼움과 재미가 섞인 새로운 장르의 한 형태로 인식되고 있다. 나아가 한국형 엽기는 특정분야에 한정되지 않고 일상에도 영향을 미쳤으며 한시적으로 유행하다 소멸되지 않고 계속 남아서 현시대의 문화를 대표할 수 있는 중요한 개념 중의 하나가 되어가고 있다.

엽기의 여러 형태 중에서도 특히 공포적인 측면을 강조한 것들은 그로테스크grotesque와 그 맥락을 같이 하고 있다. 이탈리아 그로테스코grotesco에서 유래한 그로테스크란 용어는 본래 이무기 같은 인간과 동물의 잡종 형태와 소용돌이치는 덩굴과 꽃을 합쳐 놓은 문양이나 조각의 장식 등 보통의 그림이나 장소에는 어울리지 않을 것 같은, 장식하기 위한 색다른 의장을 의미했다. 이후 그로테스크는 '괴기한 것, 극도로 부자연스러운 것, 흉측하고 우스꽝스러운 것 등'을 형용하는 개념으로서, 예술 일반에 있어서의 환상적인 괴기성을 가리키는 용어로 사용되고 있다. 그러므로 그로테스크 룩이란 엽기 취향의 한 형태인 괴기스러움이 패션에 특징적으로 표현되어 예술적인 가치를 가지는 스타일이라 할 수 있다.

08 _ 동물의 족足을 보석으로 장식한 엽기

추(抽)에 대한 새로운 해석, 그로테스크 룩

현대 패션에 나타나는 엽기를 살펴보면, 다원성과 표현방법의 무한함을 토대로 하여 통념적인 미에 반하는 어둡고 차가운 이미지로 기괴함과 추함을 표현하여 수용자에게 극도의 거부감을 느끼게 하여 그로 하여금 새로운 관심을 유발시키는 공포적 표현기법을 많이 볼 수 있다. 이는 고전적인 미나 우아함에만 의존하려 했던 관념이 현대에 들어오면서 추醜의 영역의 일부인 개성적이고 기괴한 것, 흥미로운 것, 파괴적인 것, 공포적인 것도 패션의 미의식을 창출할 수 있다는 발상의 전환을 가져온 것이라 해석할 수 있

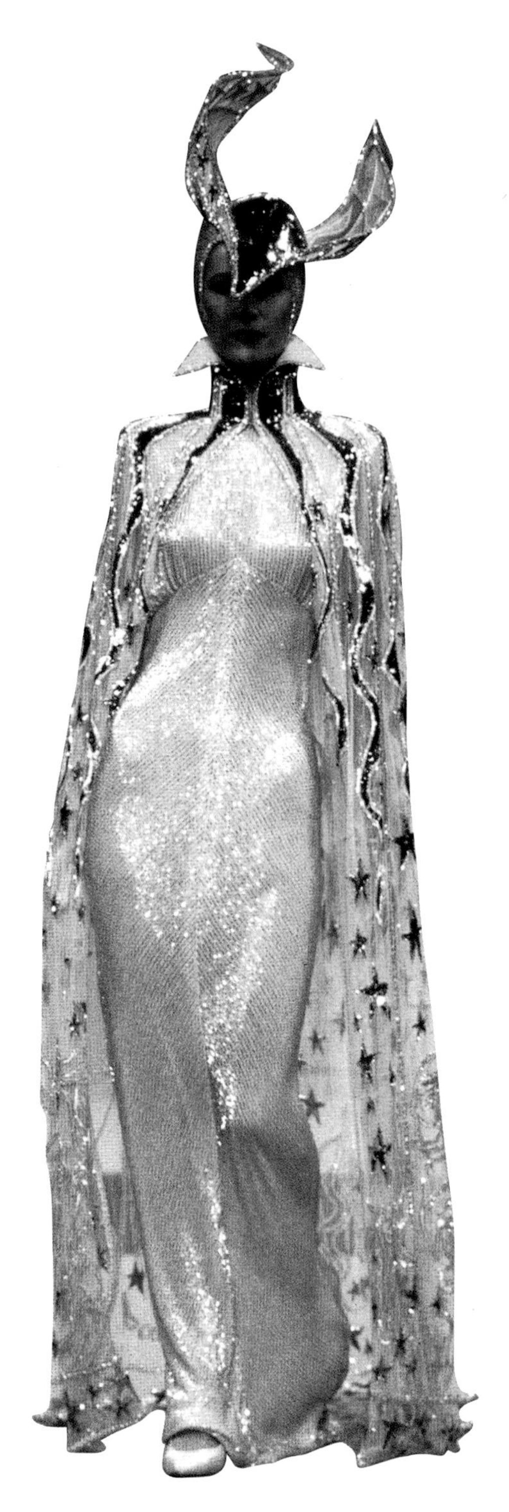

09 _ 과장된 머리장식과 긴 트리밍으로 표현된 그로테스크 룩, 밥 맥키

다. 괴상하고 기이한 것, 또는 흉측하고 우스꽝스러운 것이나 예술이나 창작에서 인간이나 사물을 괴기하고 황당무계하게 묘사하는 괴기스러운 미는 20세기 말의 세기말적 우울한 분위기를 위해 디자이너들이 그로테스크적 요소를 과용함에 따라 더욱 부각되었다.

2000~2004년 패션컬렉션에 나타난 그로테스크 룩의 외형적 특성을 살펴보면, 주로 검정색, 어두운 카키색 등의 어둡고 침울한 색채나 불타는 듯 한 빨강으로 강한 느낌을 표현하는 예가 많으며, 소재에 있어서도 일반적인 직물보다 가죽이나 인조가죽, 금속 등 독특한 소재를 사용하는 경우가 많다. 또한 한 가지 형태를 중첩시켜 실루엣을 과장시키거나 몸에 완전히 맞추어 몸의 선을 그대로 드러내거나 하는 일탈적이고 아방가르드한 스타일이 많이 보여지고 있다.

패션쇼는 극적인 볼거리를 제공하는 의외성과 비일상성, 화제성이 무엇보다 중요한데, 진하고 어두운 눈매, 검붉은 입술, 피를 흘리는 듯한 분장 등 모델들의 그로테스크한 메이크업과 헝클어지고 부풀은 헤어스타일 등을 통해 컬렉션의 전체 분위기를 더욱 엽기적으로 강하게 전달하고 있는 것을 볼 수 있다.

어린 취향의 표현, 키덜트 룩

디지털 시대의 아날로그 감성, 성인의 어린 취향

어리다幼는 말은 본래 '나이가 적다. 동식물이 난 지 오래지 않아 어리다. 경험이 적거나 수준이 낮다 등'의 사전적 의미를 가지고 있다. 그래서 성인에게 어리다는 표현을 쓸 경우 대부분 나이에 걸맞지 않다는 의미를 내포하고 있으며, 경우에 따라 기대 수준보다 낮아 유치하다는 부정적인 면으로 종종 사용되어 왔다. 하지만 현대 사회에 와서는 아이처럼 때 묻지 않아 순수하다는 긍정적인 면이 더욱 부각되어 사용되고 있으며, 이는 최근 문화의 향유 주체로서 새롭게 등장한 키덜트 족이 가진 성향과도 부합한다.

키덜트kidult란 키드kid와 어덜트adult의 합성어로 본래 '다 큰 애, 덜 자란 어른' 혹은 '아이와 어른이 함께 볼 수 있는 TV용 모험 영화'를 뜻하는 것이었으며, 이러한 키덜트는 '아이들 같은 감성과 취향을 지닌 어른'의 개념으로, 최근 자신의 매력이 '동심'에 있음을 깨달은 어른들을 일컫는 말로 사용되고 있다. 성년이 되어도 어른들의 사회에 적응할 수 없는 '어른아이' 같은 남성을 나타내는 말인 '피터팬 증후군'과 비교하여 키덜트 현상은 정상적인 사회활동을 하고 있는 성인 남녀에게 나타나는 특징이 있다.

국외의 경우 소설 해리포터의 영화화는 아이뿐만 아니라 어른들에게까지 전 세계적인 대성공을 이루었으며, 국내에서도 로봇, 자동차, 탱크, 전투기 등 10년 전 어린이들의 인기품목이었던 프라 모델Plastic model이 재등장하고, 인터넷에 만화적인 아이콘을 사용한다든가 십대 주인공이 등장하거나 아예 십대 작가들이 쓴 인터넷 소설과 그것을 소재로 한 드라마나 영화가 인기를 끄는 등, 키덜트 문화가 시작되었음을 보여주는 여러 현상들이 나타나고 있다.

키덜트는 현대사회의 복잡한 일상에서 벗어나 동심으로 돌아가 재미있게 살고 싶은 아동적 감성의 성인들과 조기 성인화된 어린이들의 소비 욕구로 인해 어른과 어린이의 경계가 허물어지면서 나타나게 된 소비문화 현상으로 재미있게 즐기며 살아가려는 유희적 특성을 기본적으로 지니고 있다. 키덜트 현상의 배경을 정리해보면 각박한 생활에서 벗어나 재미를 찾으려는 성인들의 일탈 심리, 과거 어린 시절의 환상의 세계로 돌아가려는 향수주의, 다양한 대중매체의 경험을 통한 아이들의 조기 성인화, 아동과 성인 양자를 모두 흡수하려는 기획된 소비문화, 더 젊어지려고 하는 성인들의 심리, 드러내고 즐기는 문화와 놀이문화의 확산 등을 들 수 있다. 즉 키덜트 현상이 유행하게 된 주된 배경은 무엇보다 사람들의 취향이 어려진 것과 그러한 취향의 표현이 자유로워진 것이라고 할 수 있다.

10 _ 속옷을 겉옷화한 키덜트 룩, 베씨 존슨

이미 미국, 일본 등 경제 선진국에서는 확고한 소비 주체로 자리 잡은 키덜트는 21세기 문화 현상을 대변하는 대표적인 키워드 중의 하나이며 아이의 순수함과 성인의 이성을 동시에 지닌, 우리 세대의 새로운 문화표현이라 할 수 있다.

현대 패션 속의 피터팬, 키덜트 룩

키덜트 현상이 가장 두드러지게 나타나는 분야 중의 하나가 바로 패션이라 할 수 있는데, 이는 키덜트를 선호하는 이들의 대부분이 유행에 가장 민감하며 의류지출이 많은 20~30대의 연령층이기 때문이다. 성인의 어린 취향을 일컫는 키덜트 현상은 패션에도 큰 영향을 미쳐 다양한 스타일과 새로운 착장 방법을 유행시키고 있는데. 30대 혹은 40대의 엄마들은 16세 소녀처럼 옷을 입고 있으며 아이들은 오히려 어른스

11 _ 인형놀이를 모티프로 사용한 키덜트 룩, 모스키노 칩 앤 시크

럽게 옷을 차려입거나 볼륨 업 속옷을 입는 등 기존의 패션 상식에는 맞지 않는 아이러니한 행태를 보이기도 하지만, 패션의 수용 연령층을 전체적으로 하향시키는데 상당한 영향을 주고 있다.

키덜트 요소는 이제 하나의 새로운 트렌드로 자리매김되었으며 매 시즌 컬렉션마다 다양한 스타일로 새롭게 패션 일반의 유행 흐름을 리드하고 있다. 키덜트 룩에서 주로 보이는 소녀 취향의 배경은 대부분 로맨티시즘에서 찾을 수 있으며, 아동화의 표현과 형태, 소녀풍 스타일, 캐릭터, 그라피티, 패러디, 형태의 왜곡 등의 특징은 초현실주의 패션, 1960년대 팝아트 패션, 영 패션에서 찾을 수 있다.

2000~2004년 패션 컬렉션에 나타난 키덜트 룩의 특징을 분석해보면 첫째, 동화 속의 공주나 소공녀처럼 레이스나 리본 등으로 로맨틱한 분위기를 한껏 살린 드레스를 주로 활용한 낭만성, 둘째, 짧은 길이의 오버-롤over-roll이나 다양한 길이의 팬츠, 가벼운 데님denim 등의 캐주얼 스타일을 통해 자유롭고 편안함을 강조한 실용성, 셋째, 원색적인 색채, 강한 그라피티graffiti 기법, 짧은 길이의 미니스커트 등 과감한 표현을 통한 대담성, 넷째, 동식물을 약화시킨 유아적인 문양, 팝아트처럼 대중적인 소재의 패러디, 만화나 동화의 패러디를 통한 유머러스함과 함께 스타일을 연출하는 개성, 속옷처럼 단순한 형태나 아동복처럼 아주 작은 치수를 착용함으로써 어린 시절의 순수함을 다시 느끼고자 하는 순진성 등의 특징 등이 나타나고 있다.

현대 패션에 나타난 그 표현의 방법이나 대상을 과거의 것에서 빌려오는 복고적인 형태를 많이 갖고 있기는 하지만, 키덜트 룩은 다른 이의 눈을 의식하지 않는 자유로운 감정 표현을 바탕으로 어린 시절의 추억과 동화적인 환상을 통해 자신만의 스타일을 재미있게 표현하고 있다.

취향은 개인에 의해 개별적으로 추구되는 삶의 방식이며 선호이자 현대사회에서 개인을 구별 짓는 중요한 요소이다. 현대인은 모든 가능성을 가지고 여러 가지 삶의 방식을 추구하고 있으며, 그로 인해 현대 사회에는 이전보다 더 다양한 취향이 공존하고 있다. 특히 패션은 '취향의 차별화'를 표현하는 주요 대상이 된다. 패션은 현재에 대한 긍정적인 만족 혹은 미래에 대한 적극적인 기대를 나타내는 상징적 표현이자 향유를 통한 즐거움의 추구이다.

취향은 어느 시대에서나 찾아볼 수 있는 시대적 호환성을 지닌 개념이므로 각자의 취향과 패션의 룩은 그 자체로서 존중받아야 할 것이다. 디지털 기술과 복식이 결합되고 서로 다른 영역의 디자인이 통합되는 유비쿼터스 시대를 앞두고 미래 패션에 등장할 새로운 룩을 예측해보는 것은 매우 흥미 있는 일이다. 미래란 결코 멀리 있는 것이 아니므로, 미래 사회에서의 새로운 취향, 새로운 패션의 싹이 바로 지금 돋아나고 있는 것이다.

CHAPTER 6. 패션으로 이해하는 오리엔탈리즘

패션에서의 오리엔탈리즘은 서양에서 바라보는 이국적 취향의 변화를 반영한다.

끊임없이 변화하는 문화의 시간적, 공간적 특징들은 패션의 룩을 통해 반영된다. 특정한 시기와 지역의 문화를 반영하는 민속복의 고유한 복식 형태, 직조, 염색, 문양, 액세서리 등으로부터 영감을 얻어 전통적이고 토속적인 감각으로 표현된 패션을 에스닉 룩이라 한다. 에스닉의 사전적 의미는 인종의, 민족의, 이방인의, 이교도 등이며, 에스닉 룩은 주로 서구 기독교권에서 벗어난 중동, 극동, 아프리카, 남미 등의 전통복식으로부터 영향을 받은 패션으로 일컬어진다. 서양 패션에 나타난 에스닉 룩은 알렉산더 대왕의 동방원정 이후 실크로드를 통해 동양 문물이 수입되면서부터 유래되었다. 현대에 이르러 다양하고 이질적인 문화를 수용하려는 포스트모더니즘의 다원주의 영향으로 다양한 형태의 에스닉 룩이 나타났다. 중동, 근동, 극동 지역의 문화적 특징을 표방하는 오리엔탈 룩은 대표적인 에스닉 룩으로서 최근 동양 문화권의 관심이 높아짐에 따라 패션테마로서 자주 등장하고 있다. 복식, 문화, 예술 전반에 걸친 동양에 관한 서양의 관심은 서양중심적 사고의 오리엔탈리즘 orientalism에 기반하고 있는데, 점차 동양풍의 외형적 특징 뿐만 아니라 그 안에 내재된 동양사상에도 관심을 가지는 등 새로운 시각으로 오리엔탈리즘에 접근하려는 시도가 나타나고 있다.

1. 문화로 보는 동양과 서양의 차이

문화는 한 사회에서 전해 내려오는 가치관, 사상, 규범, 관습, 지식 등 사회

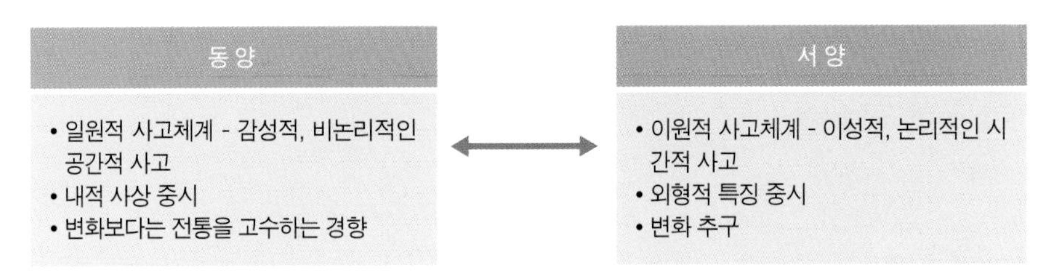

01 _ 동양과 서양의 문화적 차이

구성원에 의해 학습, 공유되는 모든 것의 복합체를 의미하며 모든 사회에 존재한다는 점에서 보편적이지만 동시에 시대, 지역, 집단에 따라 다양한 형식과 내용을 가진다는 점에서 특수성을 띠게 된다. 문화는 인간의 행동을 통해 표현되는 문화와 상징적인 의미로 내재되는 문화로 구분할 수 있는데, 특정한 시대와 공간에서 받아들여진 행동양식과 내재된 상징성이 서로 다른 집단에서 다양하게 나타나는 것이다.

시간적, 공간적으로 변화하는 속성을 가진 문화는 진화, 전파, 변용의 형태로 변화한다. 진화는 이전의 것과 다른 새로운 것을 받아들여 다양하게 창조되는 과정과 이전의 것으로부터 발전된 형태를 낳는 진보의 과정으로 나뉜다. 전파는 어떤 사회집단에서 다른 사회집단으로 특정한 문화적 요소가 퍼지는 것이며, 변용은 더 나아가 서로 다른 문화를 가진 여러 집단의 상호 접촉을 통해 한쪽 혹은 양쪽 집단에 문화적 변화를 일으키는 것이다. 서로 다른 문화간의 상호작용에 의해 형성된 문화적 정체성은 이러한 변화 형태에 따라 끊임없이 변화하면서 수용된다. 이 때 서로 다른 문화권이 만나 변화하는 형태는 두 문화간의 지배-종속의 관계에 따르는 것보다는 두 문화간의 집중성 convergence의 정도에 따라 결정된다고 보는 것이 타당하다.

동양과 서양은 문화간의 집중성을 경험하면서 각자의 문화적 정체성을 형성하는 가운데, 서로 다른 문화 유산을 표출해 왔다. 동서양의 문화가 처음으로 접하는 고대로부터 현대에 이르기까지 두 문화간의 집중성에 따라 변화되는 문화의 모습은 다양하다. 동서양은 서로 근본적인 문화적 차이를 갖고 있는데, 논리적인 이원적 사고체계를 중시하는 서양이 한 쪽의 기준에 다른 한 쪽을 대입함으로써 균형을 이루려는 반면, 동양은 대립되는 요소들이 함께 공존하는 일원적 사고를 통해 조화, 중용을 추구하는 경향이 있다. 서양은 합리적이고 외형적인 특징을 중시하고, 동양은 관념적이고 내적 사상을 중시하는 편이다.

동양		서양
• 동서양의 교역을 통해 동양문물을 소개, 전파	16세기 이전 →	• 신문물을 도입
• 과학기술을 수용 • 서구문화로의 예속화로 인해 전통문화의 정체성 위기 의식 형성	← 16세기~ 20세기 이전	• 과학기술 전파 • 동양에 대한 서구의 정치적, 이데올로기의 지배를 목적으로 왜곡된 오리엔탈리즘 형성

02 _ 동양과 서양간의 문화적 변화 비교

서양에서는 동양 문화를 기능적인 면에서 수용되는 대상이자 취향의 일환으로 받아들였지만, 동양에서는 이질적인 서양 문화가 일방적으로 수용될 때 전통과 단절되어 서구 문화에 예속화되는 현상을 나타내기도 하였다. 서양이 지배와 차별적 우위를 목적으로 변화를 추구하는 경향을 보였다면, 동양은 전통의 고수와 서양 문명의 일방적 유입으로 인해 전통과 수용의 이중구조를 형성하게 된 것이다.

서로 다른 문화 간에 일어나는 변화의 형태는 문화의 상징적 기호인 복식에 잘 나타난다. 지역, 민족에 따라 다르게 나타나는 문화적 차이는 전통적인 복식에 그대로 반영되는데, 서로 다른 문화 간에 일어나는 변화 역시 복식

03 _ 동서양의 복식에 나타난 서양풍과 동양풍
1800년대말 정장을 입은 고종황제, 서양식 군복을 입은 구한국군의 군복, 아르누보 스타일의 드레스를 입은 순헌황귀비, 1900년대 유럽에서 유행한 호블스커트

을 통해 쉽게 파악할 수 있다. 스타일의 변화를 추구하는 서양과 달리 외형적인 특징과 내적 의미를 함께 중시하는 동양에서는 상대적으로 이질적인 문화에 의한 변용이 서양과는 다른 양상으로 나타났다. 동양복식을 스타일의 일부 수용하는 서양과 달리, 동양은 전통복식을 고수하면서 서양복식의 원형을 그대로 수용하는 이중구조를 나타냈다.

2. 오리엔탈리즘

동양과 서양의 문화적 접촉은 기원전으로 거슬러 올라간다. 페르시아 시대 B.C. 6~B.C. 3에 그리스와 페르시아가 전쟁을 치르면서 오리엔탈의 개념이 생기기 시작하였고, 1830년대 프랑스에서 오리엔탈리즘이란 단어를 처음 사용하였다. 오리엔탈리즘의 어원인 오리엔트 Orient, Oriens: 해가 뜨는 방향, 해돋이, 동방는 지중해 동쪽, 터키 동쪽의 아시아 전 지역을 총칭하는데, 터키를 비롯한 아시아권의 문화에 대한 호기심이 근세 유럽의 문학, 예술에 나타난 낭만주의 경향인 이국취미로 나타나기도 하였다. 이는 동양의 본질을 추구하는 것이 아닌, 이국적인 동방세계에 대한 서양인의 동경을 표현하는 것으로 그들이 만든 허상으로 보는 견해가 지배적이다.

기호학에 근거하여 오리엔탈리즘의 본질을 깊이 파헤친 사이드Said에 따르면, 오리엔탈리즘은 동양과 서양 간에 만들어진 존재론적, 인식론적인 구별에 의한 사고방식이다. 막강한 세력을 가졌던 이슬람권에 대항하였던 서양은 동양을 야만인, 이교도, 이단인, 사탄의 모습으로 타자화하며, 해양로를 개척하기 시작한 유럽세력이 우세해진 이후에는 서구 이외의 지역을 제국주의적 침탈과 폄하의 대상으로 차별화하였다. 서구중심적인 사고에서 출발하는 오리엔탈리즘에 따라 서양과 동양을 세계와 타자, 지배자와 피지배자, 중심과 주변의 이분법적 대립관계로 나타냄으로써 자신들의 문화적 정체성을 확보하려는 것이었다.

서양이 동양을 타자로서 차별화하는 과정은 문화의 집중성에 의해 설명될 수 있다. 유럽 등지의 서구인에게 동양의 존재가 강력하고 위협적으로 인식된 시기에는 동양 문화의 집중성이 상대적으로 높아지므로 문화의 진화, 전파, 변용되는 과정에서 동양의 영향력이 커지게 된다. 서구 문명의 형성기를 살펴보면 서구 사상의 중심이 되는 헬레니즘, 헤브라이즘이 메소포타미아

지역의 수메르, 바빌로니아, 아시리아 등 고대 근동으로부터 비롯되었음을 알 수 있으며 도시, 문자, 돈의 개념도 고대 근동으로부터 전해진 것으로 본다. 이 시기의 서양은 동양을 강력한 적으로서 적대시함과 동시에 선진문화를 소개하는 대상으로 인식하면서 동양 문화를 수용, 변용하였다. 십자군 전쟁이 끝나는 13세기를 기점으로 동서양의 관계에 주목할 만한 변화가 나타나는데, 16세기말 서지중해 지역으로 세력을 팽창하던 투르크 함대를 격파한 레판토 해전Battle of Lepanto[1]을 계기로 서양은 점차 세력이 확장하기 시작하였다. 서구 문명의 급속한 발달과 식민지 개척과 함께 문화의 집중성은 서양으로 중심 이동하면서 서구중심적 사고에 의한 왜곡된 오리엔탈리즘이 한층 강화되기 시작하였다. 20세기말에 이르러 이러한 서구중심적 사고의 오리엔탈리즘은 새로운 국면을 맞게 되었다. 극동 지역을 중심으로 동양의 영향력이 높아지고, 포스트모더니즘의 다원주의가 확산됨에 따라 문화의 집중성이 서양 중심에서 동서양의 균형 잡힌 형태로 발전되어 가고 있다. 동양과 서양은 각자의 문화적 정체성을 유지하면서, 스스로의 한계를 인식하고 상호 보완함으로써 물질주의로 인한 인간소외 현상, 획일적이고 이분법적인 사고로부터 벗어나려는 경향을 보이게 된 것이다. 이러한 현상은 포스트 오리엔탈리즘post-orientalism, 신오리엔탈리즘neo-orientalism으로 언급되기도 한다.

04 _ 서양인들이 레판토 해전을 묘사한 교육용 일러스트레이션

3. 오리엔탈 룩의 형성과정과 영향요인

오리엔탈 룩의 기원은 기원전 4세기경 알렉산더 대왕의 동방원정으로 동양 문물이 소개된 시점으로 거슬러 올라간다. 이후 동서양의 교역이 시작되면서 본격적인 오리엔탈 룩이 형성되기 시작하며, 변화하는 시대에 따라 다양한 오리엔탈 룩이 등장하게 되었다. 시대별 정치, 경제, 사회, 문화적 환경 요인들은 당시의 오리엔탈리즘 사상에 영향을 미치며, 오리엔탈 룩의 형성과정에 그대로 반영되었다. 시대별로 변화하는 오리엔탈리즘은 문화의 집중성에 근거하여 3단계로 나누어 볼 수 있다. 거시적으로 볼때 서양 세력이 확장하여 서양우월주의가 발현되기 시작하는 16세기, 현대 사회로 진입하면서 범세계적인 다원주의가 등장하는 20세기를 기점으로 오리엔탈리즘에 대한 접근이 달라짐을 엿볼 수 있다.

1) 1571년 10월 7일 신성동맹神聖同盟 함대가 투르크 함대를 격파한 해전으로, 투르크 세력이 서지중해 지역으로 팽창해 오는 것을 저지한 전투

표 6-1 오리엔탈 룩의 형성에 영향을 미친 시대별 주요 요인

요 인	16세기 이전	16세기 이후~19세기	20세기 이후
정치적	• 이슬람제국의 영향권	• 서구 중심의 지배 체제, 식민 체제	• 중국 개방, 일본세력 증대
경제적	• 실크로드, 무역의 발달	• 서구의 상업주의 발전	• 동남아국가의 경제력 부각
사회적	• 기독교, 비기독교 문화권의 대립	• 새로운 것에 대한 열망, 유행의 상류층 전용	• 물질사회에서 정신적 가치를 추구하는 사회로 변화, 동양사상 전파
문화적	• 동양의 신문물 소개	• 이국취향, 낭만주의의 등장	• 다원주의, 포스트모더니즘의 등장

16세기 이전 : 위협적이고 매혹적인 동양

이슬람제국의 세력이 막강했던 16세기 이전에는 기독교와 비기독교 문화권이 대립하는 가운데 실크로드, 무역로를 통해 동방의 신문물이 소개되었다. 서양은 동양을 강력한 세력으로 인식하면서, 왜곡된 오리엔탈리즘에 의해 동양을 묘사하기 시작하였다. 서구 미술 유물을 살펴보면, 강력한 적이자 피지배자로서 인식된 동양의 이미지는 야만적이고, 약하며 여성적으로 표현되었다. 아마존 전투장면에서 보듯이, 페르시아와 같은 동방의 적을 여전사인 아마존의 이미지로 표현함으로써 동방의 문명을 위협적이면서도 매혹적으로

05 _ 전투 중인 여인의 모습으로 그려진 동양인, 아마존을 내리치는 그리스 병사, 바사이의 아폴론 신전 프리즈, B.C. 5C경

느꼈다.

매혹적인 신문물로서 받아들여진 동양의 문화는 복식에 반영되었다. 지리적으로 동양과 접한 비잔틴 제국330~1453은 동양문화를 자유롭게 받아들여 그리스, 로마의 문화와 융합함으로써 본격적인 오리엔탈 룩의 형성을 유발하였다. 염색과 직조술이 발달한 동양의 화려한 실크를 비롯하여 브로케이드 등의 직물을 수입되고, 동양의 복식형태에서 영향을 받은 T자형의 튜닉tunic, 의복장식인 타블리온tablion[2], 세그먼트segment[3] 등이 유행하였다. 11세기부터 13세기 말까지 지속된 십자군 전쟁1096~1291을 거치면서 동서양의 교류가 보다 넓어지고, 중세 서양복식은 동양의 영향을 많이 받게 되었다. 동양의 직조기술이 수입되어 이전에는 상류층에서만 사용되었던 동양의 화려한 직물이 보다 풍부하게 사용되었다. 밝고 화려한 색감과 다양한 장식이 유행하고, 앞트임 의복의 단추장식, 파티컬러parti-color, 의복의 가장자리 장식, 자수와 아플리케applique, 터번turban 형태의 머리장식 등이 나타났다.

06 _ 비잔틴 시대의 오리엔탈 룩, 가장자리 장식이 있는 프린트 실크의 튜닉, 망토와 타블리온, 테오도라 황후와 수행인들, 6C

16세기 이후~19세기 말 : 이국적 취향으로서의 동양

사치스럽고 이국적인 취향

15세기 중엽 비잔틴제국이 멸망하면서 서구문화의 중심이 서유럽으로 이동하고, 르네상스 운동이 서유럽 전역에 펼쳐지는 한편, 동양의 인도에서는 무갈제국이 번성하였다. 16세기에 접어들어 신대륙을 발견한 스페인을 중심으로 서구세력이 확장하면서 서양의 문화적 집중성이 점차 커지게 되었다. 식민지 개척과 무역항로의 개척으로 활발하게 유입되는 동방의 문물은 유럽 상류층에게 이국적인 취향으로서 유행되었다. 17세기 초 동인도회사가 설립되어 해외시장의 개척이 더욱 가속화되면서 서양과 가장 인접한 이슬람 문화권인 아라비아, 페르시아, 터키, 인도를 비롯하여 극동지역의 중국, 일본으로부터 유입된 문물이 많이 소개되었다. 인도의 섬세한 모슬린muslin, 캐시미어cashmere, 레이스lace를 비롯하여 동방의 화려한 색상과 문양 등이 상류층의 사치스럽고 이국적인 취향의 일환으로 애용되었다. 인도에서 전래된 날염 면직물인 친츠chintz인 인디엔느indiennes는 사치성으로 인해 18세기 프랑스 경

2) 양 어깨나 소매에 부착하는 동식물 문양의 둥근형 혹은 사각형의 장식
3) 장방형 혹은 반원형의 천을 왼쪽 어깨에 감싸고 오른쪽 어깨에 고정시키는 장식핀

07 _ 퐁파두르 부인의 화려한 인디엔느 드레스와 중국풍의 검정색 가구, 1763~1764

08 _ 다채로운 색상의 식물들이 그려진 중국산 실크 드레스(좌), 식물 패턴의 중국산 실크 다마스크의 실내용 로브와 자수 장식된 동양풍의 모자(우), 1785

09 _ 터키풍의 복장을 한 소녀, 1515~1516

제까지 영향을 미쳐 한동안 수입 및 제직을 제한하는 법률[4]이 만들어지기도 하였다. 이러한 상황은 날염 면직물을 더욱 사치품으로 굳히게 하였는데, 고가의 면직물을 소유함으로써 지위를 과시하고 자아를 충족시킬 수 있었기 때문이었다. 인도산 면직물로 만든 가운의 착용은 특권층의 상징이 되었고, 중국산 가구와 도자기, 페르시아와 인도의 소품들이 이들의 방에 장식되었다. 18세기 중엽 영국에서 일어난 산업혁명으로 염색, 제직산업이 발전하면서 다양한 동방풍의 직물을 생산할 수 있게 되었지만, 동방으로부터 수입된 문물은 여전히 상류층의 사치성과 이국적 취향의 수단으로 사용되었다. 중국풍을 일컫는 시누아즈리chinoiserie, 터키풍의 튀르크리turquerie 등 이국적인 동양풍에 대한 취미는 복식 뿐 아니라 문화예술 전반에 걸쳐 큰 영향력을 나타냈다. 특히, 중국풍의 영향력이 높게 나타나 퉁그스족Tungus의 변발에서 영향을 받은 피그테일 위그pigtail wig, 운젠ungen[5] 장식, 베이징 줄무늬pekin stripe, 난징 무명nankeen, 중국식 문양 및 풍경을 디자인 모티브로 한 직물 등 중국을 비롯한 극동아시아풍의 유행이 절정에 달했다.

4) 1759년에 폐지됨
5) 짙은 색에서 엷은 색으로, 차차 층이 지게 나타내는 방법이나 그러한 색조로 짠 직물

위협적인 서양우월주의의 표방

19세기는 혁명의 변화를 겪으면서 근대사회로 전환되는 시점이었다. 19세기 초반 나폴레옹의 이집트, 모로코, 알제리의 점령으로 서구우월적 사고를 전제하는 오리엔탈리즘의 경향이 팽배하였다. 19세기 이전까지 터키, 인도, 중국풍의 사치스럽고 이국적인 취향은 우월한 서양과 차별되는 대상으로서 동양을 인식하는 오리엔탈리즘을 바탕으로 하였는데, 19세기에 접어들어 오리엔탈리즘은 동양에 대한 왜곡된 편견을 더욱 드러내었다. 19세기의 낭만주의 화가들에게 오리엔탈리즘은 이국적인 것에 대한 호기심, 상상력을 표현하는 특징적인 중요한 소재였다. 현실을 긍정한 고전파와 달리 현실로부터 도피하는 경향을 가진 낭만주의자들은 공간적 도피를 이국취미로, 시간적 도피를 역사에 몰두함으로써 얻고자 하였다. 서양과 차별되는 동양에 대한 편견이 이러한 비현실적인 낭만주의의 성격과 맞물려서, 서구중심적인 오리엔탈리즘을 형성하였다. 낭만주의의 대표적인 화가인 들라크루아는 오리엔탈리즘의 색채를 띤 그의 작품에 등장하는 동양인을 이교도, 야만인으로 묘사하였다. 나태하고 게으르며, 관능의 대상으로 묘사하기도 했는데 회교 여인들의 거실로서 일상적인 공간인 하렘harem을 환락가와 같은 관능적인 공간으로 표현하는 등 왜곡된 시각을 나타냈다. 관능적인 동양을 묘사한 것으로 대표적인 앵그르의 「오달리스크」는 터키 취미를 반영하면서, 성에 대한 서구인의 위선을 은폐하였다. 그의 「노예가 있는 오달리스크」에도 누워있는 백인, 앉아 있는 아랍인, 서 있는 흑인 등 작품에 나타난 인물들의 위치와 피부색 표현을 통해 미와 신분의 위계질서의 척도를 나타냈다.

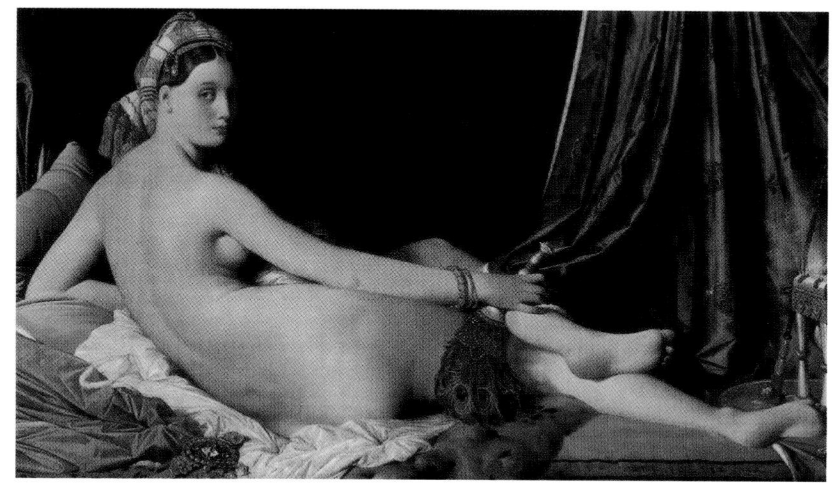

10 _ 이국적이고 관능적으로 묘사된 낭만주의 작품, 앵그르, 「오달리스크」, 1814

동양을 관능적이며 피지배층으로 인식하는 오리엔탈리즘이 팽배한 가운데, 복식에서의 동양풍도 지속적으로 나타나 터키풍의 자수가 있는 조끼, 인도풍의 숄과 터번, 아라비아풍의 블루머[6], 뷔르누스burnous[7] 등이 유행하였다. 한편, 동양에 대한 호기심은 조형물 자체뿐 아니라 조형 방법에도 영향을

6) 터키식 바지처럼 고무줄을 넣어 헐렁하게 만든 바지
7) 후드가 달린 긴 망토형 외투

11 _ 후면에 자수 장식이 있는 다카시마야와의 실크 가운[8]

12 _ 평면적인 일본풍의 문양이 그려진 실크 새틴 드레스와 부채, 19C 말

미쳤는데, 19세기 초 서양에 문호를 개방한 일본의 영향을 받은 것이다. 17세기부터 동인도회사를 통해 수입된 기모노가 유럽 남성들의 실내복으로 착용되기도 하였는데, 만국박람회1867에서 일본예술이 성공적으로 소개된 이후 19세기 후반동안 자포니즘Japonism이 전성기를 맞게 되었다. 비대칭성, 탈중심적, 전체가 아닌 부분과 조각의 표현, 등이 보이는 구도, 명암법이나 입체효과의 기법이 아닌 선묘법 등 일본 미술의 특징이 많이 나타나기 시작했다. 포괄적인 실내복을 지칭하는 의미가 된 기모노의 평면적 구조는 20세기에 이르러 입체적인 유럽 복식의 형태에 큰 영향을 미쳤다. 직물 디자인에 있어서도 비대칭성, 평면적 구도, 선에 의한 표현 등이 나타났으며, 일본식 문양, 부채, 도자기 등의 생활소품 등이 유행하였다.

20세기 이후 : 서양우월주의에서 다문화주의로

패션의 영감이 되는 동양

20세기는 여성이 코르셋으로부터 해방되고, 전쟁의 격변기를 거치면서 여성

8) 19세기 말 유럽시장에 관심을 가진 일본의 다카시마와Takashimaya, 미츠코시Mitsukoshi와 같은 기모노상에 의해 실크, 자수장식의 기모노가 많이 수입됨(Fashion vol.1, p.300, 2005)

13 _ 발레뤼스의 세헤라자데 공연, 1909

14 _ 동양적인 영감을 얻은 호블 스커트, 폴 푸아레, 1913

15 _ 뒤로 젖혀서 목덜미가 드러나는 네크라인의 기모노 코트, 에이미 링커, 1913

들의 사회진출이 활발해졌으며, 다양성이 공존하는 현대 사회로 발돋움하는 시기였다. 오리엔탈리즘은 화려하고 이국적인 취향으로서 모든 예술 전반에 계속하여 영향을 미쳤는데, 그 자체의 조형성 뿐 아니라 디자인의 원천으로서 패션에 적용되기 시작하였다. 19세기부터 시작된 자포니즘의 유행은 1920년대까지 지속되어 일본, 중국을 비롯한 극동 아시아에 대한 관심에 따라 이들을 중심으로 하는 오리엔탈 룩이 두드러지게 나타났다. 일본의 기모노를 연상하는 티 가운tea-gown, 기모노 코트와 만다린mandarin 소매의 실크 누비 재킷이 1900년대에 유행하였으며, 러시아 발레뤼스Ballet Russe[9]의 파리공연 1909에서 영감을 얻은 푸아레Poiret가 동양풍의 푸아레 룩을 선보였다. 푸아레는 이국적인 디자인 원천으로서 오리엔탈리즘을 적용하여 기모노 소매를 응용한 기모노 코트, 터번과 하렘 팬츠harem pants, 호블 스커트hobble skirt, 회교도 탑을 연상시키는 형태의 미나레 튜닉minaret tunic 스타일 등을 발표하였다. 동양풍의 강렬한 색채 대비는 당시 예술사조인 아르데코의 기하학적이고 단순한 형태미를 잘 표현하였다. 푸아레의 오리엔탈 룩이 꾸준히 발표되는 가운데, 이집트 투탄카멘Tutankhamen 왕의 고분이 발견1922되면서 이집트풍의

9) 1909년 세르게이 디아길레프Serge Diaghilev가 조직한 발레단

문양이나 장식풍이 관심을 끌기도 했다. 파리 식민지 박람회1931가 개최된 1930년대는 중국과 일본의 영향력이 지속적으로 확대되면서 오트쿠튀르에도 동양풍이 적용되었다. 기모노 코트, 만다린 코트, 실크 재킷이 서양복식에서 지속적으로 나타났으며, 전통 문양, 자수 장식, 비대칭 여밈, 술이 달린 터키의 페즈fez 모자 등이 유행하였다.

서구열강과 급변하는 동양

2차 세계대전이 끝나고 서구열강세력의 시대에 접어드는 가운데 극동아시아에서는 공산화된 중국이 미국과 수교를 맺으면서 개방정책을 펴는 한편, 일본이 패전 이후 급속한 경제적 성장을 이루었다. 중국, 일본에 대한 관심이 높아지는 가운데 중국의 쿨리 룩coolie look과 같이 단순하고 기능적인 스타일이 유행하였고, 일본의 기모노 코트도 꾸준히 나타났다. 1960년대에는 미국에서 히피들의 저항운동이 전개되고, 제3세계에 대한 흥미가 높아짐에 따라 아프리카풍의 드레스, 인도풍의 숄과 비즈 장식, 아라비아풍의 하렘 팬츠와

16 _ 히피 룩에 나타난 인도풍의 식물 문양, 1967

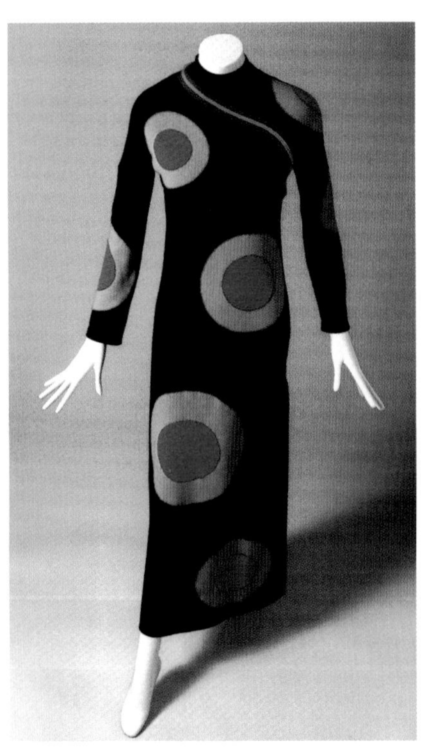

17 _ 팝아트와 접목된 오리엔탈 룩, 루디 게른라이히, 1965~1972

18 _ 레이어드 빅 룩, 이세이 미야케, 1983

터번 등 다양한 오리엔탈 룩이 유행하였다. 이전의 오리엔탈 룩이 주로 상류층을 위한 이국적인 취향을 반영하였다면, 20세기 중반은 히피 문화로 인해 스트리트 패션으로서 소박하고 민속적인 느낌이 부여되었으며, 대중문화인 팝아트의 영향을 받은 오리엔탈 룩도 등장하였다. 한편, 정치적 이슈의 영향으로 인도의 네루Nehru수상으로부터 영감을 얻은 네루 룩Nehru look, 미국과 수교를 맺은 중국의 마오쩌둥주석의 인민복에서 영감을 얻은 마오 룩Mao look 등이 유행하였다. 일본은 전후의 폐허 속에서 경제적 성장을 이루게 되었는데, 이를 발판으로 1970년대에 다케다 겐조, 이세이 미야케 등 일본 디자이너들이 파리로 진출하였다. 일본 디자이너들은 인체를 드러내지 않고 자연스럽게 착장되는 루즈 룩loose look, 빅 룩, 레이어드 룩 등 새로운 실루엣과 색채를 소개하면서 재패니즈 붐을 불러 일으켰다.

다원주의의 공존하는 동양

20세기 말을 대변하는 사조는 포스트모더니즘이다. 모더니즘의 반발로 1960년대에 등장한 포스트모더니즘은 1970년대를 거쳐 1980년대 이후에는 다원주의를 추구하는 새로운 문화사조로서 다양한 분야에서 영향력을 행사하였다. 근대 과학기술의 발달이 시작된 19세기에 기계 물질문명의 반동으로 낭만주의가 등장하였다면, 포스트모더니즘은 20세기 중반 이후 획일적이고 산업화된 모더니즘에서 탈피하려는 의식에서 등장하였다. 이는 서로 다른 다양성에 관심을 갖고, 이질적인 요소들을 인정하고 서로 결합함으로써 전통적인 이분법적 체계에서 벗어나려는 새로운 시도로 해석된다. 지배와 피지배, 우월과 열등의 수직적 다양성이 아닌 수평적 다양성을 중시하는 태도는 지배적인 민족의 문화 뿐 아니라 소수 민족의 문화에도 관심을 갖고 문화의 차이를 존중하는 다문화주의로 나타났다. 포스트모더니즘이 표방하는 자연주의ecology는 자연 속에서 살아가고 싶은 욕망을 표현하는 것으로, 지나친 조형미에서 탈피하여 자유롭고 활동적인 수수함을 추구하였다. 조형물의 직접적인 표현에 그치지 않고 그 안에 내재된 의미를 탐구하기 시작하여 우주의 질서와 생명의 신비, 자연과 인간의 조화를 추구하고, 조형물과 인간의 일체감을 표현하고자 하였다. 자연주의 사상은 현대사회의 물질주의, 개인주의의 대안으로서 동양의 인본주

19 _ 동양의 음행오행사상으로 전개되는 우주의 기본요소, 생명의 근원인 기氣

의 사상과 같은 동양적 정서에 관심을 갖게 하였다. 이와 같이 정신적 가치를 추구하는 사회적 욕구는 신오리엔탈리즘라는 용어를 등장시킬 정도로 동양에 대한 인식의 변화를 일으켰다.

포스트모더니즘의 다문화주의 경향은 일본, 중국, 타이, 인도네시아, 아라비아, 인도뿐 아니라 아프리카, 남미 인디언 등 다양한 문화적 배경을 갖는 전통복의 형태 및 요소들을 패션에 적용한 에스닉 룩을 등장시켰다. 1970년대 후반 이브 생 로랑이 광택나는 소재의 터번, 아프리카풍의 금장식된 조끼와 자켓, 모로코풍의 줄무늬 직물, 러시아풍의 모피 장식이 달린 튜닉 코트와 모피 모자, 코사크 지방의 민속복에서 영감을 받은 블라우스와 스커트, 중국풍의 화려한 직물, 중국식 매듭단추, 차이니즈 칼라의 이브닝웨어 등 다양한 에스닉 룩을 선보이는 등 많은 디자이너들이 에스닉 룩을 발표하였다. 이후 에스닉 룩은 패션 테마로서 꾸준히 등장하였는데, 오리엔탈 룩은 대표적인 에스닉 룩으로서 영향력을 미치게 되었다. 중국의 전통복에서 영감을 얻은 차이니즈 룩Chinese look, 만다린 룩mandarin look, 중국 노동자인 쿨리의 복장에서 유래된 쿨리 룩, 일본풍의 재패니즈 룩Japanese look, 기모노에서 영감을 얻은 기모노 룩kimono look 등 중국, 일본에 대한 관심이 높아짐에 따라 이들의 특징적인 요소를 나타내는 다양한 오리엔탈 룩이 나타났으며, 인도, 아라비아, 모로코, 터키풍의 오리엔탈 룩도 꾸준하게 등장하였다. 서구패션이 주도하는 현대 패션에서 오리엔탈 룩은 서양인의 시각에서 바라보는 동양풍이 반영될 수밖에 없었다. 그러나 점차 외형상의 동양풍을 쫓는데 그치지 않고, 동양 복식의 구조 및 착장형태, 상징적 의미 등에 대한 관심을 갖고 응용하는 시도도 나타나기 시작하였다.

4. 현대 패션에 나타난 오리엔탈 룩

현대 패션은 20세기 말부터 지속된 포스트모더니즘의 영향을 받아 개성화와 다양성의 공존이라는 특징을 갖는다. 서양중심의 현대 패션에서는 세계 각 지역의 문화를 수용하는 다양한 에스닉 룩이 나타나고 있다. 특히 오리엔탈 룩은 동양사상에 심취하는 등 동양에 대한 관심이 확산되면서 최근 패션의 주요 테마로 자리잡고 있는데 이러한 현상은 문화의 집중성에 의해 설명될 수 있다. 서양 문화의 영향력이 강하여 전파되는 주체의 역할을 하던 시기에

표 6-2 오리엔탈 룩의 상징적인 의미

상징성	이미지	기 표	기 의
동양취미		• 장식적인 요소 – 터번, 자수, 매듭, 오비, 장신구	이국적
		• 전통 소재 – 투명하고 섬세한 면, 실크, 모시	신비로운
		• 화려한 색과 문양	귀족적
서양의 우월성		• 하위층 복식의 차용 – 쿨리모자	피지배적
		• 신체의 노출 – 슬릿, 여밈형태, 신체의 윤곽선을 드러내는 스타일	관능적, 요부妖婦
동양사상		• 무채색, 자연색, 천연 소재	순수성, 자연과 동화
		• 비정형적인 구조 • 전통적인 착장방식	자연과 조화
		• 주술적 의미의 장식 – 문신	우주의 순환 원리

는 오리엔탈 룩이 단지 이국적인 취미이자 우월한 서양과 차별하려는 사고를 투영하였지만, 최근 동양의 문화적 집중성이 서양과 대등해짐에 따라 동양의 문화적 특징을 반영한 다양한 오리엔탈 룩이 등장하고 있다. 동양에 대한 새로운 관점을 반영하는 현대 패션에 있어서 이국적인 취미, 서양중심적인 우월성을 표방하려는 사고가 사라지진 못하였지만, 동양의 정신세계에 관심을 갖고 이를 반영하려는 의도가 나타난 것이다. 1990년대 일본 디자이너에 의해 동양의 사고가 반영된 재패니즘의 유행, 2000년대 웰빙 열풍과 함께 동양사상에 심취하고자 하는 경향은 서양중심적인 오리엔탈리즘과 구분되어 신오리엔탈리즘이라고 불리울 정도로 인식의 변환을 가져오기도 하였다.

이와 같이 현대 패션에서 오리엔탈 룩이 가지는 상징적 의미는 다양하여 이국적 취미로서 서양우월주의를 반영하는 부정적 의미뿐만 아니라 자연의 원리와 조화를 꾀하는 동양사상을 반영하는 의미도 나타났다. 동양취미는 장

표 6-3 오리엔탈 룩의 국가별 특징

상징성	차이니즈 룩	재패니즈 룩	인디언 룩	코리언 룩
형 태	• 튜닉형, 테일러드형, 혼합형[10]	• 드레이퍼리형, 혼합형	• 드레이퍼리형, 혼합형, 신체노출형	• 카프탄형, 혼합형
스타일	• 직선형의 실루엣 • 타이트한 실루엣 • 차이니즈 칼라 • 사이드 슬릿 • 매듭 단추	• 직선형의 실루엣 • 레이어드형 • 오버사이즈 실루엣 • 기모노 소매와 여밈 • 후면의 강조	• 사리형태 • 짧은 상의 • 인도식 재킷 • 네루 칼라 • 터번	• 한복 형태 • 저고리 여밈 • 깃과 동정
색 채	• 전통색 – 빨강, 노랑, 자주, 청색 • 자연색 – 갈색 • 무채색 – 회색, 검정	• 무채색 – 검정색, 회색, 흰색 • 자연색 – 자색, 남색, 카키, 밤색	• 전통색 – 빨강, 노랑, 보라, 검정, 진갈색, 금색 • 자연색	• 무채색 – 흰색 • 자연색 • 전통색 – 색동색
소 재	• 견	• 면, 마, 견	• 면, 견	• 면, 마
문 양	• 용, 봉황, 나비, 물고기 • 꽃, 식물, 구름 • 한자	• 새, 나비, 식물 • 점, 줄, 격자 등의 기하학적 • 추상 • 문자	• 페이즐리 • 꽃, 식물, 곤충, 동물 • 기하학적 • 추상	• 색동, 조각보, 떡살, 창살, 민화, 민속화 • 꽃, 식물 • 기하학적 • 문자
장 식	• 쿨리 해트, 관모 • 흉배, 자수 • 매듭	• 오비 • 조리, 게다	• 스카프, 숄 • 은 장신구 • 헤나, 이마의 점 • 구슬 • 미러공예 • 술	• 흉배, 자수 • 조바위

식, 소재, 색, 문양 등에 나타난 동양풍의 외형적인 요소에서 찾을 수 있다. 서양의 우월성은 피지배층의 복장을 응용하거나 관능적으로 표현함으로써 나타난다. 동양사상을 의미하는 요소는 동양의 미의식을 반영하려는 시도에서 찾을 수 있다.

오리엔탈 룩이 상징하는 의미는 중국, 일본, 인도, 한국 등 각자의 문화적 집중성에 따라서도 달라진다. 일반적으로 현대 패션에 나타난 오리엔탈 룩의 형태적 특징은 신체에 밀착하지 않은 드레이퍼리draped형, 레이어드 layered형이 대표적이다. 신체를 노출시키거나 신체 윤곽을 드러내는 형태도 나타나지만, 착용방식에 의해 입체적인 형태의 자연미를 나타내는 경우가 주

10) 신체에 밀착되는 테일러드형과 밀착되지 않는 드레이퍼리형이 혼합된 형태(김윤희 · 김민자, 1991)

를 이룬다. 색상은 동양사상의 음양오행에 근거한 화려한 전통색, 자연친화적인 자연색, 무채색 등 다양하며 전통적인 동물, 식물 등의 자연 문양으로부터 기하학적인 문양까지 다양한 문양이 나타난다. 자수, 구슬 등의 수공예적인 세부장식도 특징적이다. 오리엔탈 룩의 대표적인 차이니즈 룩, 재패니즈 룩, 인디언 룩과 최근 등장하기 시작한 코리언 룩은 사회 문화적 배경의 차이에 따라 독자적인 스타일로 발전되고 있다.

차이니즈 룩

서구패션에서 이국적인 디자인 원천으로 적용되는 대표적인 동양풍인 차이니즈 룩은 중국 전통복식의 형태, 색, 문양 등에서 영감을 얻어 현대 패션에 적용한 것이다. 중국의 화려하고 사치스런 문물들은 오랜 기간동안 서양에 영향을 미쳤는데, 공산주의 체제의 정치적인 격변기를 거쳐 1970년대에 문호를 개방하고, 1997년 홍콩이 중국에 반환되면서 또다시 세계의 관심을 끌게 되었다. 중국은 최근 경제적으로 급부상함에 따라 정치·경제적 영향력이 커지고 있는데, 중국에 대한 관심이 높아짐에 따라 패션에서도 차이니즈 룩이 주요 테마로서 자주 등장하게 되었다.

차이니즈 룩에 많이 나타나는 전통복식은 대부분 청나라 이후의 것으로 치파오旗袍와 창파오長袍, 아오襖이다. 중국 복식은 북방계의 튜닉형, 카프탄형[11]이 혼합된 형태로 목에서 겨드랑이까지 사선으로 혹은 앞 중앙에서 서로 맞닿는 트임을 여미는 매듭 단추, 옆솔기의 트임, 차이니즈 칼라 혹은 만다린 칼라로 지칭되는 스탠드 칼라가 특징적이다. 차이니즈 룩에서 주로 사용되는 소재는 화려한 색상의 고급스런 산퉁실크이며, 강한 색조대비의 다채로운 자수 장식과 문양이 많이 나타난다. 중국인들이 행운의 색으로 가장 선호하는 붉은 색이 가장 많이 사용되고 있으며, 황제를 상징하는 노란색, 자주색, 청나라를 상징하는 푸른색도 자주 나타난다. 반면에, 같은 극동아시아권의 일본, 한국풍에서 많이 나타나는 흰색은 거의 보이지 않는다. 주로 사용되는 문양은 용, 봉황과 같은 상상의 동물과 나비, 물고기, 꽃, 대나무 등의 자연물과 한자 등이다.

차이니즈 룩은 화려하고 다채로운 스타일이 두드러지만, 화려하고 고급스런 왕조시대의 귀족풍에서부터 노동자 계층의 검소하고 단순한 스타일 등 다양한 원천으로부터 영감을 얻는다. 중국관리의 복장에서 유래된 만다린 룩, 동양인 노동자를 칭하는 쿨리의 노동복에서 유래된 쿨리 룩, 마오쩌둥이

11) 앞을 터놓은 복식 형태

입은 인민복에서 유래된 마오 룩 등 다양한 스타일의 차이니즈 룩이 있다.

만다린 룩은 중국 청나라의 대관이 착용한 복식에서 유래된 것으로 스탠드 칼라, 매듭단추, 화려한 색상, 자수 장식의 흉배, 요대, 관모 등이 특징적이다. 만다린은 중국의 신해혁명辛亥革命이 일어나기 전의 중국관인官人들을 일컫는데, 이들의 위엄있고 의례적인 착장 이미지가 반영되어 화려하고 장엄한 중국 왕조에 대한 취향을 나타낸 것이다.

쿨리 룩은 중국인 노동자들이 입은 스탠드 칼라의 박스형 재킷, 몸빼 바

20 _ 준코 시마다, '96 F/W

21 _ 캐롤리나 헤레나, '03 F/W

22 _ 로미오 지글리, '03 F/W

23 _ 비비안 탐, '03 F/W

지와 대나무, 야자수, 밀짚 등으로 만든 원추형의 쿨리 해트에서 유래된 것이다. 서양인들은 중국, 인도 등의 아시아계 노동자를 하대하여 쿨리라고 불렀는데, 이들의 복식으로부터 소박한 중국을 표현하는 디자인의 원천을 얻은 것이다.

마오 룩은 중국인민공화국의 마오쩌둥의 이름에서 유래된 것으로 그가 착용한 인민복에서 영감을 얻은 스탠드 칼라, 긴 소매의 박스형 재킷과 바지의 실용적이고 단순한 디자인이 특징적이다. 인민복은 원래 중국국민당의 쑨원孫文이 편안한 일상복으로 고안한 것으로 후에 국가공식예복으로 지정되어 남녀노소 모두 입을 수 있는 의복으로 정착하게 되었다. 현재 공산당원을 상징하는 의복으로 남아 있는데, 공산화된 중국에 대한 관심이 마오 룩으로 나

타난 것이다.

이와 같이 다양하게 전개되는 차이니즈 룩에 나타난 오리엔탈리즘은 화려하고 이국적인 중국 황실에 대한 향수 뿐 아니라 과거의 폐쇄적인 성향에서 벗어나 서방세계에 문호를 개방하면서 거대한 잠재력을 가진 위험한 존재로서의 이미지를 반영하고 있다. 만다린 룩에서 보여지는 화려한 색채와 중국 황실에 대한 환상을 표현하는 한편, 쿨리 룩이나 마오 룩과 같이 동양인을 노동자, 서민층으로 표현하는 것은 고급스런 동양취미와 서양우월적인 지배의식이 공존하고 있음을 알 수 있다. 중국에 대한 차별적 인식은 차이니즈 룩에서 자주 활용되는 치파오[12]의 길게 트인 옆트임과 신체의 곡선을 드러내는 실루엣과 같은 관능적인 차이니즈 룩의 표현에서도 엿볼 수 있다.

24 _ 치파오의 슬릿과 신체를 드러내는 실루엣으로 관능적인 동양풍을 나타낸 차이니즈 룩, 로베르토 카빌리, '03 S/S

재패니즈 룩

19세기 후반에 일어난 자포니즘의 열풍은 기존의 입체적인 구도에서 벗어나 명암이 없는 평면적인 구도에 관한 관심을 고조시켰다. 1980년대 이후 현대 패션에서는 다카다 겐조, 이세이 미야케, 요지 야마모토, 레이 가와쿠보 등의 일본 디자이너에 의해 주도된 재패니즈 룩을 통해 기존의 입체적인 복식 구조에서 벗어나 평면적이고 비정형적인 새로운 룩이 제시되었다. 차이니즈 룩이나 인디언 룩이 주로 서양 디자이너에 의해 전개되었다면, 재패니즈 룩은 1970년대 일본 디자이너들이 일본 정부의 지원하에 해외진출하면서, 이들에 의해 새롭게 창조 되었다.

1990년대 중반이후 패션, 건축, 인테리어 전반에 걸쳐 유행한 젠Zen 스타일은 세기말의 재패니즈 룩을 대표하는 스타일로서 동양적인 철학, 사고, 종교의 기반이 되는 선禪[13]사상이 서구의 미니멀리즘과 접목되어 나타난 것이다. '젠'이 '선'의 일본식 발음을 따른 것처럼 동양의 정적인 이미지는 곧 재패니스 룩을 의미하는 경향을 나타낸다. 젠 스타일은 선미학의 특징인 좌우대칭의 완벽성에서 벗어나는 불균형의 미, 자연스럽고 평범한 자연의 미, 꾸미지 않은 정신세계를 표방하는 절제의 미, 순수하고 사유하는 정적인 미를 표현하고자 한다. 즉, 불균형의 간소하고 정적인 선의 이미지가 재패니즈 룩의 비대칭, 비정형적인 실루엣을 통해 가변성과 우연성의 자유롭고 과장되지 않은 정적인 이미지의 조화를 이끌어내는 것이다.

비대칭적인 형태의 재패니즈 룩을 나타내는 대표적인 전통복식은 기모노kimono이다. 기모노는 여러 가지 의미로 사용되는데, 일반적으로 길이가

12) 치파오는 원래 남녀 공용의 박스형 복식인데, 점차 몸에 맞는 형태로 변형되어 원피스형태의 여성복을 의미하게 됨

13) 마음을 가다듬고 정신을 통일하여 무아정적無我靜寂의 경지에 도달하는 정신집중의 수행修行하는 것으로 인도에서 발생, 발전하였는데, 중국에 전래되어 새로운 중국사상으로서의 선사상을 형성되어 철학, 예술, 문학 등 전반적인 분야에 영향을 미치게 됨

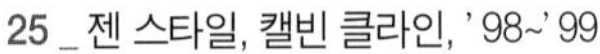

25 _ 젠 스타일, 캘빈 클라인, '98~'99

26 _ 벚꽃 문양의 바이어스 재단된 기모노 룩, 요지 야마모토, 1994

긴 포 형태의 나가기長着를 호칭하는 용어로 사용되며, 여성용의 나가기만을 지칭하기도 한다. 기모노를 펼쳐 놓으면 직선형의 평면형태로 되어 있고, 소매의 겨드랑이 부분이 트여 있는데, 이러한 평면적인 구조가 재패니즈 룩의 조형성을 형성해 준다. 일본의 전통복식은 통기성이 좋고 품이 넉넉한 형태의 의복을 겹쳐 입는 특징을 갖는데, 이는 앞트임을 좌우로 포개어 여미는 기모노 룩, 품이 큰 빅 룩, 같은 형태의 옷을 겹쳐 입는 레이어드 룩 등으로 전개된다.

기모노 룩은 대표적인 재패니즈 룩으로서 기모노의 비대칭적인 여밈, 여민 부분을 고정시키는 오비帶와 오비지메[14], 기모노 슬리브kimono sleeve로 불리는 프렌치 슬리브french sleeve[15], 전통적인 문양과 색을 응용한 것이다. 직선재단에 의한 기모노의 평면적인 구조는 서양복식에서 보여지는 테일러드tailored의 정형적인 형태에서 벗어나 착용시 인체의 자유로운 움직임에 의해 자연스럽게 구성되는 실루엣을 창조해 준다.

14) 오비를 매어 고정시키는 끈
15) 몸판과 소매를 연결하여 재단함으로써 겨드랑이 부분은 넓고 소맷부리 부분이 좁아지는 것으로, 기모노의 소매와 비슷하여 기모노 슬리브로도 일컬음

한편, 전통적인 기모노는 평면성으로 인해 복식의 형태보다 다양한 소재, 색과 문양이 중시되었는데, 기모노 룩에서도 전통 소재의 변형과 다양한 색채 배합이 나타난다. 주로 사용된 소재는 면, 마, 견 등의 천연소재이며, 광택이 없는 은은하고 부드러운 질감에서부터 오리가미折紙[16] 기법을 응용한 화지和紙, 누빔 등 다양한 질감의 소재가 사용된다. 많이 나타나는 색은 자색, 남색, 카키색, 밤색, 검정색, 회색, 흰색 등 차분하고 섬세한 자연색과 무채색이며, 붉은색과 같이 강렬한 색의 대비로 많이 나타난다. 문양으로는 새, 나비, 대나무 등의 자연물과 점, 격자, 문자 등의 기하학적인 문양이 주로 사용된다.

빅 룩은 남녀의 구분이 없이 크고, 헐렁한 오버사이즈oversize 실루엣이 특징적이다. 1970년대 중반에 유행한 룩으로 개더gathers, 턱, 플레어flare 등을 풍성하게 사용하여 품에 여유를 주고, 길이를 늘리고, 어깨 패드를 넣거나 어깨망토를 덧둘러서 어깨품도 강조된 것이다. 1970년대 중반에는 주로 포클로어folklore 스타일의 빅 스커트, 1980년대 초반에는 빅 코트가 당시 유행되었던 빅 룩의 주요 품목이다. 일본 디자이너에 의해 제시된 빅 룩은 1980년대 초반부터 유행되는 재패니즈 룩의 시발점이 되었다.

27 _ 평면적인 기하학 문양, 크리스찬 디올, '93 F/W

28 _ 평면적인 벚꽃문양, 조르지오 아르마니, '93 F/W

레이어드 룩은 여러 종류의 옷을 겹쳐 입음으로써 빅 룩을 표현하는 방식이다. 일본 전통복식은 단추나 옷고름 등으로 여미는 형태가 아니다. 같은 종류의 옷을 몇 개씩 겹쳐 입음으로써 각각의 색들이 층을 이루게 하였다. 따라서 레이어드 룩은 단추나 옆선을 무시하고, 레이어링에 의한 착용의 중요성을 부각시키면, 겹쳐입은 색감과 색상간의 조화를 중시한다.

재패니즈 룩에 나타난 오리엔탈리즘은 디자이너의 성향에 따라 다르게 반영되기도 한다. 서양 디자이너들에 의한 재패니즈 룩이 주로 기모노, 오비, 전통문양 등 시각적 형태의 변용에 치중되었다면, 일본 디자이너가 주도하는

16) 19세기에 이미 일본에서 조형놀이로서 유행한 종이접기는 20세기에 접어들어 오늘날과 같은 종이접기를 형성하게 되었으며, 일본어인 '오리가미'로 불리우게 됨. 정사각형으로 재단된 몇 색깔의 색종이를 겹쳐서 묶는 다발을 '오리가미'라는 이름으로 사고 팔았기 때문에 그 용지도 '오리가미'라고 불리움

29 _ 관능적이며 이국적인 기모노 룩을 연출한 마돈나, 장 폴 고티에, '99 S/S

재패니즈 룩은 복식의 구조적 형태 및 가치의 변용으로 비정형의 자유로움을 표현하는데 중점을 두는 경향이 있다. 일본 디자이너의 영향력이 점차 커짐에 따라 1990년대 이후의 재패니즈 룩은 전통복식 자체보다는 변형된 형태의 비대칭적인 실루엣, 다양하게 변형된 전통소재 등 현대적인 시각에서 일본 전통을 재해석하는 경향을 많이 나타내고 있다. 후면을 중시하는 전통의식에 따라 여밈의 매듭을 뒤에 놓거나 뒷면에 화려한 문양을 나타내고, 앞 옷깃을 뒤로 살짝 젖혀 입어 여성의 아름다운 목선을 보이는 등 전통복식의 외적 요소 뿐 아니라 내재된 전통사상을 반영하고 있다. 이러한 경향은 1990년대 말부터 일부 서양 디자이너에 의해서도 시도되었지만, 아직까지는 광택이 나는

30 _ 일본 전통의 강한 색조대비와 후면의 강조, 요지 야마모토, '86~'88 F/W

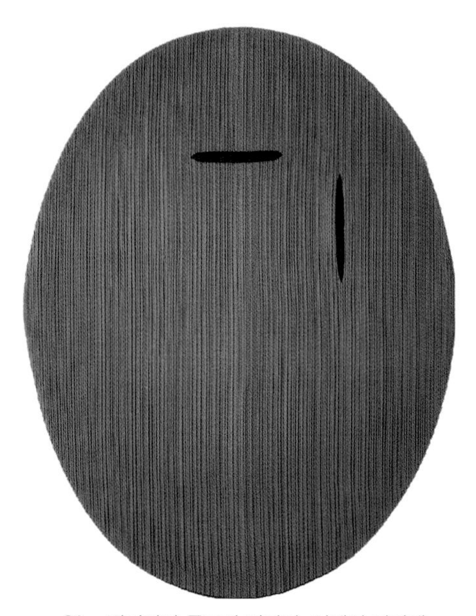

31 _ 평면적인 구조의 디자인, 이세이 미야케, '90 S/S

소재, 화려한 색상을 사용하거나 일본 기생인 게이샤의 메이크업을 차용하는 등 관능적인 동양의 여성미를 나타내는 경우가 많다. 단아하며 정숙한 동양의 여성미를 표현하고자 한 일본 디자이너들과는 다른 관점의 오리엔탈리즘을 표현하고 있다고 볼 수 있다. 차이니즈 룩 혹은 인디언 룩에서 표현된 관능적이며 피지배적인 대상으로서의 오리엔탈리즘이 여전히 재패니즈 룩에서도 나타나지만, 현대 패션에 나타나는 재패니즈 룩이 이들과 차별되는 점은 일본의 상대적으로 높아진 문화적 집중성과 영향력 있는 일본 디자이너들로 인해 동양사상을 이해하고 이에 근거한 미의식을 표현하려는 접근이 시도되었다는 것이다. 현대 사회의 물질만능주의, 가속화되는 첨단과학의 발달로 인한 인간성 상실을 동양의 선禪사상을 통해 극복되고자 하려는 노력은 동양사상에 근거한 미의식인 중화미中和美, 노련미老練美, 불이미不二美[17]를 표출한 젠 스타일에서 찾을 수 있다. 재패니즘에 반영된 오리엔탈리즘은 기존의 동양취미 혹은 서양우월적인 사고뿐 아니라 동양사상으로 회귀하고자 하는 사상도 포함한다고 볼 수 있다.

32 _ 착용에 의해 제공되는 자연미, 이세이 미야케, 1989

인디언 룩

인도는 지리적으로 유럽과 인접한 덕분에 오랫동안 서구 패션에도 영향을 미쳐왔다. 주로 상류층의 이국적 취향으로 나타났던 에스닉 룩은 1960년대 히피문화에 의해 대중화되는 계기가 얻게 되는데, 강렬하고 다채로운 색, 장식의 인디언 룩은 이러한 히피 룩에도 영향을 미쳤다.

서남아시아에 위치한 인도는 아열대성 기후로 헐렁한 튜닉형과 재단하지 않고 몸에 둘러입는 드레이퍼리형이 발달했다. 이러한 형태의 전통복식에 영감을 얻는 인디언 룩은 다채로운 장신구와 함께 신비로운 동방의 정취를 제공하는 패션 테마로서 자주 등장한다. 1990년대의 젠 스타일에 이어 2000년대는 정신적, 육체적으로 건강한 삶을 영위하고자 하는 웰빙well-being 열풍으로 인도의 요가, 사상에 관한 관심과 함께, 인디언 룩에서도 내재되어 있는 동양사상을 찾으려는 시도가 나타나고 있다. 그러나 재패니즈 룩의 경우와 달리, 인도 디자이너의 자체적인 영향력이 부재한 상태에서 서양 디자이너에 의해 해석, 적용되는 상황에서 한계점을 갖고 있다.

인디언 룩에는 주로 전통복식인 사리sari를 변용한 것이 많으며, 커다란 천을 바지처럼 착용하는 도티dhoti, 앞부분만 가리는 짧은 상의인 촐리choli, 머리에 쓰는 오르나orhna, 터번, 헐렁한 바지인 파자마pajamas 등의 형태도 많

17) 중화미는 도덕적인 선과 심미적인 미가 조화를 이룬 중용 또는 중화의 상태를 이상적으로 보는 것이며, 노련미는 우주만물의 순환법칙에 의해 자연스럽게 하나가 둘, 둘이 셋, 셋이 만물이 된다는 것이며, 불이미는 불교사상으로 이원계의 대립관계를 떠나 일관성 있는 것을 진리로 보는 것임(임영자, 1996)

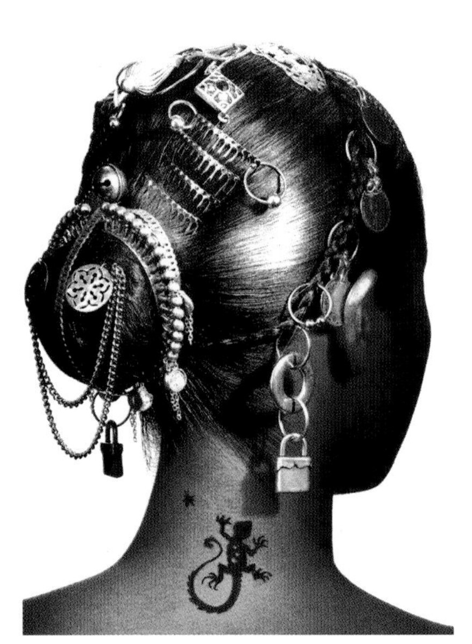

33 _ 현대적 감각의 은장신구, 장 폴 고티에, 1994

34 _ 흑백의 대비가 강한 인도식 재킷

35 _ 속이 비치는 레이스 직물의 사리형 숄, 조르지오 아르마니, '97~'98 F/W

이 사용된다. 상서로운 문양을 그려넣는 헤나henna, 이마의 점, 구슬이나 금속으로 된 각종 장신구도 인디언 룩을 표현하는 주요 장식이 된다. 색상은 차분한 자연색 뿐 아니라 검정색과 흰색의 대비, 붉은색, 진한 갈색, 노란색, 보라색 등 강력하면서도 이국적인 느낌이 드는 색상이 많이 사용되며, 문양은 페이즐리 문양[18]이 가장 많이 나타난다. 인도의 전통적인 홀치기 염색인 반다니bandhani, 염색된 실을 직조하여 무늬를 나타내는 이캇ikat, 전통적인 돌비늘mica 대신 유리나 거울을 사용하는 미러공예mirro art, 섬세한 금사직조도 인디언 룩을 표현하는 기법으로 많이 사용된다.

이미 서양 패션에 정착화 되어가는 사리 룩sari look, 파자마 룩pajama look과 함께 식민지 시대의 인도풍을 나타내는 인도 콜로니얼 룩india colonial look, 정치적인 배경의 네루 룩은 대표적인 인디언 룩으로 꼽을 수 있다.

사리 룩은 인도의 기후적, 종교적, 사회적 특성을 반영하는 대표적인 전통복식인 사리의 장방형 직물 형태, 착용 방식, 장식적인 특징 등을 응용한 것이다. 봉제되지 않은 한 장의 천을 허리에서 주름을 잡은 후 몸에 휘감아서 한 쪽을 머리에 덮거나 어깨에 걸쳐 뒤로 흐르게 하는 사리의 착용 방식을 따

18) 인도의 북부 캐시미르 지방에서 유래된 망고, 샤프리스, 솔방울, 무화과 나무의 열매를 모티브로 한 문양

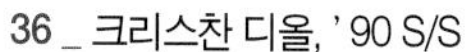

36 _ 크리스찬 디올, '90 S/S

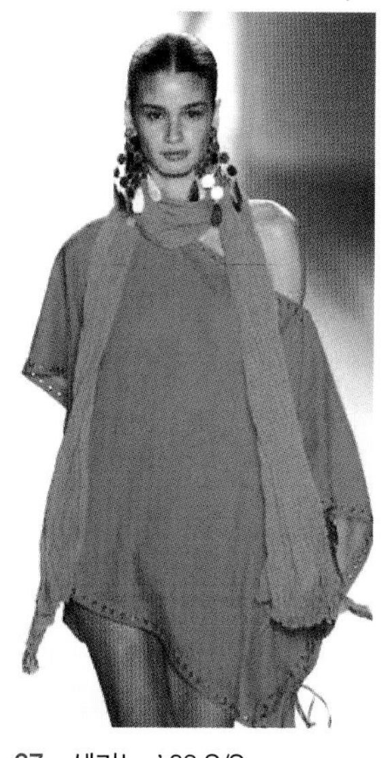

37 _ 셀린느, '03 S/S

38 _ 조르지오 아르마니, '98 F/W

라 몸을 휘감아 신체를 감추면서 신체의 일부를 드러내기도 하고, 섬세하고 비춰 보이는 소재를 사용함으로써 시스 룩을 표현하는 등 신비롭고 관능적인 이미지를 표현한다. 주로 섬세한 면이나 마, 드레이프성이 높은 실크, 캐시미어 등의 소재를 사용하여 신체의 곡선에 따라 유연한 실루엣을 드러낸다. 사리와 함께 착용하는 촐리는 배와 허리가 노출되고 몸에 붙는 형태의 상의로 변형되어 코디네이션하거나 따로 착용된다. 한편, 한 장의 천을 어깨에 두르는 숄은 원래 사리를 포함하는 개념을 갖는다. 인도의 카슈미르Kashmir 지역에서 생산된 다채로운 색상과 페이즐리 문양의 카슈미르 숄은 캐시미어 숄 혹은 파시미나Pashmina 숄로 이어진다. 동양으로부터 전래된 숄은 18세기 후반에 서양여성의 장식적인 어깨걸이로 사용되었는데, 현대에 이르러 다양한 소재 및 형태의 숄로 정착되었으며, 그 중 캐시미르 숄은 고급품으로 취급된다. 2000년대 초에 유행한 파시미나는 실크와 혼방된 고가품으로부터 아크릴 소재의 저가품까지 다양하게 나타났다.

파자마 룩은 편안하고 헐렁한 파자마 형태의 복식을 의미한다. 파자마는 원래 남녀 모두 착용하는 헐렁한 바지를 총칭하는 의미로 터키의 하렘 팬츠와 비슷한 샬와shalwar가 대표적이다. 서양에 전래되어 품이 넉넉하고 앞이 트인 상하의 잠옷을 지칭하는 용어로 정착되었다. 웰빙붐과 함께 유행한 요가 룩yoga look은 파자마 룩의 일종으로, 몸을 자유롭게 움직이거나 결가부좌

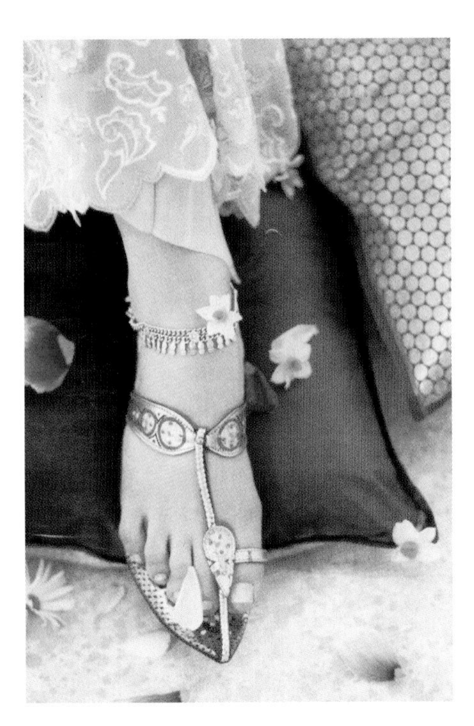

39 _ 로맨틱한 인도풍 - 짧은 상의와 헐렁한 바지, 터번, 금속장식 샌들

結跏趺坐로 명상하기에 적합한 편안하고 신축성있는 소재의 바지와 몸에 붙는 톱top 상의를 기본으로 한다.

인도 콜로니얼 룩 혹은 브리티시 인디언 룩British India look은 인도풍을 나타내는 콜로니얼 룩[19]으로 영국의 서양복식과 인도의 전통복식이 결합된 독특한 스타일을 반영한 것이다. 인도는 19세기 중반부터 1947년에 독립하기 전까지 영국의 통치하에 있었기 때문에 상당한 기간동안 서구 문화의 영향을 받았다. 영국의 코트에서 영향을 받아 서구화된 세르와니sherwani는 앞을 끈으로 여미는 무굴제국의 헐렁한 코트 형태가 단추여밈의 날씬한 형태로 바뀐 것이다. 남성들은 상체노출을 꺼리는 서양식 사고방식에 의해 쿠르타kurta[20]나 쿠미스qumiz[21]와 같은 셔츠를 착용하게 되었다. 인도 콜로니얼 룩의 특징적인 복장은 기능적인 사파리 재킷, 식민지 군복바지와 함께 인도식 코트, 쿠르타 셔츠, 베일을 늘어뜨린 차양이 큰 모자이다.

네루 룩은 다카다 겐조가 1978년에 발표한 룩으로, 인도의 네루 수상이 즐겨입은 재킷으로부터 유래된 것이다. 네루 칼라라고 불리는 밴드 칼라와 초가choga[22]와 비슷한 형태의 재킷이 특징적이다.

서양과 인접한 지역적 특징에 따라 오랜기간 동안 서양 패션에 영향을

19) 콜로니얼 룩은 원래 영국 식민지역에서 입은 왕정복고 시기의 복장 스타일인데, 현대에는 19~20세기 유럽 식민지 시대에 아프리카, 인도, 이집트, 서인도제도 등의 열대지방에 거주한 백인들이 선호한 식민지풍의 이미지를 표현한 패션을 일컬음
20) 허벅지 중간이나 무릎 정도의 길이의 헐렁하고 칼라가 없는 인도의 셔츠
21) 양복 셔츠에 가까운 형태로 쿠르타보다 몸에 잘 맞고 칼라와 단추가 달려있는 셔츠
22) 좁은 소매가 달린 무릎 길이의 튜닉형 상의

미치거나 전통복식이 서구화되는 과정에서 인디언 룩에 나타나는 오리엔탈리즘은 보다 서구중심적인 사고를 반영하고 있다. 숄이나 파자마와 같이 서양복식에 정착되어 흡수되는 한편, 서양과 다른 이국적인 정취와 신비로움이 관능적인 노출의 이미지로 표현되는 현상은 서양의 입장에서 본 이국적인 취향과 서양우월주의가 반영된 결과로 볼 수 있다.

인도의 전통복식에는 중국, 일본 등의 동양 국가와 마찬가지로 주술적인 의미를 갖는 요소들이 많이 나타난다. 헤나는 상서로운 문양을 그려 넣어 행운과 축복을 기원하고 악으로부터 보호하는 역할을 상징한다. 힌두교에서 인체는 소우주로서 척추기저부터 기氣가 정수리로 통하는 원리를 따른다고 하여 이마에 틸라크tilak라는 표시를 한다. '제3의 눈'이라 하여 힌두교인들의 이마에 그리는 붉은 점은 여성들에게는 결혼 여부를, 남성들에게는 지혜의 눈을 표시한 것이다. 시크교도의 쇠팔찌는 신에 대한 헌신적인 봉사를 다짐하는 상징물이며, 터번으로 감싼 긴 머리카락은 요가 신앙의 영성靈性을 보존한다는 의미를 갖는다. 이러한 상징적인 의미를 갖는 인도의 전통사상에 접근하여 동양의 정신 세계를 반영하는 인디언 룩을 표현하려는 시도가 있었지만, 아직까지 외형적인 인도풍의 재현을 통해 인디언 룩을 표현하려는 서양주도적인 경향이 우세하다.

40 _ 생산과 수명을 상징하는 배꼽주변의 장식, 장 폴 고티에, 1994

코리언 룩

한국은 서방세계에 중국, 일본과 동일한 극동아시아 문화권에 속한 국가로서 인식되는 경향으로 인해, 중국이나 일본과 차별되는 한국의 독자적인 고유문화가 충분히 알려지지 못했다. 1980년대 국내에서는 전통 문화에 관한 관심의 고조로 한국적인 디자인들이 많이 발표되었는데, 주로 전통적인 요소들을 그대로 적용하거나 재현하는 수준에 그쳤다. 1990년대 이후 이영희, 진태옥, 홍미화를 비롯한 한국 디자이너들이 파리 컬렉션을 비롯하여 국제 무대에 진출하면서 한국의 전통 요소를 재해석하여 서구패션과 융합하는 코리언 룩이 꾸준히 소개되기 시작하였다. FIT 의상박물관 관장이자 패션평론가인 발레리 스틸Valerie Steele은 1990년대의 파리 컬렉션에서는 일본, 벨기에의 디자이너들이 주목받았는데, 2000년대에는 브라질, 한국의 디자이너들이 부상하고 있는 추세라고 언급하였다. 1990년대에 일본 디자이너에 의한 재패니즈 룩이 패션 뿐 아니라 생활 양식 전반에 걸쳐 일본풍이 유행하는데 영향을 주었듯이, 한국 디자이너를 중심으로 하는 한국의 독자적 이미지를 표방하는 코리언 룩도 머지않아 영향력을 행사할 수 있을 것이다.

코리언 룩에 가장 많이 나타나는 형태는 전통복식인 한복의 실루엣 및 세부 장식이며, 전통 문양, 조각보, 자수 등의 적용도 많이 나타난다.

한복은 직선과 곡선이 어우러져서 옷의 선이 아름답고 착용법에 따라 자연스러운 리듬감을 표현한다. 직선으로 재단한 직물의 원형을 손상하지 않는 전통 한복의 재단법은 자연을 훼손되지 않으면서 조형성을 이끌어내는 한국의 미의식을 반영한다. 한복의 풍성하고 여유있는 실루엣은 허리를 강조하지 않는 자연미를 표현하며, 깃, 동정, 옷고름 등 세부 장식은 우아한 곡선미를 나타낸다. 한복을 응용한 코리언 룩은 이러한 한복의 자연스럽고 유연한 곡

41 _ 이영희, '93~'94 S/S

42 _ 이신우, 1991

43 _ 진태옥, 1996

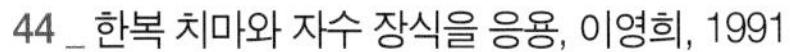

44 _ 한복 치마와 자수 장식을 응용, 이영희, 1991

45 _ 창살 문양, 지춘희, 1991

선미, 구조적 비대칭성과 쌍의 표현을 통해 구현되는 균형감을 표현해 준다. 주로 사용되는 소재는 정교하고 투명한 소재 혹은 거칠고 투박한 재질감이 나는 소재로 한국의 부드러운 이미지뿐 아니라 소박하고 자연 친화적인 이미지를 나타낸다. 색은 음양오행사상을 바탕으로 한 오방색[23]이 많이 사용된다. 음양오행사상에 근거한 색채관은 직접적으로 드러나는 감각이나 감정을 나타내는 것보다 이면에 내재하는 의미, 상징성을 더 중요하게 여긴다. 색의 상징성을 중시하는 성향은 흰색을 포함한 무채색으로 소박하고 정결함을 보여주는 한편, 색동에서 보여지는 색채조화를 통해 화려하면서도 활기찬 이미지를 표현한다.

규칙적인 혹은 불규칙적인 요소들로부터 균형감 있는 조화를 이루려는 한국의 전통미는 쌍雙의 개념에서도 쉽게 찾을 수 있다. 음양의 조화미, 균형미, 온전미[24]를 추구하는 쌍의 개념은 문양의 배치나 형태에도 영향을 주어 불균형을 이루는 비대칭적인 문양이 많이 나타나는 재패니즈 룩가 달리 좌

23) 한국의 전통색으로 적赤, 청靑, 황黃, 흑黑, 백白의 5가지 색

24) 조화미는 두 개가 한 쌍으로 결합함으로써 이루어지는 창조의 신비와 공존의 조화로움이며, 균형미는 상하, 좌우 등의 이분법 원칙에 따른 배열로 인해 나타나는 균형감, 안정감의 단정한 아름다움이며, 온전미는 하나보다는 둘에 의해 비로서 완전함을 느끼고 하나 이외에 또다른 하나로 채워지는 여유로움을 의미함(김영자, 1998)

우, 상하가 대칭적인 문양의 적용이 많이 나타나고 있다. 문양의 종류는 색동, 조각보, 떡살, 창살, 민화, 풍속화 등 생활 주변에서 쉽게 볼 수 있는 문양과 꽃, 식물, 문자, 기하학적 문양이 주로 사용된다. 한국의 전통 자수는 화려한 중국, 섬세한 일본에 비해 순박하고 실용적인 경향을 갖는데, 현대 패션에 적용된 자수 문양 역시 화려하고 웅장하거나 극도로 섬세하기보다는 소박한 화려함을 보인다.

46 _ 조각보 문양, 이신우, 1991

코리언 룩에 나타나는 오리엔탈리즘에는 같은 극동 아시아에 속한 중국이나 일본에 대한 시각이 차용된 것으로 보인다. 저고리의 여밈 형태, 깃, 흉배, 전통 자수 등의 응용은 이미 차이니즈 룩이나 재패니즈 룩에서 많이 나타났으며, 이들과 차별되는 한국의 미의식을 지닌 코리언 룩의 영향력은 미흡한 실정이다. 문화적 집중성이 중국, 일본에 비해 아직 상대적으로 약하기 때문이나, 앞으로 잠재력이 풍부한 오리엔탈 룩의 하나로서 주목할 필요가 있다. 인디언 룩을 비롯하여 차이니즈 룩, 재패니즈 룩과 같이 서양에 의해 시작된 오리엔탈 룩과 달리 순수하게 한국적 정서를 바탕으로 하는 한국 디자이너에 의해 제시된 코리언 룩은 서양인에 의해 왜곡되는 오리엔탈리즘이 아닌 동양인의 주체적 관점이 반영된 오리엔탈리즘을 제시할 수 있을 것이다. 한국의 국가적 경쟁력이 고취되고, 문화적 집중성이 높아짐에 따라 이러한 코리언 룩의 전파는 가능하게 될 것이다.

서양복식에 나타난 오리엔탈 룩은 정치적, 경제적으로 세력이 강대하거나 교류가 빈번한 지역 등 부여된 문화적 집중성에 따라 특징적인 영향을 나타내왔다. 동양의 영향력이 점차 높아지고, 서양과의 교류가 활발히 이루어지는 현대에 이르러 동양에 관한 관심이 증대되었으며, 오리엔탈 룩이 주요 패션테마로 등장하고 있다. 한편 현대 사회에서는 가속화되는 산업화, 물질만능주의의 팽배로 인한 인간 소외 현상, 부적응으로 인한 불안감 등으로부터의 해결책을 동양의 정신세계에서 찾으려는 시도가 나타나고 있다. 서양의 이분법적인 세계관에 대한 반성과 물질적이고 감각적인 차원에서 벗어나 동양의 정신적 사고에 심취함으로써 인간성을 회복하려는 시도는 주술적인 의미를 내포하거나 동양적 미의식을 반영하는 오리엔탈 룩을 통해 반영된다. 자연과 대칭되는 존재가 아닌, 자연 속에 공존하는 인간으로서 조화와 균형을 이루려는 동양 사상의 이해 및 적용은 기존의 서양 중심적인 오리엔탈리즘에서 벗어나 진정한 의미의 오리엔탈리즘을 패션 룩에 반영하게 한다.

CHAPTER 7. 모방을 통한 패션의 재창조

인간은 창조를 위해 본능적으로 모방하며, 모방은 패션의 원동력이 된다.

스페인이 낳은 세계적 건축가인 안토니오 가우디 Antonio Gaudi는 인간은 창조하는 것이 아니라 발견하거나, 이미 발견된 것에서 출발할 뿐이라고 말했다. 무에서 유를 창조하는 것 자체가 불가능하다는 것을 피력한 것이다. 그만큼, 인간에게 있어 모방은 학습과 지식의 축적, 나아가 창조를 위한 중요한 본능이다. 그래서 모방 이론은 고대로부터 예술의 주요 개념이 되었고, 시대가 변화함에 따라 그 의미도 함께 변화하면서 점차적으로 확장되어 왔다.

패션이라는 것이 사회적 계층으로부터 오는 차별화의 욕구와 그것을 모방하는 공통화의 욕구에 따라 발생하는 것이라고 보면, 모방 자체가 이미 패션의 원동력이라고도 할 수 있을 것이다. 여기서는 창조의 원천으로서의 모방의 개념과 패션에 나타나는 모방의 영향에 대해서, 재해석을 통한 새로운 미적 가치로 모방의 의미가 확장되어 표현된 룩들을 20세기 중심으로 살펴보도록 한다.

1. 모 방

예술과 모방

일반적으로 모방이라고 하면, '본뜨기' 라는 의미를 떠올리게 된다. 대부분의 사람들은 모방이라고 할 때에 이미테이션imitation 즉 흉내, 모조, 위조품의 의미로 사용하는 경우가 많다. 하지만, 예술에 있어서 모방은 단순히 표절이나 모조품을 의미하지 않는다. 모방은 고대로부터 예술에서 중요하게 다루었던 개념 중의 하나로, 미메시스mimesis[1]라고 하여 예술적인 표현을 함께 지니고 있는 미학적인 용어이다.

예술이 모방인가, 상징인가, 상상인가, 창조인가에 대한 논란은 오늘날까지도 미학의 중요한 핵심이 되고 있다. 이러한 논쟁은 서구 미학의 뿌리라고 할 수 있는 예술 모방론이라는 개념으로 거슬러 올라간다. 예술 모방론은 인간이 자연을 그 자신의 일부로 느끼고 있다고 가정하고, 자연을 똑같이 재현하여 존재의 근원 속으로 들어가고자 하는 욕망을 지닌다는

1) 모방模倣 · 흉내와 함께 예술적 표현도 의미하는 수사학修辭學 · 미학 용어임

것을 중심 내용으로 한다. 예술 모방론에 근거한다면, 오늘날 모방의 개념이 우리에게 중요한 영향을 주지 않는 것처럼 보일 것이다. 하지만 이것은 모방이나 재현의 양상이 달라져서 드러나지 않을 뿐이고, 실제로는 그 대상이 어떤 것이 되었든 간에 모방은 늘 어딘가에 잠재되어 있는 욕구라고 할 수 있다.

고대로부터 20세기 이전까지의 모방

예술에서의 모방 개념은 고대 그리스 철학으로부터 시작된다. 오늘날 알고 있는 개념과는 달리 고대 그리스에서는 예술을 테크네techene: 기예라는 말로 표현하여, 예술과 기술을 모두 포함하는 모방의 관점으로 사용하였다. 기원전 5세기경 피타고라스파派는 음악을 수數의 미메시스라고 하였고, 데모크리토스Demokritos는 예술이 자연을 모방하는 행위라고 정의했다. 여기에 소크라테스Socrates가 모방이 예술의 근본 기능이라고 주장하면서 모방설이 서구 미학 사상의 대부분을 지배하기 시작했다.

미메시스의 개념은 플라톤에 이르러 중요한 화두로 등장하게 된다. 플라톤은 『국가론』에서, 거울을 통해 보이는 상은 진실하지 않은 가상으로서, 존재하는 것과 유사하기는 하지만 완전히 유사하지 않은 환상을 만들어내기 때문에 실제가 아닌 거짓된 현상이라고 기술하고, 시에서는 모방을 허용하면 안 된다고 강조하였다. 플라톤은 진실과 거짓의 구분을 흐리게 하는 트롱프뢰유trompe l' oeil: 눈을 속임와 트롱프 레스프리trompe l' esprit: 정신을 속임가 모방 예술의 본질이라고 주장하면서 모방기술을 열등하게 취급했지만, 한편으로는 예술의 위력을 인정하기도 하였다.

플라톤의 모방 개념은 아리스토텔레스에 이르러서야 순수예술의 특성으로서 의미를 갖기 시작했다. 아리스토텔레스는 『시학』을 중심으로, 시와 회화, 무

01 _ 안니발레 카라치Annibale Carracci, 트롱프뢰유 벽화, 1560~1609

용과 음악에 이르는 예술의 전 분야에 모방 개념을 전개시켰다. 그에 따르면, 화가는 색채와 형태에 의해 모방하고, 배우는 목소리로 모방하며, 음악가는 리듬과 하모니로 모방한다고 하였다. 아리스토텔레스가 이와 같이 모방의 개념을 확대하면서부터, 모방은 겉으로 보이는 현실을 복제하는 것뿐만 아니라 안으로 내재되어 있는 현실을 표현하기도 하는 개념으로 받아들여지게 되었다. 따라서 예술가들이 자연에서 모델을 찾아낼 뿐만 아니라, 예술가의 기질과 개성에 따라 다양한 양식을 전개할 수 있는 가능성이 열리게 되었다.

아리스토텔레스는 플라톤과 달리 모방을 보다 긍정적인 개념으로 정의하였다. 모방의 심리가 인간 본성에 내재되어 있는 것으로, 모방을 할 수 있으며

ARISTOTELIS
DE
POETICA
LIBER, LATINE
CONVERSVS,
ET
ANALYTICA
METHODO IL-
LVSTRATVS.

LONDINI,
Typis THOMAE SNODHAMI,
clɔ. Iɔc. XXIII.

02 _ 아리스토텔레스의 『시론』

모방을 통해 지식을 획득할 수 있다는 점 자체가 인간이 다른 동물들과 구별되는 점이라는 것을 주장하였다. 아리스토텔레스는 이와 같은 모방의 행위를 통해 즐거움을 얻을 수 있을 뿐만 아니라 지식을 축적할 수 있기 때문에 모방이 예술의 창조행위라고 역설했다.

이러한 고대 모방론의 개념은 중세로 오면서 재현의 측면보다는 상징적인 측면에 보다 중점을 두고 전개되었다. 중세 시대에는 모방론 자체가 사상의 중심은 아니었지만, 신의 세계를 동경하였기 때문에 눈에 보이는 세계보다 더 완전하고 영원한 세계를 모방하고자 하는 것이 일반적인 흐름이었다. 토마스 아퀴나스Thomas Aquinas는 예술이 자연을 모방한다는 명제를 반복하여 주장하기도 하였다.

르네상스 시기에 이르면 모방론이 절정에 다다라서 이 시기에 가장 중심적인 이론이 된다. 이 시기에 토마스 그린Thomas Green은 모방이 문학, 교육, 문법, 수사학, 미학, 시각예술, 음악, 역사, 정치, 철학 등 모든 분야를 아우르는 개념과 행위라고 언급했을 정도이다. 특히 이 시기에는 자연을 가장 뛰어나게 모방했던 고대인들을 모방해야 한다는 의견이 일반적이었다.

르네상스 시기의 대표적인 이론가라고 할 수 있는 바퇴Batteux는 인간이 모방 본능을 가지고 있음을 인정하고, 모방 행위 속에 쾌감이 존재하며 지성을 축적하기 위해서는 모방이 필요하다고 주장하였다. 바퇴에 의하면 예술을 통해 유사성을 전달할 수 있는데, 이는 모방을 통해서만 가능하기 때문에 예술은 자연의 모방이라고 하였다.

이 시기는 고대의 모방론을 정밀하게 다듬고 세분하여 공식화하였으며, 모방에 의한 예술이 저급한 것이 아니라 형이상학적인 것이라고 해석하여, 모방이 초월적인 형상을 인간에게 전달해 주는 행위라 인식하게 되었다.

이어 모방론은 바로크를 지나 18세기 초에 이르기까지 지속적으로 모든 예술의 보편적인 성질로 중요하게 받아들여졌다. 그러나 19세기 초반 낭만주의 시대에 들어서면서, 이전에는 경시되었던 감각이 중요시되고 이를 통해 인간성의 진실을 찾을 수 있다는 경향이 나타나서 개인의 독창성을 중시하고 상대적으로 모방론을 폄하하게 되었다. 특히, 이전 시기까지 모범으로 삼고 있었던 그리스나 로마에 대한 동경보다는 자신의 심성에 맞는 문화를 찾고자 노력했다. 그러므로 이 시기에는 현실을 모방하기보다는 내면의 진실을 표현하는 것이 보다 각광을 받았다.

예술의 경향들은 마치 트렌드처럼 반동을 보이는 특성이 있어서, 다시 19세기 중반의 사실주의와 자연주의 시대로 접어들면, 예술에 있어 모방 개념이 다시 극단적으로 중시되는 경향을 보이게 된다. 특히 사실주의 시대에는 미메시스라는 용어를 대신해서 사실주의라는 말이 사용될 정도로 예술이 실재에 의존하여 표현된다는 이론이 등장하였다. 이 시기에는 고대를 모방하기보다는 자연을 모방하는 것이 보다 일반적이었으며 강조되었다. 이와 같이, 실재와 현

03 _ 낭만주의 대표작가 고야의 판화집 「카프리초스 *Los Caprichos*」

실, 모방과 재현의 원리는 서구 전통 미학의 역사에서 중심적인 이론이 되어왔다.

20세기 이후의 모방

실재의 재현을 기반으로 하는 사실주의적인 사상은 20세기 초부터 시작된 초현실주의와 표현주의, 모더니즘의 등장으로 조금씩 변화를 겪게 된다.

모방을 통해 객관적인 세계를 그대로 재현하는 전통 예술에 반기를 들고 인간의 주관을 표현하는 새로운 예술을 추구하기 시작한 것이다. 이러한 변화는 단지 있는 그대로의 재현이라는 측면에 있어서의 모방에 반기를 든 것일 뿐, 20세기의 다양한 현대 예술 운동 역시 모방과 재현의 본질에서 완전히 동떨어진 것은 아니었다. 현대 미술은 이전에 지속되었던 모방의 개념을 배제시키는 것이 아니라, 모방의 개념을 확장시킴으로써, 새로운 관점을 제공하고 다양성을 찾기 위해 노력하기 시작한 것이다. 과거에서 현재로 시간이 흐름에 따라 존재론이나 인식론이 변화하면서, 모방이나 재현에 대한 개념이 다른 양상으로 표현되는 것이다.

20세기 초에는 변형, 모조, 복사, 재현 등 새롭고 다양한 개념이 등장하기 시작했다. 이 시기 독일의 평론가인 벤야민Benjamin은 모방의 능력이 인간이 주변세계에 적응할 수 있도록 하는 원초적이고 긍정적인 능력이라고 했다. 20세기 초반부터 등장하기 시작한 새로운 모방은 이러한 기본 개념을 바탕으로 하면서 대상을 자기화하여 새롭게 재해석하여 드러내거나 보여주는 것을 의미하게 된다. 스타인버그Steinberg는 창조란 이미 존재하는 기존의 이미지를 어떠한 내용적 문맥에 따라 적용시키는 것이라 하였고 뒤샹Duchamp은 이미 만들어져 있는 것에서 새로움을 발견하는 것이 예술이라고 하였다.

포스트모더니즘 사조가 등장하게 되면서, 새로운 모방의 개념이 더욱 확산되었다. 다양한 이미지와 오브제들을 집합적이거나 선택적으로 사용하고, 의미를 변화시키거나 사진과 같이 기계적인 복제의 개념을 회화에 도입하는 등의 포스트모던 기법들로 인해서 새로운 혼성모방[2]pastiche의 개념이 나타나게 되었고, 이로써 모방의 개념은 창조의 영역으로 확대되기 시작했다. 제임슨Jameson은 오늘날의 예술가와 작가들은 더 이상 새로운 세계와 스타일을 만들 수 없게 되었으며, 이에 따른 유일한 방법은 죽은 스타일을 모방하는 혼성모방[3]뿐이라고 하였다. 절충주의와

---

2) 이태리어 'pasticcio'에서 온 것으로, 이미 잘 알려져 있는 작품이나 특정한 예술가의 작품으로부터 모티프, 스타일, 이미지, 테크닉 등을 의식적으로 모방하여 편집, 재조합한 예술 작품 또는 그러한 창작방법을 말함

3) 극단적인 패러디의 동기를 가지고 있지 않은 모방의 중립화된 실

04 _ 포스트모던 아트(좌 : 마르셀 뒤샹, 「샘」, 1913, 중 : 백남준, 「존 케이지」, 1990, 우 : 「정보 초고속도로 ; 백남준과의 여행」, 1993)

즐거움을 추구하는 포스트모더니즘의 등장으로, 예술 그 자체를 위한 예술에 집착하던 절대 진리와 보다 새로운 창조물을 추구하는 기존의 예술관은 탈출구를 찾게 되었다. 포스트모던 시대에 모방은 패러디[4], 패스티시, 아이러니[5] 등의 다양한 방법을 동원하여 여러 예술 형식과 장르를 절충시켜 새로운 창조물을 만들어 내는 개념으로 변화하게 되었다.

역사학자이자 사회학자인 에릭 홉스봄Eric Hobsbawm은 포스트모더니즘의 시각에서 볼 때 역사적 사료는 하나의 텍스트에 불과하다고 하면서, 전통이라는 것도 현재의 필요에 의해 재해석하여 만들어 낸 것이라고 주장하기도 했다. 그에 따르면, 재해석이란 기존의 의미들이 새로운 요소들로 바뀌는 과정, 또는 새로운 가치들이 낡은 형태의 문화적인 의미를 변화시키는 과정으로, 빌려온 요소를 새로운 문화로 통합되도록 적용하는 것이다.

포스트모더니즘의 특성을 잘 표현해주고 있는 혼성모방은 원형의 의미보다는 형태나 방법을 모방하여 조합하는 것이다. 손향미 등에 따르면, 이러한 혼성모방의 특징은 구체적으로 '의미의 초월', '오브제의 기용', '소외미의 부상', '일시성의 추구'로 나타난다. 첫째, 의미의 초월이란 서로 다른 성향이나 의미를 갖는 요소들이 하나의 스타일로 조합되면서 원래 각각의 요소들이 가지고 있었던 상징성을 초월하는 것을 의미한다. 둘째, 오브제의 기용이란 혼성모방에 의해 원형이 본래 가졌던 목적 대신 다른 목적주로 장식적인 목적으로 사용되면서, 기존의 목적에 적합하게 구성되었던 형태나 크기, 형식적인 내용들이 부적합하지만 새로운 방식으로 결합되는 것을 말한

천. 패러디의 동기와 풍자, 언어 문법의 구조가 상실된 채 다른 텍스트의 단순한 모방으로부터 나오는 탈 문맥화된 언어적 콜라주

4) 어떤 저명 작가의 시詩의 문체나 운율韻律을 모방하여 그것을 풍자적 또는 조롱삼아 꾸민 익살 시문詩文. 어떤 인기 작품의 자구字句를 변경시키거나 과장하여 익살 또는 풍자의 효과를 노린 경우가 많음

5) 낱말이 문장에서 표면의 뜻과 반대로 표현되는 용법. 어원은 그리스어의 에이로네이아eironeia : 위장. 일반적으로 진의眞意와 반대되는 표현을 말하는데, 표면으로 칭찬과 동의를 가장하면서 오히려 비난이나 부정의 뜻을 신랄하게 나타내려고 하는 등의 예를 들 수 있음. 이는 지적인 날카로움을 갖는 점에서 기지機知에 통하고, 간접적인 비난의 뜻을 암시하는 점에서는 풍자와 통하며, 표리表裏의 차질에서 생기는 유머를 포함함

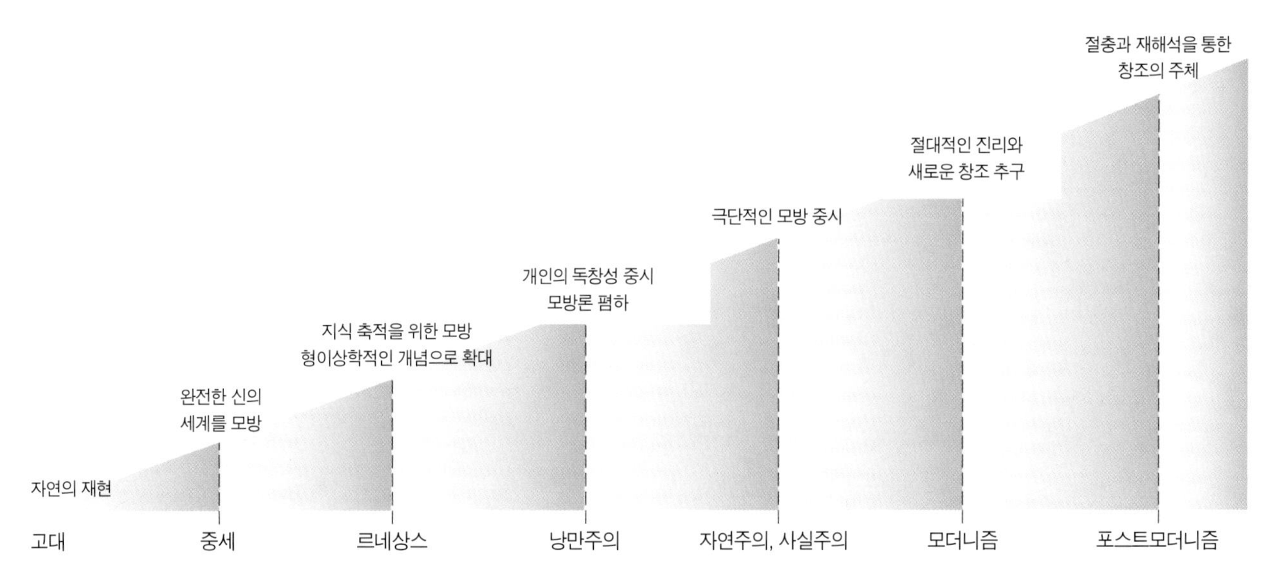

05 _ 모방 의미의 확장

다. 셋째, 소외미의 부상은 이전에는 중심적인 것이 아닌 주변적인 것으로 무시되어 오던 요소들이 새로운 의미를 가지게 되면서 중요하게 부각되는 것이다. 넷째, 일시성의 추구란 이미지를 대량 복제할 수 있게 되면서 본래는 고유성과 영원성을 추구했던 것이 일시성을 추구하는 것으로 변화하게 되는 것을 의미한다. 이상과 같은 특성들은 혼성모방이 의미를 변용하거나 새로운 해석을 함으로써 상징성을 새롭게 부여하고 이전에 없던 창조적인 결과물을 만들어내는 것임을 보여주고 있다. 따라서 혼성모방은 창조를 위한 일종의 방법론이라고 할 수 있다.

이와 같이 예술에 있어 모방과 재현, 창조의 개념은 시대성을 가지고 있어서, 각 시대의 가치관과 역사성에 의해 새로운 의미를 지니며 전개되어 왔다. 동시에 모방과 창조는 서로 대조되는 개념으로 존재하기 보다는 서로 연결된 의미를 지니고 있음을 알 수 있다.

2. 모방으로 패션 이해하기

오늘날 모방은 단순히 원형을 재현하는 개념에서 재해석의 개념으로 의미가 확장되면서, 새로운 창조활동에 있어 주체적인 역할을 하게 되었다. 이러한 개념에서 볼 때, 모방과 창조는 서로 연결된 개념으로 이해할 수 있다.

모방에 의한 상은 완전히 유사하지 않은 환상이라고 한 플라톤이나, 인간은 발견하거나 이미 발견된 것에서 출발한다고 한 가우디의 말처럼, 현실 세계에서는 완전한 검정색이 존재하지 않는 것과 같이, 완전한 모방과 완전한 창조의 개념은 존재하지 않는다고 하겠다.

모방과 창조의 개념을 하나의 일직선상에 놓아 본다면 가상의 완전한 모방과 가상의 완전한 창조가 축의 양 가장자리에 놓이게 된다. 이 때, 축의 중간 부분은 다양한 모방의 방법을 통해 새로운 창조물을 만들어내는 혼성모방의 개념이 될 것이다. 앞에서 살펴본 바와 같이, 의미의 초월과 오브제의 기용, 소외

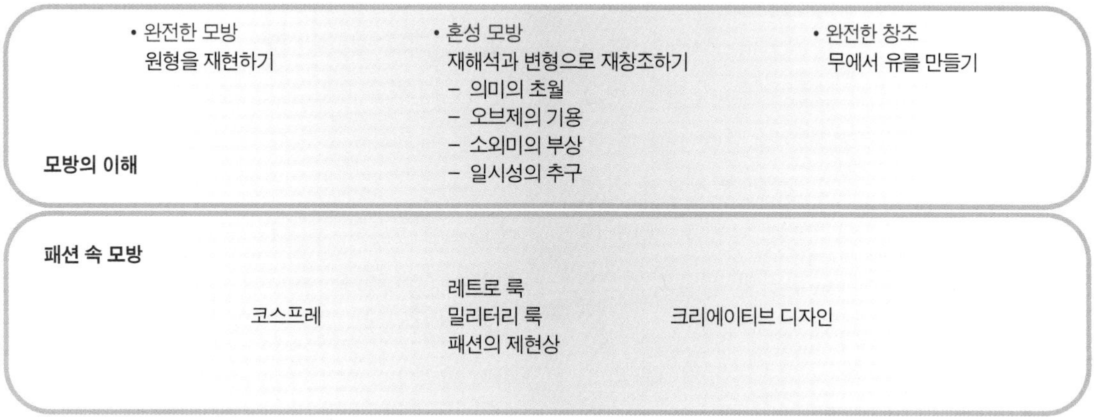

모방의 이해	• 완전한 모방 원형을 재현하기	• 혼성 모방 재해석과 변형으로 재창조하기 – 의미의 초월 – 오브제의 기용 – 소외미의 부상 – 일시성의 추구	• 완전한 창조 무에서 유를 만들기
패션 속 모방	코스프레	레트로 룩 밀리터리 룩 패션의 제현상	크리에이티브 디자인

06 _ 모방의 이해와 패션

미의 부상, 일시성의 추구 등으로 정리되는 혼성모방의 특성들은 패션에 있어서도 변용과 재해석에 의한 새로운 창조로서 중요한 방법론이 된다.

패션은 그 특성 자체가 모방을 원동력으로 한다고 해도 과언이 아닐 것이다. 패션은 사회적 계층에 따른 개인적 차별화의 욕구와 사회적 공통화의 욕구에 의해 발생하는 것이라는 짐멜Simmel의 이론을 바탕으로 하면, 보다 매력적이고 개성적으로 보이고 싶은 욕구와 이러한 스타일을 모방하려는 욕구가 만나 계속적인 패션 트렌드를 만들어 내는 것이다. 결국, 패션 아이콘과 대중의 모방 심리가 트렌드를 만들고, 그 트렌드는 각각의 개성과 해석에 따라 새로운 방식으로 전개된다고 볼 수 있다.

1970년대 이후로 패션 스타일의 중요한 주제로 부각되고 있는 레트로 룩은 혼성모방의 특성을 잘 반영하고 있는 대표적인 룩이다. 특히, 각 시기별 패션 아이콘은 패션 트렌드의 성격을 반영하는 동시에 구체적인 모방의 예가 될 수 있다. 이와 함께, 군복의 이미지를 빌려와서 룩으로 자리 잡은 밀리터리 룩 또한 혼성모방의 특성을 보여준다. 한편, 만화나 영화 또는 게임의 캐릭터를 그대로 재현해내는 코스프레 룩은 완전한 모방에 가까운 개념이며, 독창적인 디자인을 선보이는 창조적인 디자이너 그룹은 보다 완전한 창조의 개념에 근접해 있다.

3. 패션 속 모방, 모방 속 패션

레트로 룩 : 오늘의 패션, 어제의 모방

과거의 향수, 레트로 룩

현대복식에 있어 레트로retro는 디자인 아이디어의 끊이지 않는 원천이다. 레트로라는 용어는 1970년대부터 등장하기 시작한 것으로서, 과거의 양식이나 취향에 대하여 향수를 느끼고 이를 재현해내는 일종의 복고주의적 경향을 나타내는 말이다. 레트로가 현대복식의 중심에 서게 된 배경을 이해하려면 모더니즘의 치밀함과 엄격한 이성주의 그리고 거기에 대한 반발로 등장한 포스트모더니즘 경향의 흐름을 알아야 한다.

모더니즘은 이성을 중시하였으며, 엄격한 형식과 미학적인 기준을 중요시했다. 예술 자체를 위한 예술이 되어버린 이러한 방법론은 오히려 예술에 피로감을 느끼게 했고, 모더니즘으로 인해 전통과 미래가 사라질 수도 있다는 근심을 낳게 되었다. 이에 대한 대안으로 등장한 것이 바로 편안함과 즐거움, 절충주의를 추구하는 포스트모더니즘이다.

모더니즘의 예술이 미래 지향적이고 고급문화를 추구하는데 반해, 포스트모더니즘에 있어서 예술은 과거에 대한 향수와 새로운 예술에 대한 열정이 나타나고, 대중문화와 고급문화 등과 같이 서로 대조되는 개념이나 요소들이 혼합되어 절충되는 경향을 보인다. 포스트모더니즘의 등장과 함께 역사 속의 다양한 예술 형식과 장르들이 절충되고 혼합된다.

레트로 룩retro look은 이러한 경향이 패션에서 나타난 대표적인 예로, 과거에 나타났던 패션 스타일을 모방하여 디자이너의 해석을 가미한 새로운 스타일을 만들어 내는 것이다.

레트로 룩은 1970년대 이브 생 로랑이 1940년대 룩을 재현하면서 본격적으로 패션의 중심으로 등장하였으며, 1990년대 말과 2000년대 초반에는 마치 20세기의 회고전을 보는 듯 다양한 레트로 룩들이 쏟아져 나오기도 했다. 현대 패션에서 나타나는 레트로 룩은 대략적으로 10년 정도를 기준으로 1920년대, 1930년대, 1940년대 등으로 나뉘어 20세기를 중심으로 전개되고 있다. 특히, 이러한 레트로 룩은 차별화와 공통화의 욕구가 맞물려 만들어지는 패션의 특성으로 인해 각 시기의 패션 아이콘이나 특정한 집단의 패션 양식으로부터 영감을 받는 경우가 많다.

그들만의 감각, 패션 아이콘

1900년대의 에드워디안 룩

1900년대에서 1914년에 이르는 20세기 초반을 일컬어 벨 에포크La Belle Epoque, 풍요의 시대The age of opulence, 에드워드 시대The Edwardian era라고 한다. 에드워드 7세가 집권한 시기로 기득권층과 신흥 부자들이 스타일을 중시하고 사치스러운 생활방식에 젖어 있던 호화로운 시기를 의미한다. 신하들의 옷차림이 부적절하면 훈계할 정도로 그 자신이 패션의 뛰어난 권위자였던 에드워드 7세는 여러 가지의 패션 아이템을 유행시키기도 했다. 제1차 세계대전이 일어난 1914년이 되기 전까지 의복은 사회적 신분의 표현이었으므로, 부유한 계층의 사람들은 스타일을 의식하여 엄격하게 패션의 규율을 지키고 호화로운 의상으로 부를 과시했다. 이 시기에 상류층 특히, 에드워드 7세를 중심으로 하는 왕실의 의상을 모방한 스타일이 바로 에드워디안 룩이다. 에드워디안 룩Edwardian look은 높은 칼라와 긴 소매, 풍부한 가슴, 허리를 강조하는 라인과 부풀린 스커트가 특징적이다. 특히 이 시기에는 프루프루 스타일frou-frou style이라고 하여 리본이나 레이스, 러플 등으로 부피감 있는 장식을 해서 움직일 때 사각사각 소리가 나는 드레스 스타일이 유행했다. 에드워디안 룩은 1970년대초에 히피 스타일과 맞물려 대대적으로 부활했었는데, 프릴로 장식된 하이 네크의 블라우스와 넉넉하고 긴 스커트, 레이스업lace-up 부츠 등으로 나타났다. 최근의 패션에서도 에드워디안 룩이 많이 등장하고 있는데, 이는 극적이면서도 고급스러운 로맨틱 요소와 함께, 1970년대의 레트로 감성도 반영해주고 있는 것이다.

1920년대의 샤넬 룩

1920년대는 특히, 영화가 인기 있는 여가활동으로 등장하면서 유명한 배우의 의상과 헤어스타일을 모방하여 배우와 동화되고자 하는 욕구가 만연해 있었다. 이 시기의 영화배우들은 패션 아이콘으로서의 역할을 충분히 수행했다. 그렇지만, 이 시기에 영화배우보다 더 영향력을 가진 아이콘은 디자이너인 가브리엘 샤넬이었다. 심플하고 스포티한 디자인을 최초로 제안하여 여성의 몸을 해방시키고 패션에 혁명을 일으킨 샤넬이 디자인한 '샤넬 룩'은 오늘날까지도 패션에 지대한 영향력을 행사하고 있다. 1983년에는 칼 라거펠트가 샤넬의 오트쿠튀르와 프레타포르테, 액세서리의 아트 디렉터가 되면서, 전통적인 트위드 수트, 저지 드레스, 체인 벨트, 동백 문양, 두 색의 구두로 구성되는 전형적인 '샤넬 룩'에 현대적인 해석과 유머 감각을 가미하고 있다. 전형적인 스타일을 모방하고 현대적인 감각으로 재해석하는 혼성모방의 방법으로 매 시즌 새로운 감각의 '샤넬 룩'을 재창조하고 있는 것이다.

1930~1940년대의 가르보 룩

1930년대 최고의 패션 아이콘은 그레타 가르보이다. 특히 1930년대에는 전 세계적으로 경제 공황이 나타났고, 현실에 대한 도피처이자 유일한 오락 수단으로 영화가 크게 각광을 받았다. 이 시기의 영화 배우들은 모두 당대 여성들의 패션에 커다란 영향력을 행사했다. 그레타 가르보나 제2의 가르보라고 불리웠던 마를렌느 디트리히 등은 전속 디자이너를 두고 있었으며 화려한 의상의 광고 사진과 디자이너의 스케치 등이 일반인들에게 큰 관심을 불러 일으켰다. 2차대전과 함께 밀리터리 룩이 나타났는데, 그레타 가르보가 영화 「마타 하리*Mata Hari*」에서 선보인 가르보 룩 Garbo look은 중간 정도 길이의 스커트에 트렌치 코트를 걸친 모습으로, 1930, 1940년대 룩의 전형이 되고 있다. 트렌치 코트나 밀리터리 룩은 현대 복식에서 중요한 영감을 주는 요소로 매해 컬렉션에서 주요 아이템으로 등장하거나, 다양한 세부장식의 모방이 나타난다.

1950년대의 헵번 룩과 먼로 룩

1950년대에는 오드리 헵번Audrey Hepburn과 마릴린 먼로Marilyn Monroe의 서로 대조적인 스타일이 시대를 풍미했다. 현대 복식에서 1950년대 레트로 룩으로 제안되고 있는 잘록한 허리와 풍성한 볼륨의 스커트는 이 두 아이콘 모두에게서 조금씩 다른 스타일로 나타난다. 매우 풍성하고 글래머러스한 복식을 선도했던 마릴린 먼로가 「7년만의 외출」에서 보여준 지하철 통풍구 위에서 찍은 홀터넥 드레스는 먼로 룩 Monroe look의 전형으로, 1950년대의 가장 대표적인 룩으로 기억되고 있다. 현대 복식에서는 그 해의 경향에 따라 실루엣에 변화를 주지만, 모래시계 실루엣의 먼로 룩의 여성스러움은 매 시즌마다 재현되고 있다.

오드리 헵번이 「로마의 휴일」에서 입고 나온 셔츠와 무릎을 덮는 길이의 플레어 스커트 코디네이션 역시 전형적인 1950년대의 룩으로 여겨지고 있다. 헵번이 유행시킨 또다른 룩은 영화 「사브리나」에서 선보인 발목이 보이는 길이의 크롭 팬츠와 발레용 플랫슈즈, 지적인 느낌의 가녀린 셔츠나 풀오버 등으로 대표되는 '헵번 룩Hepburn look'이다. 그녀가 입은 발목 길이의 크롭 팬츠는 사브리나 팬츠라고도 불릴 정도로 당시의 여성들에게 대단한 인기를 끌었으며, 현대 복식에서도 1950년대의 대표적인 룩으로 영감을 주고 있다.

1960년대의 재키 룩과 트위기 룩

1960년대 대표적인 아이콘은 재클린 케네디Jacqueline Kennedy이다. 지성적이고 품위있으며 간결한 패션으로 유명한 재클린은 주로 프랑스 디자이너인 지방시나 이브 생 로랑이 디자인한 옷을 즐겨 입었는데, 대통령 부인으로서 그녀는 미국인 디자이너인 올레 카시니의 의상과 헬스턴의 필박스 모자를 썼다. 그렇지만, 재클린은 남다른 패션 감각으로 카시니에게 모던한 실루엣과 장식적이지 않지만 고급스러운 소재 등을 꼼꼼히 주문했고, 그녀만의 감각으로 '재키 룩Jackie look'을 만들어 냈다. 간결한 라인의 원피스 드레스나 커다란 단추 장식, 소매 밑단으로 갈수록 넓어지는 파고다 슬리브, 샤넬 룩의 트위드 소재로 된 품위 있는 수트 등으로 대표되는 '재키 룩'은 간결하면서도 구조적인 실루엣으로 상류층뿐만 아니라 유명 디자이너들에게도 영향을 주었다.

이와 함께 마른 몸매로 소년 같은 이미지를 지닌 트위기Twiggy도 1960년대의 중요한 패션 아이콘이다. 특히 1960년대의 대표적인 아이템인 미니스커트를 입은 모습으로 '트위기 룩Twiggy look'을 유행시키면서 당시 보그Vogue나 엘르Elle, 바자Harpers Bazar 등의 표지 모델로 등장해 대중에게 엄청난 영향을 미쳤다. '재키 룩'이 보다 고급스러운 상류층이나 성인 여성들에게 인기를 끌었다면, '트위기 룩'은 보다 소녀 취향의 10대나 젊은 여성들에게 어필하였다. 현대 복식에서도 재키 룩을 모방한 스타일은 주로 정장을 중심으로 하는 하이패션에서 제안되고 있는 반면, 트위기 룩 스타일은 '걸리시 룩girlish look'이라고 하여 영 패션을 중심으로 디자인된다.

1970년대의 히피 룩

1970년대에는 석유 파동으로 인해 전 세계적으로 경제적인 불황을 겪었던 시기로 영화배우나 모델 등과 같은 패션 아이콘보다는 기성세대에 대한 저항이나 자연주의 등을 내세웠던 하위 집단의 스타일이 더 큰 영향을 주었다. 1960년대 말부터 시작되어 1970년대 초반을 풍미했던 '히피 룩'은 자연으로의 회귀를 내세우면서 집시풍의 룩을 선보였다. 히피 집단이 가진 반전 의식과 자연주의 등의 성격은 1968년 뮤지컬 헤어Hair를 통해 대중에게 영향을 주기 시작했고, 데님과 술이 달린 저킨스와 부츠, 장식적이고 고풍스럽거나 에스닉한 요소들, 아플리케, 크로셰croche, 니트 등의 수공예적인 아이템과 다양하게 겹쳐입기 등이 전형적인 '히피 룩'으로 크게 유행했다. 현대 복식에서 '히피 룩'은 여러 디자이너들에게 영감을 주고 있다. 특히 2002년 유명 디자이너들의 컬렉션에서 중요하게 등장하였으며, 빈티지vintage 트렌드와 맞물려 지속적으로 스트리트 패션에도 영향을 주었다.

1980년대의 펑크 룩과 다이애나 룩

1970년대를 풍미했던 히피 룩과 전원 지향의 자연주의 룩은 1970년대 말로 접어들면서 무정부주의적인 특성을 지니는 펑크 룩의 영향으로 쇠퇴하게 된다. 펑크는 원래 뉴욕의 클럽이나 이기 팝Iggy Pop과 같은 가수들 사이에서 발생하였지만, 런던의 젊은 실업자와 학생들 사이에서 권위적인 체제에 대한 저항의 형태로 활성화되기 시작했다. 펑크 문화의 무정부주의적이고 저항적인 성격은 의도적으로 위협적인 룩으로 표현된다. 집에서 만들거나, 중고로 구입한 의류를 찢어 입거나 단정하지 못하게 겹쳐 입고, 체인이나 안전핀, 스터드stud: 쇠징 등의 액세서리를 걸치고, 그물 소재의 셔츠를 입거나 저속한 메시지나 이미지가 찍힌 재킷이나 티셔츠를 입었다. 주로 반짝이는 합성 소재, 가죽, 플라스틱 등을 소재로 한 검은색

07 _ 현대 패션에 나타난 패션 아이콘의 모방

옷을 입는 것이 전형적인 '펑크 룩'이다. 현대 복식에서 '펑크 룩'은 이러한 전형적인 요소들을 차용하여 상업적이고 고급스러운 해석을 덧붙여 하이패션이나 스트리트 패션에 알맞게 재창조되고 있다.

도전적인 펑크 스타일에 대한 반발로 신낭만주의라고 불리는 새로운 스타일이 제안되기도 하였는데, 이러한 스타일을 주도한 것은 영국 찰스 황태자의 아내인 다이애나 스펜서Diana Spencer였다. 그들의 약혼식이 발표된 1981년 초부터 다이애나는 '다이애나 룩Diana look'의 패션 아이콘으로서의 역할을 수행했다. 짧고 단정한 헤어스타일과 어깨와 허리를 강조한 파워 수트, 완벽하게 차려입은 토탈 패션은 1980년대 대표적인 룩으로, 다이애나가 입은 옷과 다양한 모자, 장신구는 물론이고, 웨딩 드레스와 임부복 등이 모두 대중들에 의해 모방의 대상이 되었다. 다이애나 룩은 인기 드라마 '다이너스티Dynasty'에서도 모방되어 '다이너스티 룩Dynasty look'으로 표현되기도 한다. 현대 복식에서 다이애나 룩은 고급스러운 이미지는 유지하면서, 어깨와 허리를 부드럽게 강조한 여성스러운 실루엣으로 재현되기도 했다.

2000년대 패션에 표현된 레트로 룩은 원래 이미지를 그대로 모방하기보다는 절충적이고 조합적인 오늘날의 특성에 어울리게 실루엣이나 세부장식등을 현대적인 해석을 통해 표현한다. 특히 현대 사회에서 여성의 지위가 향상되고 여성들의 감성이 관심을 끌게 되면서, 이전에는 남성적인 이미지를 동경하여 제안되었던 룩들도 한층 여성스럽고 부드러운 라인으로 표현되는 경우가 많다. 히피나 펑크와 같은 하위문화의 영향을 받은 룩을 재현하는 경우에도 그 정신보다는 형태나 세부장식을 고급스러운 소재나 아이템으로 재구성하여, 하이패션 컬렉션에서 새롭게 제안하고 있다. 또 본래는 매우 여성스러운 스타일이

스포티브, 캐주얼의 요소와 혼성되어 절충적으로 표현되기도 한다.

이처럼 다양한 레트로 룩은 혼성모방의 특성을 대표적으로 보여주고 있으며, 특히 패션 아이콘이나 특정 집단을 모방하여 재현한 룩들은 모방과 현대적인 재해석을 통한 재창조의 결과물이다.

밀리터리 룩 : 전형典型의 모방, 감각적 해석

멋과 실용의 접점, 밀리터리 룩

US 아미 룩US army look, 카키 룩khaki look이라고 불리기도 하는 밀리터리 룩은 군복을 의미하거나, 군복에서 디자인 영감을 얻은 패션 스타일을 의미한다. 밀리터리 룩은 1, 2차 세계대전을 계기로 자연스럽게 출현하게 되었다. 1차 세계대전 동안에는 여성들이 간호원이나 엠블란스 운전자 등으로 근무하면서 군복 형태의 유니폼을 착용하기 시작했고, 오버롤 형태의 보일러 수트나 활동적인 바지를 입고 뱃지를 액세서리로 부착하여 밀리터리 룩을 표현했다.

제2차 세계대전이 발발하면서, 물자의 부족 현상으로 의복의 소재나 디자인에 대해 법적인 제제가 가해지면서 실용적인 의복이 주류를 이루게 되었다. 자연히, 군복에서 영향을 받은 각진 어깨의 테일러드 재킷과 짧은 기본형 스커트 수트로 이루어진 밀리터리 룩이 실용적인 기능복으로 유행하게 되었다. 1960년대에는 단순한 라인의 복식에 견장과 금단추, 브레이드braid 장식 등이 사용되어 밀리터리 룩을 표현하기도 했다. 최근에는 제정 러시아의 군복 스타일에서 영향을 받아 코사크 캡cossack cap이나 브레이드 장식, 금사 장식 등이 하이패션에 많은 영감을 주고 있다. 특히 2005 S/S 시즌부터 러시안 풍이 중요한 영향을 주면서, 러시아 기병의 군복에 나타나는 자수나 금장 단추, 술장식 등의 장식적인 세부장식이 많이 등장하였다.

1960년대에는 월남전에 대한 반전을 촉구하는 반항적인 의미로 밀리터리 룩을 착용하기도 하였고, 1990년대의 중동전이나 각종 국지전으로 불안이 가중되면서 그에 대한 거부감으로 밀리터리 룩이 반영되기도 했다. 이와 같이 반전의 성격이 강할 때에는 카무플라주camouflage 프린트 등에서 영향을 받아 보다 캐주얼하게 표현되는 것이 특징이다.

밀리터리 룩, 모방으로 읽기

밀리터리 룩은 일반적으로 형태를 모방한 것과 색상을 모방한 것, 그리고 세부장식을 차용한 것으로 표현된다. 세 가지 형태가 완전히 분리되는 것은 아니고, 형태와 색상, 세부장식이 한꺼번에 나타나기도 하고, 하나의 요소를 빌려와서 밀리터리 룩의 감각을 살짝 덧입히기도 한다.

아이템을 모방한 것으로는 육군복에서 영향을 받은 아미 재킷army jacket과 유틸리티 팬츠utility

08 _ 형태를 모방한 밀리터리 룩

09 _ 색채를 모방한 밀리터리 룩

10 _ 디테일을 모방한 밀리터리 룩

pants, 공군복에서 영향을 받은 조종사용 패딩 점퍼, 패러수트 팬츠parachute pants 그리고 해군복에서 영향을 받은 세일러 팬츠sailor pants, 피코트peacoat, 미디 재킷 등이 있다. 2000년대 중반에 들어서면서 클래식한 러시안 기병 스타일의 재킷도 자주 모방의 대상이 되고 있다.

군복을 모방한 색으로는 육군복에서 영향을 받은 올리브 그린과 카키의 다양한 변형, 네이비, 블루 등이 있다. 특히 올리브와 카키, 그린, 브라운 등의 색이 쓰인 카무플라주는 밀리터리 룩의 특성을 가장 잘 나타내주는 기호이다. 원래 카무플라주는 위장복 개념으로 등장하기 시작한 것인데, 각국의 환경에 따른 기후, 토양, 식생 등의 지질학적인 연구에 의해 다양한 색상과 무늬가 만들어진다. 최근에는 다양한 원색을 카무플라주에 도입하여 밀리터리 룩을 보다 캐주얼하게 응용하기도 하며, 소녀적 감성의 색으로 카무플라주를 구성하여 여성적이면서도 캐주얼한 감각으로 제안하기도 한다.

밀리터리 룩을 연출할 수 있는 또 다른 중요한 요소로서 세부장식과 액세서리를 들 수 있다. 어깨의 견장epaulette, 아웃 포켓, 벨트, 앰블럼emblem, 브레이드, 금속 단추 등의 특징적인 장식과 더불어 코사크 캡, 웰링턴 부츠 등의 액세서리는 밀리터리의 특성을 대변하는 기호로서, 부분적으로 빌려오는 것만으로도 밀리터리 룩을 표현해주게 된다.

이처럼 밀리터리 룩의 경우 주로 기능적인 특성을 가지고 있는 특수한 형태나 색채, 세부장식을 장식적인 요소로 빌려 오거나 부분적으로 아이템을 믹스하여 표현함에 따라 의미가 넓어져, 오브제의 기용이라는 혼성모방의 특성을 뚜렷하게 보여준다.

코스프레 룩 : 꿈의 재현

되살리기, 코스프레

코스프레의 원래 명칭은 코스튬플레이costume play로, 복장을 뜻하는 costume과 놀이를 뜻하는 play의 합성어를 일본식으로 줄여 부르는 것이다. 코스프레는 본래 시대물의 연극이라는 의미를 가지고 있었지만, 최근에 들어 의미가 축소되어 주로 애니메이션, 만화, 게임 등에 등장하는 캐릭터를 그대로 따라 재현하는 것을 의미하게 되었다. 주로 청소년들이 좋아하는 대중 스타나 만화 주인공, 영화 캐릭터와 똑같이 분장하고 복장과 헤어스타일, 행동까지도 흉내를 내는 캐릭터 세대의 대표적 놀이 문화이다. 코스프레의 기원은 영국으로, 죽은 영웅들을 추모하며 그들의 모습대로 분장하는 예식에서 유래한 것이 일본으로 전해지면서 캐릭터를 재현하는 의미로 정착하였다.

초기에 코스프레는 주로 만화와 애니메이션의 마니아층을 중심으로 나타났지만, 구성원의 연령이 증가하고 중, 고등학생들 사이에서 대중적 인기를 얻게 되면서 초기의 마니아적인 특성은 많이 감소했다. 코스프레라는 용어는 '만화의 가장'이라는 의미로 사용되었던 것인데, 1978년 만화, 애니메이션과 관련된 일본의 아마추어 동인지 즉매회인 코믹 마켓Comic Market 준비회에서, 판매원이 자신의 동인지를 선전하기 위한 목적으로 입기 시작하면서 알려졌다. 이와 같은 행사를 통해 일본은 아마추어 만화 운동이 하나의 하위문화로서 자리하게 되고, 만화나 애니메이션 속의 의상 연출을 중심으로 한 코스프레 문화로 활성화되었다.

국내의 코스프레 문화는 일본으로부터 유입된 것으로 코믹 마켓의 형식을 따온 아마추어 만화 동아리 연합을 주축으로 형성된 것이다. 코스프레를 형성하는 구성 요소는 크게, 외모의 재현 대상이 되는 만화나 애니메이션 등의 캐릭터, 재현한 의상을 연출하여 보여줄 수 있는 표현 공간, 문화적 확산의 매개체로서 컴퓨터와 미디어가 있다.

패션 속 코스프레

최근 들어 국내에서도 코스프레 동호회가 급속히 증가하고, 전국 아마추어 만화 동아리 연합Amateur Comic Association 등이 주최하는 A.C.A. 만화축제나 코믹월드, 코스텍, 국제만화 페스티벌과 같은 대규모 행사장, 또는 인터넷 동호회들간의 번개모임을 통해 이루어지는 즉흥적인 거리 행사장을 통해 코스프레가 대중에게도 친숙해졌다. 국내 코스프레 동호회 규모가 전국적으로 10만여 명에 이를 정도로 저변을 확대하고 있으며, 그 중 90%가 중, 고등학생으로, 코스프레는 청소년의 중요한 놀이 문화로 자리 잡고 있다.

초기에는 마니아적인 특성이 강하여 주로 만화와 애니메이션, 게임 등을 중심으로 모방했던 코스프레의 대상은 최근에는 10대의 팬클럽을 중심으로 한 우상시되는 스타 따라하기나 영화 인물, 역사적인 인물 캐릭터의 모방으로까지 범위가 확장되고 있다. 또한 캐릭터보다는 패션에 관심이 많은 집단에서는 특정 캐릭터를 모방하는 것이 아닌 새로운 가상의 캐릭터를 만들기도 한다.

코스프레를 하게 되는 이유는 단순히 애니메이션이나 게임을 좋아하기 때문만은 아니다. 의상이나 소품을 만드는 것에 관심이 있거나, 연기에 취미가 있거나 변신 욕구를 실현하고자 하는 경우, 또는 자신을 표현하고 싶거나 타인으로부터 촬영되는 것을 좋아하거나 코스프레를 통해 또래집단의 구성원으로 정체성을 느끼는 경우 등 다양한 목적과 이유로 코스프레를 하게 된다.

코스플레이어들은 코스프레 작업을 통해 현실과는 다른 자아를 연출함으로써, 이상적인 자아로의 접근을 시도할 수 있다. 특히 전체 코스프레 인구의 과반수 이상을 차지하는 중, 고등학생들에게 있어 코스프레는 제한된 교육 현실로부터의 문화적 해방을 맛볼 수 있다는 점에서 매력을 느끼는 것으로 알려져 있다. 또, 코스프레 의상을 만들고 연구하는 과정에서 자연스럽게 동호회 활동이 이루어지게 되며, 이를

11 _ 코스프레의 실제

통해 독특한 문화 집단의 구성원으로서 정체감을 얻게 된다.

코스프레는 모방의 관점으로 볼 때 재해석이나 독창적인 절충이 없는 완전한 모방에 가까운 행위이지만, 일본의 경우처럼 코스프레의 인구가 확대되고, 일상복과의 접목이나 문화적, 상업적 목적으로의 확장이 이루어진다면, 곧 하나의 패션 룩으로서 영향력을 갖게 될 것이다.

애니메이션과 만화의 폭넓고 깊은 마니아 층을 확보하고 있는 일본의 경우 코스프레 복식이 기성복화하기에 이르렀고, 애니메이션 문화에 익숙한 캐릭터 세대들은 더 이상 코스프레를 하위문화로 인식하지 않고 있다. 또, 코스프레가 패션과 융합되면서, 독립적인 감각으로 일반인들도 부담 없이 즐기고 입기 때문에, 일본의 경우 이미 코스프레는 마니아가 아닌 룩의 개념으로 확장되고 있다. 이러한 점에서 코스프레는 순수한 모방 자체보다는 점차 창의적인 룩으로 의미가 넓어지고 있다고 할 수 있다. 특정 집단에서 즐기던 놀이 문화가 점차 대중화된다는 측면에서 '일시성의 추구' 특성과 함께, 본래 만화나 영화 속에서 상징성을 지니고 있던 요소들이 장식의 범주로 사용되는 '오브제의 기용'이 혼성모방의 특징으로 나타난다.

국내에서도 코스프레 닷컴과 같은 집단에서 코스플레이어들이 주축이 되어 코스프레가 상업적으로도 가치 전환될 수 있는 환경으로 만들고 하나의 문화로 정착시키기 위해 노력하고 있다. 이러한 노력의 결과에 따라 코스프레의 인구가 보다 확장되고 문화의 한 분야로서 상업적인 성공을 거두게 되면, 국내에서도 룩의 개념으로서의 코스프레가 자리잡을 수 있을 것이다.

예술은 자연의 모방이라는 개념을 중심으로 했던 모방이론은 시대적 맥락의 변화를 거치면서, 오늘날에는 대상을 재해석하여 새로움을 만들어내는 혼성모방의 개념으로 의미가 확장되었다.

복식에 있어서도 이와 같은 혼성모방의 개념은 중요한 창작 요소로 활용되고 있다. 유행이라는 것 자체가 보다 매력적인 스타일을 모방하기 위한 것이라고 본다면, 패션은 모방과 창조가 맞물린 톱니바퀴라고도 할 수 있을 것이다. 다양한 룩을 모방하여 그 시대가 직면해 있는 상황에 맞게 창조적으로 새로운 스타일을 만들어내는 패션의 역사는 앞으로도 계속될 것이다.

시간성과 룩

TIME and LOOK

CHAPTER 8. 변화하는 시간, 변화하는 패션

패션은 과거, 현재, 미래의 진행과 순환의 시간성을 반영하며 끊임없이 변화한다.

인간은 고대로부터 세계를 인식하기 시작하면서 시간이라는 주제에 관심을 가져왔고, 과학과 기술의 발전과 함께 시간을 더 정확하게 측정하고 규명하려고 시도해왔다. 그러나 아직까지도 시간개념을 명확하게 정의내리기는 힘들며 심지어 시간을 측정하는 것조차 문화와 종교, 지역에 따라 다르고 분야마다 다양한 관점이 존재한다. 현대 사회에서 우리가 체험하는 시간은 하나의 개념과 하나의 방법으로 정해진 것이 아니며, 정치적, 종교적, 사회적, 경제적, 학문적 배경에 따라 다양하게 변화, 발전되어 온 것이다. 패션에서의 시간의 개념은 우리가 의복을 입을 때 속옷과 겉옷 그리고 상의와 하의를 입는 순차적 행위에 이미 내재되어 있으며, 더 나아가 계절에 따라 다르게 갈아입는 옷이나 주기를 갖고 변화하는 유행의 현상도 시간과 관련되어 있다. 그러므로 시간에 따라 다르게 표현되는 20세기의 여성 패션 룩을 고찰하는 것은 인간이 관심을 가져온 시간성이 과거, 현재, 미래의 패션을 통하여 어떻게 관련되어 있는가를 알 수 있게 할 것이다.

1. 시 간

시간時間, Time이란 '어떤 시각에서 다른 시각까지의 동안, 또는 그 길이'를 말하며, 휴식시간, 점심시간 같이 '무슨 일을 하기 위하여 정한 일정한 길이의 동안'을 의미하기도 한다. 철학에서의 시간은 과거로부터 현재, 미래를 향하여 일정한 빠르기로 끊임없이 이어져간다고 생각되는데 오랜 역사를 거치

01 _ 살바도르 달리, 「부드러운 시계의 폭발」, 1954

는 동안 인간이 바라보는 시간[1]의 관점은 크게 객관적 시간관과 주관적 시간관, 순환적 시간관과 직선적 시간관으로 구분된다. 이를 바탕으로 과거, 현재, 미래의 시간적 의미를 정리해 볼 수 있다.

객관적 시간관과 주관적 시간관

인간은 세계를 인식하기 시작하면서 시간을 두 가지 대립된 관점으로 보았다. 인간의 존재와 별개로 객관적으로 흘러가는 시간이 있다고 생각하는 객관적 시간관과 인간이 인식하는 시간이 모든 것의 중심이 된다는 주관적인 시간관이다.

자연과학에서의 시간 개념은 세계를 이해하기 위한 기본적인 개념으로 오래전부터 중요한 문제로 다루어져 왔다. 뉴턴은 인간이나 자연의 존재와 관계없는 객관적이고 절대적인 시간을 생각했는데, 물리적 세계에서의 모든 변화는 시간이라는 차원에서 이루어지며, 이 시간은 과거, 현재, 미래로 흘러가는 절대적인 시간이라는 것이다. 이러한 절대시간 개념에 의해서 우주의 모든 진행은 계산할 수 있다는 인과론이 오래도록 과학 분야를 지배해 왔다. 그러나 아인슈타인은 특수 상대성 이론에서 관찰자가 그 자신의 운동을 변화시키면 시간과 공간의 관계가 변하게 되어 인식되는 거리와 시간간격이 달라진다고 하면서 절대적인 시간개념이 아닌 상대적 기준 틀에 의한 정지와 움직임, 느림과 빠름을 정의하였다.

철학자나 문학가들도 시간은 주관적인 것이며 우리들 기억과 깊은 관계를 가지고 있다고 생각했다. 칸트는 시간이란 외부 세계에 존재하는 것이 아니라 우리들의 경험을 체계화하는 데 중요한 마음 속에 있는 것이라 생각했으며, 심리학자들은 인간이 느끼는 시간의 길이나 그 계속감이 감정, 흥미, 흥분 그리고 지루함이나 관심 있는 것 등에 의해 크게 달라진다는 것을 연구해 왔다. 이러한 사고의 흐름에 따라서 프랑스 철학자인 앙리 베르그송Henri Bergson은 과학적인 시간과 그가 '순수지속경험된 시간'이라 부르는 것과 구별하면서, 경험된 시간은 본질적으로 정신적이며 심리적이라고 하였다. 예술 분야에서도 과학과 기술에서의 객관적인 시간과는 다른, 예술가에 의해 인식되고 표현되는 상상적 시간, 즉 내적이고 주체적인 시간을 중요하게 생각해 왔다. 예술가는 상상력에 의해 끊임없이 시간을 해체하고 재조립하여 새로운 예술적 시간을 창조하게 되는데 이는 과학적 시간과 대립되는 주관적이며 미적인 시간인 것이다. 이와 같이 객관적 시간과 주관적 시간은 상반되면서도

1) '어떤 시각에서 다른 시각까지의 동안, 또는 그 길이'를 말하며, 휴식시간, 점심시간 같이 '무슨 일을 하기 위하여 정한 일정한 길이의 동안'을 의미하기도 함. 철학에서의 시간은 과거로부터 현재, 미래로 끊임없이 이어져 머무름이 없이 일정한 빠르기로 옮아간다고 생각되는 것으로 공간과 더불어 인식의 가장 기본적인 형식임

상호 밀접한 관련 속에서 발전되어 왔다.

순환적 시간관과 직선적 시간관

시간은 반복되며 주기가 있다는 순환적 시간관과 시간은 방향성을 가지고 한 방향으로 흘러간다는 직선적 시간관은 둘 다 오랜 역사를 가진다. 먼저 순환적 시간관을 살펴보면 고대인들은 낮과 밤의 연속을 보면서 하루를, 달이 차고 지는 것을 보고 한 달이란 것을 생각해냈고, 태양의 운동을 관찰하고 일 년이라는 개념을 정립하였다. 이를 통하여 시간에는 주기성과 반복성이 있음을 깨닫게 되었고, 또한, 종교나 철학적인 측면에서의 윤회사상이 싹트게 되었다. 플라톤, 아리스토텔레스, 피타고라스, 헬라클레이토스 등의 철학에서도 이러한 시간관을 엿볼 수 있다. 역사가들이 쓴 역사 또한 인간들의 시간관에 영향을 미쳤는데 그리스, 로마 시대의 역사가들은 인간 사회는 주기적으로 움직인다고 생각하였다. 그러나 과학이 발전하면서 천체주기의 불완전성이 드러나고 진정한 주기에 의문을 던지면서 이러한 순환적인 시간관보다는 직선적 시간관이 차차 우위를 차지하게 되었다.

직선적 시간관에 영향을 미친 역사적인 사건은 그리스도교와 르네상스, 종교개혁 등 종교와 관련된 세계관의 변화를 들 수 있다. 우선 그리스도교 역사관은 천지창조에서 최후의 심판까지의 인간의 운명은 하느님의 섭리에 의해 결정된 것이라고 생각하며 예수의 탄생과 부활이라는 사건을 중심으로 순환되지 않는 직선적인 시간관을 갖는다. 오늘날 그리스도교의 영향력으로 서구 문명의 대부분은 직선적 시간관을 갖으며, 직선적 시간관에 영향을 받은 목적론적 역사 기술 체계가 지배적이다. 또한, 르네상스와 종교개혁에 의해 그 시대의 사람들은 그들의 새로운 시대가 옛 시대와는 매우 다르며, 옛 시대보다도 그들의 시대가 훨씬 진보해 있다고 생각했다. 이와 함께 '시간이란 되풀이되는 것이 아니라 한 방향으로 진행되는 것이다.' 라는 생각이 주류를 이루고, 미래는 진보를 의미하며, 거기에 유토피아가 있다고 생각하게 된 것이다. 그러므로 시간이 방향성을 갖고 있다고 보았다. 사실 최근 시간에 대한 우리의 인식은 점차 직선적이 되고 있다. 과학의 발전은 그러한 생각을 더욱 뒷받침하게 되었는데 특히, 열역학 제2법칙은 우주

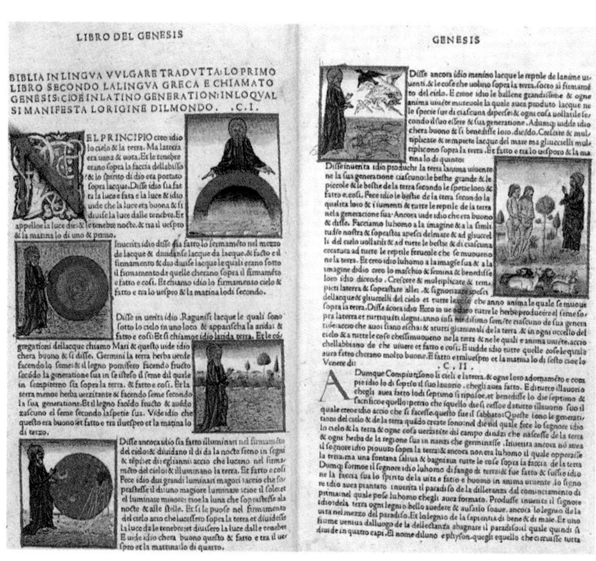
LIBRO DEL GENESIS

BIBLIA IN LINGVA VVLGARE TRADVTTA: LO PRIMO LIBRO SECONDO LA LINGVA GRECA E CHIAMATO GENESIS: CIOE IN LATINO GENERATION: IN LO QVAL SI MANIFESTA LORIGINE DIL MONDO. .C.I.

GENESIS

02 _ 천지창조의 엿새 동안의 행위가 그려진 민간용 성서, 이탈리아 유물, 영국 맨체스터 대학 존 라일랜드 도서관, 1471

표 8-1 시간의 구분

구 분	내 용	구 분	내 용
객관적 시간	• 과학과 기술로서의 객체적 시간 • 시계의 발달이 큰 자극이 됨 • 기술의 시간	순환적 시간	• 달의 차고 짐, 낮과 밤의 연속, 별들의 규칙적인 출몰, 계절의 변화 • 플라톤, 아리스토텔레스, 피타고라스, 헤라클레이토스 등의 철학자
주관적 시간	• 상상적 시간, 내적이고 주체적인 시간, 경험적 시간 • 예술의 시간	직선적 시간	• 사물의 쇠락, 노화과정 • 그리스도교, 르네상스, 종교개혁 • 목적론적 역사 기술

에 있는 사용 가능한 에너지의 양은 소멸되어 가고 있다는 엔트로피를 향하고 있는 과정이라고 주장한다. 이와 같은 엔트로피와 자연은 천천히 변화하고 생물은 진화한다는 생각은 모두 시간이 화살과 같은 방향성을 가지고 있음을 증명한 것이다.

한편, 현대는 이러한 시간 개념이 혼합되는 양상을 보이기도 하는데 순환적 개념의 시간이 방향성을 가진 목적론적 체계에 접목되기도 하며, 직선적도 순환적도 아닌 카오스적 개념의 시간관이 등장하기도 한다. 역사는 원인도 없고 상호관계도 없는 개별적인 사건, 주관적인 과거, 현재에도 계속 변화하는 과거로 이루어져 있다는 것이다.

03 _ 분별의 알레고리-인생의 세 단계인 과거, 현재, 미래를 새로운 방식으로 표현, 베첼리오 티치아노, 1560~1570년 경

과거, 현재, 미래

과거, 현재, 미래는 시간의 전체성, 영원성을 말하기도 하고 시간이 흘러가는 것 또는 과거로부터 미래로 흘러가는 그 흐름의 방향을 나타내기도 한다. 즉, 과거, 현재, 미래는 상호 밀접한 관련 속에서 진행되는 시간의 흐름이다.

과거는 이미 지나간 옛날을 의미하기 때문에 역사, 경험, 추억, 기억, 확인, 성취, 업적 등과 관계가 있으며, 과거에 대한 지식은 주로 자신의 직접 경험이나 간접 경험을 통해 얻어지고 과거의 기록을 통해 확인이 가능하다. 현재는 의사가 결정되고 행위가 발생하는 순간을 의미하는데, 시간은 멈추는 것이 아니기 때문에 현재는 방금 지나간 과거와 곧 다가올 미래를 동시에 내포하는 순간이다. 즉, 미래는 과거와의 단절이나 현재와는 전혀 다른 새로운 창조라기보다는 과거, 현재, 미래가 함께 존재하는 복합적인 시제에서의 생성이라고 할 수 있다. 한편, 아우구스티누스는 존재하는 시간은 현재뿐임을 강조하며, 현재를 중심축으로 과거와 미래를 통합적으로 바라보는 시점을 제시하였다. 과거, 현재, 미래를 각각 따로 떨어져서 바라보는 객관주의적 시각에서 벗어나 과거와 미래는 삶 속에 살아있는 시간으로서 항상 현재 속에 있다는 것이다. 이러한 시간 의식은 현상학자들에게 이어져 시간은 세계와 우리의 관계로부터 존재하며, 우리 자신이 느끼는 현재를 기점으로 볼 수 있다는 개념을 갖게 되었다.

2. 패션에 나타난 시간

패션에 표현된 시간관

패션에서의 시간의 개념도 다른 분야와 마찬가지로 하나로 정의할 수 없는 객관적, 주관적, 순환적, 직선적 시간의 의미가 복합적으로 나타난다. 먼저, 패션을 디자이너의 주관에 의해 표현되고, 수용자들에 의해 의미가 부여되는 조형예술의 한 영역으로 보면 현재라는 시간이 중심이 되는 주관적 시간의 개념을 가진다. 즉, 디자이너는 각자의 주관적 해석에 따라 현재의 수용자들이 가장 의미 있게 받아들일 수 있는 패션을 제안한다.

한편으로 패션은 객관적인 시간의 흐름인 인간의 발달단계에 따라 그 디자인 특성이 달라진다. 유아, 아동, 청소년, 성인, 노년의 구분에 따라 선호되고 수용되는 패션이 다르므로, 이러한 객관적인 시간에 의한 집단의 구분은 현재에도 패션 시장 세분화의 기준으로 유용하게 활용되고 있다. 아동복의 경우, 아동의 특성에 맞는 체형과 심리적 선호에 의해 타 복종과 구분되는 아동복만의 특성이 존재한다. 또한, 이러한 특성은 디자이너의 주관적 해석에 의해 다양한 디자인으로 제안되듯이 패션에서는 두 가지 시간 개념이 복합적으로 상호작용하여 의미 있게 형성된다고 할 수 있다.

한편, 순환적인 시간관과 직선적인 시간관의 측면에서 살펴보면, 먼저 순환적인 시간은 계절적 특성에 의해 잘 드러난다. 패션에 있어서 순환되는 계절은 변화를 추구하는 패션의 속성을 새로움과 다양성으로 표현하게 되며, 계절에 따라 감성, 소재, 색채, 형태 등 공통된 디자인의 조형적 특성이 존재한다. 4계절이 순환되면서 같은 계절에는 그 시대의 사회현상과 시대적 상황에 맞는 새로운 요소가 추가된다. 계절적 공통성은 복식에서 작은 주기적 순환으로 나타나는데 이러한 주기가 시대적 요인에 의해 점차 방향성을 가지고 변화하면서 하나의 트렌드를 형성하게 된다. 패션 트렌드는 방향성을 가진 직선적인 시간의 흐름에 따른 변화를 보이면서도 주기적으로 반복되는 패션의 요소들을 포함하는 특징이 있다.

1960년대 청년의 저항문화와 함께 등장한 히피 스타일의 경우 최근까지 여러 번 재해석된 패션 트렌드로 등장하였다. 특히 1990년대 중후반부터 자연주의와 접목되면서 네오히피 스타일로 재창조되고 있는데, 이와 같이 패션에서의 시간에 따른 변화에는 시대정신, 사회, 문화, 정치, 경제, 기술 등 다양한 요인들이 영향을 미쳐서 패션의 주기가 조금씩 변화하며 방향성을 가지는 패션 트렌드를 만들어 간다고 할 수 있다.

패션에 표현된 과거, 현재, 미래

패션이란 어떤 한 시기에 있어서 그 시대의 사회를 반영하는 지배적 스타일이 대중에게 전파되어 일어나는 사회현상의 총칭이다. 지배적인 스타일은 복식이 될 수도 있고 다른 제품이나 방식이 될 수도 있는데 특정한 시기에 사람들

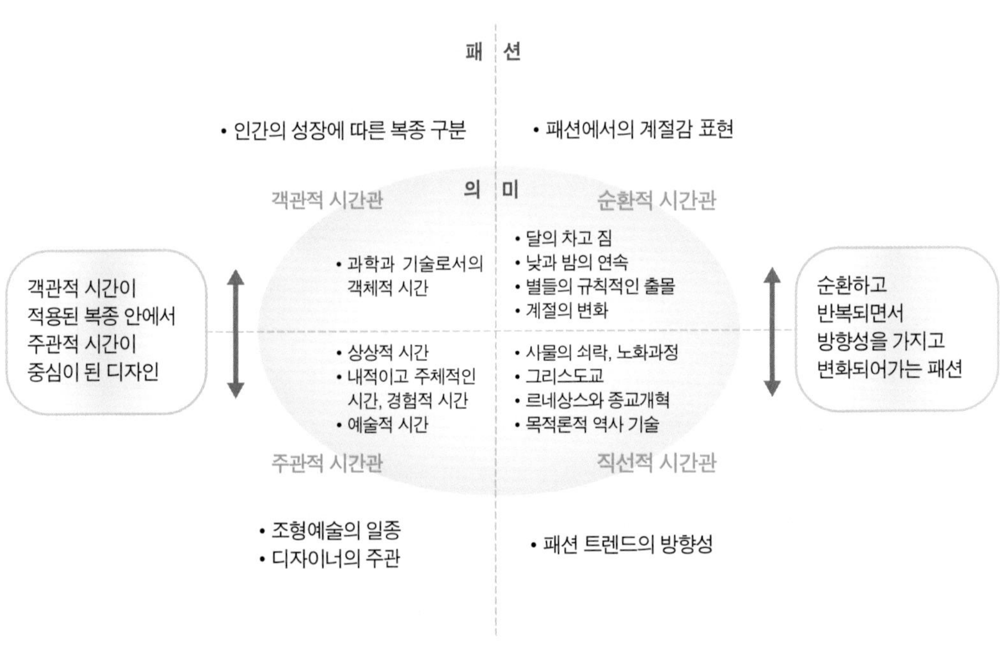

04 _ 패션에 표현된 시간관

에 의해 일정기간 동안 수용되어야 한다는 점에서 시간의 개념이 중요하다.

한편, 트렌드는 과거, 현재, 미래로 이어지는 시간적 연속성을 기본으로, 일정한 방향성을 가지고 움직이는 사회 · 문화 · 정치 · 경제 · 기술적 변화 현상으로 패션 트렌드는 이러한 트렌드가 패션에 반영되어 나타나는 경향이다. 패션 트렌드는 패션이 나아가는 방향, 실루엣이나 색채, 소재, 패턴, 디자인 디테일 등이 움직이는 방향을 말한다. 패션이 일정한 시기에 유행하는 지배적 스타일을 말한다면, 패션 트렌드는 이러한 유행이 방향을 가지고 움직이는, 즉 과거, 현재, 미래로 변화하여 가기 때문에 연속성을 갖는다는 점에서 차이를 보인다. 패션 트렌드는 주기성을 가지고 어떠한 방향으로 변화하면서 때로는 그 당시의 시대적 배경에 맞게 과거를 현재에 새롭게 재현시키기도 하고, 미래의 시간을 현재에 표현하여 메시지를 전달하기도 한다. 그러므로 패션 트렌드는 시대정신을 반영하면서 과거, 현재, 미래가 복합적으로 존재하게 되는 특징이 있다. 과거, 현재, 미래가 상호 관련성을 지니는 복합적인 시제로 존재하면서 패션에 새로운 의미와 이미지를 형성하므로 패션의 룩에 있어서도 이 세 차원은 상호 관련되어 나타난다.

3. 시간을 담는 패션 룩

20세기 여성의 패션은 과거, 현재, 미래라는 시간을 다양한 룩으로 표현하고 있다. 과거의 패션을 현재의 시각으로 재해석하고 새로운 의미를 부여하는 레트로 룩, '현재의' 시간적 의미와 모더니즘이라는 근대 양식의 의미를 동시에 지니고 있는 모던 룩, 현재의 시대상을 반영한 컨템포러리 룩contemporary look, 현재를 기반으로 한 미래 예측의 퓨쳐리스틱 룩futuristic look과 시간을 초월하여 시대에 상관없이 늘 선호되는 클래식 룩classic look이 있다. 이러한 룩들을 시간과 관련하여 고찰해 봄으로써 패션에서의 시간개념을 보다 총체적으로 이해할 수 있다.

과거를 현재에 재현하는 레트로 룩

레트로[2]는 과거의 것을 재현하는 복고주의적 경향이다. 그러나 단순히 옛 것에 대한 향수를 표현하기 위해 과거의 것을 그대로 사용하는 것이 아니라 그 당시의 시대적 상황과 감각을 현대와 접목함으로써 현대적 감성에 맞는 새로

2) 레트로란 '다시 제자리에, 거꾸로, 재..' 등의 뜻으로 패션이나 음악 등의 '리바이벌이나 재유행, 재연再演' 등을 말함

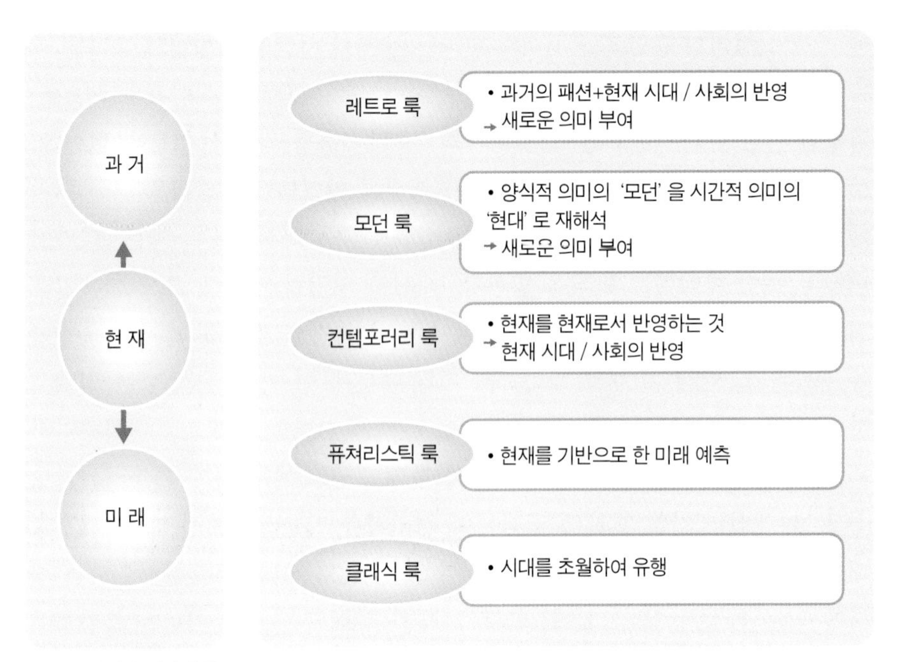

05 _ 시간성이 반영된 룩

운 의미와 가치를 창조하는 특성을 지니고 있다.

이러한 레트로의 형성 배경에는 20세기 후반의 사회 · 문화적으로 지배적인 영향을 준 포스트모더니즘을 들 수 있다. 포스트모더니즘의 특성은 모더니즘이 추구하는 이성과 합리성의 단절 및 해체, 불확정성, 다원성에 기초한 해체주의, 절충주의, 기술주의, 역사주의 등으로 나타난다. 오늘날의 사회가 다양화, 전문화, 산업화되는 시대의 추세에 따라 인간이 도시 생활에 싫증을 느끼고, 파괴되지 않은 환경과 과거를 그리워하며, 물질적인 풍요보다 정신적인 풍요를 중시하게 되면서 정신세계에 대한 향수, 과거와 자연에 대한 동경을 불러일으킴으로써 등장하였다고 할 수 있다. 그러므로 레트로는 바쁘고 복잡한 일상생활과 물질문명 속에 지친 현대인들에게 익숙한 것을 통해 편안함을 준다고 할 수 있다.

레트로를 패션으로 표현하는 레트로 룩이란 과거에 대한 향수를 느끼게 하는 복고주의 패션을 말하며, 그 당시의 시대적 감성을 반영하여 과거를 재현하는 것이므로 각 시대별로 등장하는 레트로 룩을 살펴보면, 그 시대의 현재 시간 속에 재현된 과거의 시간이 어떻게 표현되었는지 알 수 있다.

대중과 대중문화가 사회, 문화적으로 중요하게 등장하기 시작한 1960년대부터 살펴보면, 1960년대에 표현된 레트로 룩은 소비문화, 여성의 지위향상, 청년 문화, 미니멀리즘 등에 의하여 1920년대 풍의 심플한 모더니즘의 부활과 이와 상반된 물질적 가치와 미에 저항하며 등장한 히피 스타일을 통한 자연주의 회귀현상을 들 수 있다. 즉, 1920년대 풍의 샤넬 수트와 짧은 헤어컷 등이 1960년대의 미니멀리즘과 청년 문화의 시대적인 배경과 만나 더 심플하고 더 짧은 치마 길이로 표현되었으며, 히피스타일은 팝아트나 청년 문화와 만나 화려한 꽃무늬를 활용한 프린트와 메이크업 등으로 나타났다. 1970년대의 레트로 룩은 고도성장의 후유증과 회의에 의해 등장한 자연주의의 열풍과 함께 과거로, 자연으로 돌아가자는 열망에 의해 페전트, 에스닉풍의 자연회귀형 레트로 룩으로 표현되었다. 또한, 1980년대에는 다양화의 시대를 맞아 다원주의, 포스트모더니즘의 절충주의, 다양성과 가변성의 수용이라는 시대, 문화적 배경에 의해 레트로 룩도 절충적 스타일로 등장하였다. 민속풍에 동양적인 요소가 가미되기도 하였고, 1950년대 페미닌 룩에 여성의 파워를 절충시킨 과장된 어깨 실루엣, 벨트를 활용하여 가는 허리를 강조한 레트로 룩으로 표현하였다. 1990년대를 살펴보면, 1990년대 초반은 환경문제가 심각하게 부각되면서 에콜로지 패션이 유행하였고, 후반에는 세기말적인 현상과 밀레니엄에 대한 기대와 불안감의 확산으로 과거에 대한 향수를 표현한 레트로 룩이 급부상하였다고 할 수 있다. 그 결과 다양하고 빠르게 한 세기의 패션이 재등장하는 현상이 나타났다. 즉, 1920년대 기능주의 룩, 1930~1940년대 패션, 1950~1960년대 글래머 패션, 페미닌 룩, 미니스커트, 1970년대 펑크, 에스닉, 히피 스타일, 1980년대 여피 룩과 파워드레싱, 블랙 열풍 등이 빠르게 재등장하게 되었으며 시대적 특성인 자연주의적 경향이 색채와 소재, 실루엣에 영향을 미치며 나타났다. 또한, 최근의 레트로 룩은 포스트모더니즘적 경향이 극에 달하여 고대부터 현대까지의 다양한 패션 경향이나 특징들이 서로 융합되어 나타나고 있다. 과거의 감성은 살리되 현대의 시대상을 반영하여 개성을 존중한 스타일의 복합, 퓨전, 믹스 & 매치 등으로 다양하고 재미있고, 고급스럽게 표현된다. 즉, 색채, 형태, 소재 등의 디자인 요소를 서로 복합시키거나, 세부장식을 접목하되 여러 미적 요소가 전혀 어울리지 않게 연출되어 새로운 이미지를 창출하는 등 다양하게 표현되고 있다.

이상에서 살펴본 바와 같이, 20세기 후반 여성 패션에 표현된 레트로 룩이란 지나간 과거의 패션에 나타난 다양한 경향을 현재의 시대정신과 감성을 반영하여 새롭게 해석하고 표현하는 과거 패션의 현재적 재해석이라고 할 수

06 _ 1920년대 풍의 기능주의 룩이 미니멀리즘, 청년 문화와 접목된 1960년대 미니스커트

07 _ 1970년대 자연회귀형 페전트, 에스닉 풍의 레트로 룩

있으며, 최근에는 빠질 수 없는 트렌드의 하나로 부각되고 있다. 또한, 레트로 룩에서 놓칠 수 없는 부분은 시간성, 즉, 과거와 현재의 상호작용에 의한 복합적인 시간의 적용이다. 현재라는 시간의 표현을 과거의 아이디어에서 차용하여 표현함으로써 과거의 시간을 현재의 시대적 상황에 맞게 작가의 주관에 의해 재현시키는 것이다. 여기서 주관적인 시간이 중요하게 부각된다.

08 _ 페미닌한 1950년대 레트로 룩, 니나 리치, '89 S/S

09 _ 1970년대풍의 캐주얼한 레트로 룩과 자연주의와의 접목, 안나 수이, '96~'97 F/W

10 _ 1950년대 페미닌한 스커트와 중국풍의 오리엔탈 스타일이 믹스 & 매치된 레트로 룩, 블루마린, '03 S/S

또한, 레트로 룩은 20세기 후반부터 지금까지 중요한 트렌드의 하나가 되고 있는데, 각 시대별 레트로 룩이 주기적으로 순환되어 등장하면서도 당시의 시대적 배경에 따라 새롭고 다양하게 변화, 발전됨으로써 패션 트렌드에서 나타나는 시간의 순환성과 직선성을 동시에 보여준다. 레트로 룩은 패션의 다양함과 새로움을 추구하는 하나의 방법임과 동시에 현대문명 안에서 느껴지는 속도감의 불안을 친숙함과 편안함으로 따뜻하게 느끼고자 하는 의도가 들어있다고 할 수 있다.

표 8-2 레트로 룩의 시대별 흐름

구 분	시대적 배경	레트로 룩의 특성	이미지	시간성
1960년대	• 물질문명의 발달, 소비문화, 대중 중심, 청년 문화, 여성의 지위 향상 • 미니멀리즘, 팝아트 • 기존체제와 물질적 가치에 대한 저항문화와 히피의 등장	• 20년대 기능주의 룩 - 짧은 스커트, 짧은 머리, 직선적인 실루엣, 단순한 디자인 • 히피 룩 - 화려한 꽃무늬 프린트, 메이크업		
1970년대	• 고도성장의 후유증과 회의에 의해 등장한 자연주의의 열풍과 과거로, 자연으로 돌아가자는 열망 • 에콜로지, 세계평화에 대한 관심의 증대	• 자연회귀형 레트로 룩 - 페전트, 에스닉풍		• 과거와 현재의 상호작용에 의한 복합적인 시간의 적용
1980년대	• 다원주의, 포스트모더니즘의 절충주의 • 다양성과 가변성의 수용 • 파워드레싱	• 민속풍 - 동양적 요소의 첨가 • 50년대의 페미닌 룩 - 과장된 어깨, 벨트를 활용한 허리 강조		• 디자이너의 주관에 의한 주관적 시간성 부각
1990년대	• 환경문제의 심각성으로 인한 에콜로지 산업의 대두 • 세기말로 접어들면서 밀레니엄에 대한 기대와 불안감의 확산 - 과거에 대한 향수, 레트로 패션이 급부상	• 빠르게 반복하며 시대별 레트로 룩 등장		• 시간의 순환성과 직선성을 동시에 보여줌
1990년대 이후 ~ 21세기 초반	• 포스트모더니즘적 경향이 극에 달함 • 개인의 개성과 가치관 중시	• 디자이너의 개성과 착용자의 개성에 의한 다양성의 표출 • 개성을 존중한 스타일의 복합, 퓨전, 믹스 & 매치 - 색채, 형태, 소재 등의 디자인 요소를 서로 복합시키거나, 세부장식을 접목		

모더니즘을 현재에, 모던 룩

모던modern의 사전적 의미[3]는 '현대의' 나 '최신의up-to-date' 라는 뜻을 가지고 있으나 철학, 예술에서의 모던은 단지 시간적 의미로 '가장 최근the most recent' 만을 의미하는 것은 아니며, 전략, 양식, 강령으로 이루어진 어떤 하나의 관념을 의미한다. 모더니즘이란 19세기 말엽부터 20세기 전반기에 걸쳐 서구 예술 분야에 유행하였던 전위적이고 실험적인 예술 운동이다. 또한, 인간이 그들을 둘러싸고 있는 세계를 이성에 기반하여 합리적으로 파악하여 역사를 진보, 발전시킨다는 객관성의 논리로 20세기 전반기 시대정신을 형성하는 주요인으로 작용하였다. 이러한 객관성의 논리에 따라 모던 시대는 전체성, 보편성, 총체성, 객관성, 통일성 등을 중시하여 가장 이상적인 하나의 규범과 체제 아래 모든 삶들이 종속되는 사회구조를 형성하였다. 이러한 사고는 엘리트 계층과 대중을 엄격히 구분하였으며 엘리트 계층이 시대를 지배하는 주체가 되었다.

대부분의 예술 및 디자인 장르에서 모던 디자인이라 함은 대량생산과 기계 생산방식에 적합한 장식이 배제된 직선적이고 단순한 형태의 기능주의적 이론에 입각한 조형물이라 할 수 있다. 즉, 모던이란 개념에는 시간적 의미의 '현대' 라는 의미 외에 양식적 의미의 '모더니즘' 이 함께 존재하고 있으며, 과거 양식의 단절을 바탕으로 한 새로운 아방가르드의 추구라는 의미와 함께 시간에 있어서도 단절된 새로움을 경험하게 된다.

패션에서도 이러한 변화에 맞게 장식이 배제된 직선적이고 단순한 디자인과 실루엣으로 나타났다. 모더니즘이 팽배한 20세기 초반에는 그 시대의 시간적 의미인 '현대의', '앞서가는' 아방가르드를 의미했던 직선적이고 단순한 형태의 기능주의적 양식인 모던 룩이, 시간이 흘러 포스트모던 시대인 현재에는 시간적 의미보다는 '모더니즘' 의 양식적 의미를 받아들여 적용되고 있다. 여기서 시간은 이미 초월되는 특성을 보인다. 즉, 현대에 우리가 사용하는 모던 룩이라 함은 초기의 의미였던 매 시기 새로워지는 아방가르드를 의미한다기보다는 모더니즘 양식에 현대의 시대적 상황을 반영하여 새롭게 형태, 소재와 색채를 복합적으로 표현하는 것이라고 할 수 있다.

기능주의적인 양식인 모던 룩의 특징을 시대별로 고찰해 보면 다음과 같다. 가장 대표적으로 등장했던 1920년대에는 제1차 세계대전의 영향으로 여성의 역할 변화와 함께 활동적인 여성상을 요구하게 되었다. 남녀평등, 참정권 요구 등 여성해방 운동의 사상적 영향과 재즈, 탱고의 열기와 함께 패션에

3) 모던modern의 사전적 의미를 살펴보면, '근대의, 근세의, 현대의 ancient, medieval에 대하여' 의 뜻과 현대식의, 새로운, 최신의up-to-date라는 뜻을 가지고 있음

서도 단순성과 활동성을 부여하는 스타일과 직선적인 실루엣의 보이시 룩, 가르손느 룩, 플래퍼 룩이 대표적인 모던 룩으로 등장하였다. 이는 직선적이고 단순한 실루엣, 무릎 길이로 짧아진 스커트 길이, 짧은 헤어스타일, 밋밋한 가슴, 허리, 히프, 코르셋이나 장식 배제 등 기존의 곡선적인 여성스러운 스타일과는 대조적인 스타일로 샤넬에 의해 더욱 발전되었다. 또한, 1960년대에는 미국을 중심으로 하는 단순성, 순수성의 추구를 목적으로 하는 미니멀리즘의 등장과 함께 표현의 주관성 억제, 엄격한 간결성, 기하학적 예술형태를 강조하는 최소 표현기법의 예술사조가 유행하였다. 그러므로 1960년대 모던 룩은 미니멀리즘의 영향을 받아 더욱더 장식이 없는 단순한 실루엣으로 표현되었는데, 대표적으로 앙드레 쿠레주의 미니스커트와 판탈롱, 이브 생로랑의 몬드리안 원피스 등을 들 수 있다. 그 이후 1980년대에는 여피Yuppie족과 여성의 사회진출로 인한 직선적이고 강한 이미지의 파워드레싱power dressing, 즉 권력과 부를 상징하는 성공을 위한 옷차림으로 강한 직선의 이미지가 실루엣으로 드러나며, 단순한 색채를 적용하였다. 1990년대 이후에는 비즈니스 수트의 간결성과 세련된 이미지로 모던 룩이 표현되기에 이르렀다. 단순한 베이직 스타일의 미니멀리즘이 직업여성들의 이지 스타일easy style로

11 _ 모던 룩, 쟝 파투, 1927

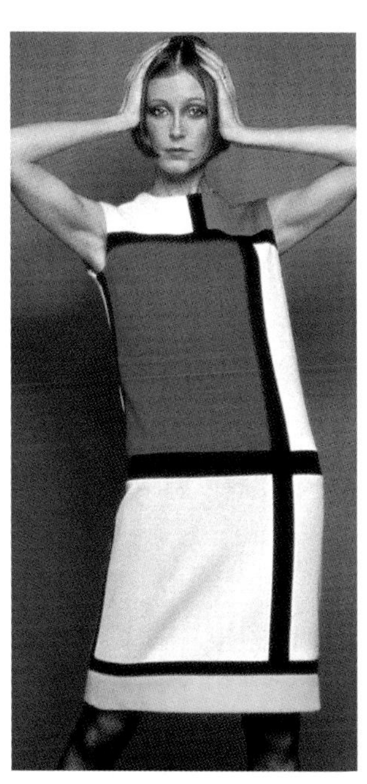

12 _ 1960년대 몬드리안 룩, 이브 생로랑

13 _ 모던 룩, 조르지오 아르마니, '91~'92 F/W

14 _ 모던 룩, 셀린느, '03~'04 F/W

표 8-3 모던 룩의 시대별 흐름

구 분	시대적 배경	모던 룩의 특성	이미지	시간성
1920년대	• 제1차 세계대전의 영향으로 활동적인 여성상 요구 • 남녀평등, 참정권 요구 등의 여성해방 운동의 사상적 영향 • 재즈, 탱고의 열기	• 보이시 룩, 가르손느 룩, 플래퍼 룩 • 직선적이고 단순한 실루엣, 스커트 무릎 길이로 짧아짐, 짧은 헤어스타일, 밋밋한 가슴, 허리, 히프, 코르셋이나 장식 배제 • 색채 : 베이지, 브라운, 그레이, 블랙, 화이트 • 모더니즘의 이상인 단순성, 기능성의 표현		
1960년대	• 미국을 중심으로 하는 단순성, 순수성의 추구를 목적으로 하는 미니멀리즘의 등장 – 최소표현기법의 예술사조 • 표현의 주관성 억제, 엄격한 간결성, 기하학적 예술 형태	• 액세서리와 장식이 없는 단순한 실루엣, 미니스커트 • 색채 : 원색, 블랙, 화이트 • 최소 표현기법, 극단적인 간결성		• 현재라는 시간성을 초월하여 과거 모던 시대의 시간을 순환적으로 반복하면서 현대에 새롭게 의미를 부여하는데 중점을 둠
1980년대 1990년대	• 1980년대 여피족의 등장과 여성의 사회진출로 인한 파워 드레싱의 상징성 • 1990년대 이후 비즈니스 수트의 간결성과 차분하지만 세련된 이미지의 여성성 강조	• 1980년대 – 심플하고 강한 파워 드레싱 • 1990년대 – 단순한 베이직 스타일의 미니멀리즘으로 직업 여성들의 이지 스타일을 표현 • 인체의 곡선 강조		• 시간의 순환성에 중점을 둔 룩
21세기 초반	• 감성 시대, 이미지 시대, 정보 혁명의 시기 • 자연친화, 웰빙 트렌드의 확산, 건강 추구, 개인의 개성 중시 • 글로벌 사회, 빠른 변화 • 다원적, 다양화된 소량생산, 고급화된 소비, 탈중심화 • 타자성의 인식, 주관성의 추구	• 장식이 배제된 심플한 형태 • 강렬하게 대비되는 색채 • 하이테크한 소재		

표현되었는데, 단순하지만 인체의 자유로운 곡선미를 살리는 특징을 보였다. 대표적인 디자이너인 조르지오 아르마니는 남성복 수트를 여성복에 적용하여 부드럽고 섬세하게 표현함으로써 세련된 모던 룩을 형성하였다. 한편, 21세기 들어 모던 룩은 정보혁명의 시기이자 포스트모던 시대인 현재의 시대를 반영하여 다원적이면서도 주관성을 추구하고 있다. 장식이 배제된 심플한 형태이면서, 강렬하게 대비되는 색채, 인체의 곡선을 돋보이게 하면서도 기능성을 강조한 하이테크한 소재 등으로 재해석하여 나타나고 있다. 이와 같이 시대가 흘러도 모던 룩은 장식이 배제된 직선적이고 단순한 디자인과 실루엣이라는 큰 틀을 유지한 채 소재나 실루엣에 시대의 흐름을 담는 것을 볼 수 있다.

모던 룩은 현재라는 시간개념 뿐 아니라 모더니즘이라는 양식적인 의미를 현재에 새롭게 해석하는 의미가 포함된다. 특히, 포스트모던 시대인 현대의 모던 룩은 새로운 시간성을 반영하기보다는 과거 모던 시대의 시간을 순환적으로 반복하면서 새롭게 모더니즘 양식에 의미를 부여하는데 보다 더 중점을 두는 것을 볼 수 있다. 그러므로 시간의 순환성에 중점을 둔 룩이라고 할 수 있겠다.

현재를 반영한 컨템포러리 룩

컨템포러리contemporary[4]의 뜻은 '같은 시대의, 현대의, 최신의, 동시의' 등의 의미를 가지고 있다. '모던' 이라는 말이 단순히 '가장 최근' 을 의미하는 시간적 개념이 아니라, 하나의 양식, 심지어 하나의 시기까지도 지시하게 된 것처럼, '컨템포러리' 역시 현재의 시간 이상의 의미를 가진다. 컨템포러리란 특정한 시기의 일정한 제작 양식이라기보다 예술을 지배해 왔던 어떤 지배적인 양식이 더이상 존재하지 않게 된 후에 일어나고 있는 여러 양식들을 사용하는 방법을 의미한다. 컨템포러리 예술은 동시대인들에 의해 제작된 예술이라는 의미를 가지고 있으며, 너무도 다원주의적이어서 단일한 차원으로는 파악되지 않는다. 컨템포러리는 다원주의적인 양식을 표방하는 포스트모더니즘과도 구별되며, 하나의 양식적 의미가 아니라 현재에 존재하는 여러 다양한 양식들을 포괄하는 의미가 있다고 할 수 있다. 즉, 컨템포러리에서는 현재라는 시간을 그대로 표현하는 것이 가장 중요하다.

패션에서 컨템포러리란 활동적이고 감각적인 요소를 갖춘 현대적인 새로운 감각을 가지고 있는 옷차림을 말한다. 포스트모더니즘의 영향이 극도화

4) 컨템포러리는 '같은 시대의, 그 당시의, 현대의, 최신의, 동시의, 동시에 발생한' 등의 사전적 의미를 가지고 있음

15 _ 편안하고 심플한 실루엣, 캘빈 클라인, '00 F/W

16 _ 레트로 분위기의 믹스 & 매치 캐주얼 스타일, '03~'04 F/W

되어 다원화, 탈중심화, 감성과 이미지의 강조가 부각되는 현대의 시대적인 상황은 서로 다른 디자인 요소와 이미지들의 믹스 & 매치로 패션 전반에 영향을 미치고 있다. 또한, 디지털 기술의 혁신적인 발전과 정보혁명으로 인한 글로벌 사회의 특징은 빠르게 변화하는 현재의 시대적인 상황을 담아내는 패션, 자연친화, 웰빙의 건강함을 추구하는 트렌드를 담아내는 패션으로 나타난다. 이는 편안한 실루엣, 믹스 & 매치 코디네이션, 트렌디한 감각의 표현, 기능적인 소재의 사용으로 구체화 될 수 있다. 그러므로 컨템포러리 룩이란 모던 룩보다는 좀 더 캐주얼하고 트렌디한 스타일이라는 의미로 현대 패션에서 사용된다.

컨템포러리 룩은 현재라는 객관적인 시간을 디자이너의 주관에 의해 룩으로 해석하고 이것을 대중들이 패션으로 받아들인 것이라고 할 수 있다. 그러므로 가장 생동감 있게 현재의 시간이 표현되는 룩이라 하겠다.

현재를 기반으로 한 미래 예측, 퓨쳐리스틱 룩

퓨쳐리스틱futuristic[5]은 '미래의, 선진적인, 전위적인'의 의미를 갖는다. 미래란 '아직 오지 않은 어떤 시간 또는 그때의 삶의 상태'를 의미하는데, 단순히 객관적인 시간의 흐름에 따라 저절로 다가오는 것이 아니라, 그 시간을 살아갈 사람들이 무엇을 선택하느냐에 따라 다르게 전개되는 것이다.

예술에 있어서 미래의 개념은 20세기의 예술사조 중 하나인 미래주의를 통해 살펴볼 수 있다. 이는 19세기 초 이탈리아의 시인 마리네티F. T. Marinetti가 1909년 2월 20일 파리 일간지 『르 피가로*Le Figaro*』지에 '미래주의 선언문'을 발표함으로써 시작된 운동으로 이를 이어받아 보초니U.Boccioni, 카라, 루솔로L.Russolo, 발라G.Balla, 세베리니G.Severini가 이듬해 미래주의회화 기술선언을 발표함으로써 미래주의의 미술운동이 조직되었다. 기계화에 따른 풍요로운 시대에 대한 기대감을 소음, 속도, 운동 등의 동적인 모습을 통해 표현하였고 특히, '속도'의 개념을 중요하게 부각시켰다. 미래주의의 핵심으로 기계의 역동성, 속도의 미가 예술에 있어서 중요하게 다뤄진 것은 그 당시에 미래라는 것을 과거와 단절되고 기계에 의해 발전된 물질적으로 풍요로운 세상이라고 생각했기 때문이다. 그러므로 과격한 색채, 빠르게 움직이는 사선, 예

5) 퓨쳐리스틱의 사전적 의미는 '미래의, 미래파의, 선진적인, 초현대적인, 전위적인' 등임

각, 나선형 등의 선을 통해 역동성과 힘을 표현함으로써 미래를 나타냈다. 20세기 초반 예술에서의 미래주의는 기계문명의 역동성을 낙관적으로 표현하는 움직임과 속도감이 그 중심이었으며, 그러한 흐름은 20세기를 흘러 21세기 컴퓨터와 정보의 시대에도 첨단기술을 활용한 낙관성을 표현하는 방법으로 이어지고 있다. 다시 말해서, 21세기 예술에 있어서의 미래주의 역시 변화된 기술력을 예찬하며 이용하는 방법으로 나타나고 있다.

17 _ 우주복 풍의 스페이스 룩, 앙드레 쿠레주, 1969

패션에서 미래주의는 형태면에서 기하학적 구성의 간결한 조형적 라인의 추구, 비대칭적이며 역동적인 형태의 사선으로 비대칭적인 실루엣을 표현하는 등 동적인 특성을 갖는다. 색채 면에서는 명료하고 경쾌한 색채의 사용과 강한 색상대비, 리듬감 있는 색의 활용으로 역동성을 표현하였다. 금속에 의한 기계미 추구, 첨단 과학적인 소재 등 기존의 패션과는 차별화된 새로운 조형성과 요소들을 통해 낙관적인 미래의 시간을 표현하였다.

시대별로 퓨처리스틱 룩의 표현을 살펴보면, 먼저 20세기 초에는 기계문명에 대한 예찬, 과학의 발달 등을 강한 색상 대비와 역동적인 색채, 기하학적이고 동적인 모티브의 연속적인 반복에 의한 율동감 있는 직물 문양으로 디자인하고 이를 활용한 스타일이 주를 이루었다. 한편, 1960년대에는 과학기술의 발전과 인간의 달나라 착륙을 통한 우주시대가 개막됨으로써 낙관적으로 기대되는 미래의 시간을 속도의 개념보다는 우주적인 표현을 통해 드러내었다. 앙드레 쿠레주, 피에르 가르뎅, 파코라반 등이 대표적인 디자이너였으며, 스페이스 룩space look이라는 새로운 스타일을 전개하였다. 기하학적 재단에 의한 기계적인 조형성과 광택있는 소재, 금속성 소재, 신축성이 좋은 신축성 소재를 이용하였고, 밝게 빛나는 화려한 인공적 색채를 주로 사용하여 1960년대에 바라보는 우주와 우주인에 대한 낙관성을 표현하였다. 1990년의 미래주의는 컴퓨터와 인터텟의 일상화, 생활의 정보화와

18 _ 사이버 룩, 티에리 뮈글러, '95~'96 F/W

19 _ 혈압, 체온 등을 알 수 있는 센서가 있는 스마트 룩, 2002, 필립스

함께 기계와 컴퓨터의 대중화를 표현한 사이버 룩cyber look으로 나타났다. 첨단과학이 가져온 정보화 시대의 하이테크놀러지를 사이버의 전자이미지와 기계의 동적인 현상 및 빛의 효과로 패션에 적용시켜 인간의 이상적인 꿈과 미래에 대한 희망을 표현한 것이다. 첨단과학으로 개발된 하이테크 소재의 활용, 메탈이나 홀로그램 등 빛나는 색채의 사용, 반복적인 복제성을 나타내는 패턴의 반복적 사용이 그 특징으로 나타났다. 한편, 21세기 초인 현대의 퓨쳐리스틱 룩은 컴퓨터와 인터넷의 대중적인 보급을 넘어 유비쿼터스ubiquitous

표 8-4 퓨쳐리스틱 룩의 시대별 흐름

구 분	미래에 대한 표현	퓨쳐리스틱 룩의 특성	이미지	시간성
20세기 초반	• 기계문명에 대한 예찬, 과학의 발달	• 강한 색상 대비와 역동적인 색채, 기하학적이고 동적인 모티브 • 속도감과 율동감 • 다이나믹한 직물 문양을 디자인한 스타일		• 미래의 시간을 주체가 선택적으로 수용하고 표현한 주관적인 시간
1960년대	• 과학기술의 발달 • 우주시대가 개막 – 달 착륙	• 우주적인 표현 – 앙드레 쿠레주, 피에르 가르뎅 • 기하학적 커팅에 의한 기계적인 조형성 • 금속성 소재, 신축성이 좋은 스트레치 소재 • 금속성 색채, 인공적 색채		
1990년대	• 에콜로지, 정신적 안정의 추구 • 과학과 기계의 비약적인 발전 • 인터넷의 대중화 • 핵전쟁과 인류 멸망에 대한 공포	• 사이버 룩 – 사이버의 전자이미지와 기계의 동적인 현상 및 빛의 효과를 패션에 적용 • 규칙적이고 명료한 기하학적 패턴의 반복		
21세기 초반	• 유비쿼터스의 시대 • 정보통신 기술과 환경의 변화	• 디지털 기능을 가진 스마트 룩 – 직물이나 섬유 등에 접목된 최첨된 기술		

개념의 등장과 관련되어 '언제, 어디에서나' 컴퓨터를 통한 커뮤니케이션이 가능하도록 하는 정보통신 기술과 환경의 변화 개념을 패션과 접목시키는 스마트 룩smart look의 연구개발을 들 수 있다. 의복과 컴퓨터의 결합으로 기능적 신체의 확장을 가능하게 하는 스마트 룩은 초창기에는 컴퓨터를 의복에 부착하는 정도로 그쳤으나 최근에는 의복에 GPS global positioning system를 내장시켜 극한 상황에서 착용자의 위치를 추적할 수 있도록 하는 것이나 혈압, 체온 등을 알 수 있는 센서를 부착하여 건강을 관리할 수 있는 스마트 운동복, 바이오센서를 부착하여 수면시 땀의 양이나 체온 등과 신진 대사의 변화에 따라 방안의 온도를 유지할 수 있도록 하는 속옷 등 다양하게 발전하고 있다. 최근의 퓨쳐리스틱 룩은 과학 기술에 대한 긍정적인 평가를 인간중심의 사고와 접목시키는 시도로 나타나고 있다.

이와 같이, 퓨쳐리스틱 룩에서의 시간개념은 아직 오지 않은 미래의 시간을 주체가 선택적으로 수용하고 표현한 주관적인 시간이라는 점이 가장 중요하다고 할 수 있다.

시간을 초월한 클래식 룩

클래식classic[6]은 '유서 깊은, 전형적인, 유행에 매이지 않는, 전통적인'의 의미가 있다. 패션에서는 시대를 초월하는 가치와 보편성을 지닌 고전적이고 전통적인 복식으로 유행에 관계없이 오랫동안 지속적으로 입는 특정한 스타일이라는 의미를 갖는다. 패션에서의 클래식 룩이란 유행에 따른 약간의 디테일의 변화는 수반하여도 전체적인 실루엣은 유지되는 지속성을 갖는 단순한 형태에 실용성을 기반으로 하는 의상을 말한다. 가디건 스웨터, 테일러드 수트, 트렌치 코트, 샤넬 수트 그리고 샤넬의 블랙 드레스 등은 그 좋은 예로 이러한 명품들은 '시대를 초월하는 아름다움'을 표현한다. 이들은 룩의 기본은 유지하면서 소재와 색채에 다양한 변화를 주고 디테일한 부분에 세부적으로 새로운 요소들을 추가하며 계속 등장하고 있다. 1920년대에 샤넬이 이른바 '리틀 블랙 드레스little black dress'를 발표했을 때 전 세계인이 입게 될 디자인이라는 의미로 포드 자동차의 명성을 빌어 샤넬 포드Chanel Ford라는 평가를 받았으며, 그 후 이 디자인은 매 십년마다 새롭게 재해석되어 나타났다.

20 _ 리틀 블랙 드레스, 샤넬, 1926

다시 말해, 클래식 룩은 지속적인 스타일이며 다양한 라이프 스타일에 부합하고 시대를 초월하는 가치와 보편성을 지닌 고전적이고 전통적인 패션이다. 이는 계속해서 많은 대중에게 받아들여지는 무난한 스타일로 보편적이

6) 클래식의 사전적 의미를 살펴보면, '일류의, 표준적인, 고전적인, 유서 깊은, 전형적인, 유행에 매이지 않는, 전통적인'의 의미가 있음

21 _ 영화 「카사블랑카」에서의 전통적인 트렌치코트(좌)와 2000년 루이 뷔통의 트렌치코트(우). 기본적인 형태는 살리고 소재와 디테일을 이용하여 새롭게 표현되었다.

22 _ 전통적인 샤넬 룩(좌)과 2004년 재발표된 샤넬 룩(우)

고 고급스러운 미적 가치를 가지고 있어야 한다. 클래식 룩에서의 시간은 시간의 흐름 자체를 초월하여 객관적인 가치를 나타내고 있으며, 시간의 순환성을 보이면서 반복된다.

시간성이 표현된 패션을 살펴보기 위해서는 과거, 현재, 미래를 각각 분리되어 존재하는 개념이 아니라 연속된 개념으로 이해해야 한다. 객관적으로 흐르고 있다고 생각하는 시간을 우리는 패션의 창작 과정 안에서 자유롭게 표현할 수 있다. 과거의 시간을 현재에 끌어들여 표현할 수도 있고, 현재의 시간을 현재 그대로 표현할 수도 있으며, 현재를 기반으로 미래를 예측할 수도 있다. 패션이 가지고 있는 주기성의 개념 자체가 이미 시간개념 안에 존재한다고 할 수 있다. 위에서 정리한 시간성이 반영된 패션은 모두 현재에 살아있는 의미로 존재하므로 그만큼 가치가 있는 것이다. 또한, 현대에 이를수록 다양화, 개성화, 절충주의라는 시대상의 영향을 받아 같은 룩일지라도 보다 더 복합적인 의미를 전달하며, 하나로 정의 내릴 수 없이 다양한 요소들이 믹스 & 매치되고 절충되어 표현되고, 보다 자연스러운 형태와 색채, 소재를 활용하고 있다. 미래의 패션은 더 다양하고 복합적인 가운데 일정하게 정의내릴 수 있는 룩이 존재하지 않을 것이라고 예측할 수도 있다. 여러 복합적인 요소들의 절충과 자연에 대한 인간의 향수를 충족시킬 수 있는 방향으로 패션이 움직이고 있으므로 다양한 해석틀에 의한 미래의 패션이 예측되고 시도되어야 할 것이다.

CHAPTER 9. 미래로 향한 가능성, 열린 패션

무한한 가능성을 수용하는 열린 개념을 통해 시대를 앞서가는 패션이 창조된다.

인간은 항상 새로운 내용과 법칙에 관심을 가지며 미래의 방향을 예측하려고 노력한다. 복식에서도 사회 · 문화 환경과 기술 환경이 서로 만나서 만들어지는 새로운 가치와 경험이 미래를 향해 열려있는 복식의 가능성을 제시해왔다. 과거나 현재에서 이미 수용된 복식의 룩 뿐만 아니라, 지금 새롭게 만들어지고 있는 복식의 룩을 의미 있게 받아들이고 새로운 가능성을 이해할 때 우리는 새로운 것을 추구하는 인간의 창조성을 긍정할 수 있는 포괄적인 시각을 갖게 된다. 또한 복식의 의미를 확대시켜 나가면서 복합적이고 다원적인 관점으로 바라볼 수 있게 된다.

기존의 복식 개념에 머물지 않고 그 개념의 내용들을 확장하는 방향으로 나아가는 여러 룩들은 '열림'이라는 개념으로 설명될 수 있다. 시대의 가치관에 영향을 주며 복식의 가치를 새롭게 하는 열린 개념의 룩은 시각적으로 보이는 룩의 차원을 뛰어넘어 열려있는 구조를 보여준다.

1. 열림의 개념

'열림open'은 크게 '열려 있는, 통행이나 사용이 자유로운'이라는 시각적이고 형태적인 개념과 '사상 · 제안 · 지식 등을 금방 받아들이는, 새로운 사고방식을 받아들이기 쉬운' 등의 의미적이고 내용적인 개념을 갖는다.

'열림' 개념을 철학에서 처음 사용한 사람은 앙리 베르그송Henri Bergson으로 그의 저서 『도덕과 종교의 두 원천 *Les Deux Sources de la morale et de* *la religion*1932』에 의하면, 사회는 닫힌 사회와 열린 사회로 나누어지는데, 자연적으로 형성된 인간 사회는 닫힌 사회로 자기집중과 계급성, 주장의 강권 등의 특징이 나타난다. 이에 반해 열린 사회는 동적이고 창조적인 사회이며, 한 민족이나 국가에 국한되지 않고 인류 전체를 감싸는 사회이다. 베르그송은 열린 도덕과 닫힌 도덕, 열린 영혼과 닫힌 영혼에 대해서도 언급하였는데, '열린다'는 개념은 다양하고 창조적이고 자유로운 것, 자연적 질서보다 더 절대적인 질서에 순응하는 것, 동적인 것, 범위가 확대되는 것을 가리킨다.

움베르토 에코Umberto Eco는 '열림' 개념을 문학과 예술에 적용하여 '인식론적 은유'로 언급한다. 그 덕분에 우리는 관습적이지 않고 여러 가지 의미를 지니는 기호들로 구성된 현대 예술이 복잡함과 애매모호함, 미묘한 뉘앙스를 가지기 때문에 명확히 정의하기 어렵고, 해석의 여지도 넓어진다는 점을 이해할 수 있다. '닫힌' 체계 안에서의 사람들이 일방향적이고 획일적으로 영향을 준다면, '열린' 체계 안에서는 양방향으로, 서로 관용하는 방향으로 이루어지므로 어떤 대상에 대해 기존에 알아왔던 개념에 머물지 않고 그 개념의 내용들을 확장하는 방향으로 나아가게 된다.

칼 포퍼Karl R. Popper는 '열림' 개념을 사회학에 적용시켰으며, 그의 저서『열린 사회와 그 적들』에서 학문이나 사회는 일방적이거나 비민주적인 방법으로는 발전하지 않으며, 하나의 목적이나 정해진 기능만을 고집하지 않고 그 의미나 기능을 확장시켜야 발전할 수 있다고 하였다. '열림' 개념은 기존의 법칙성이 고정되지 않고 계속 수정됨으로써 발전하는 것을 뜻하며 동적이고 다원적이며 포용적인 개념으로 대상이 상호 교류되면서 그 범위가 확장되는 것을 가리킨다.

이렇게 정의된 '열림' 개념을 좀 더 자세하고 정확하게 나누어보면 다음의 세 가지로 구분된다. 첫째는 시대상황에서 미래의 방향을 제시해주는 정보성의 개념, 둘째는 동시적인 시간을 놓고 볼 때 다원적인 내용을 갖는 이중성의 개념, 셋째는 변화하는 사이 시간[1]이 들어가 내용이 확장되는 불연속성의 개념이다.

정보성

움베르토 에코는 열림 개념을 부가적인 '잉여' 개념보다 '정보' 개념으로 해석하고 있다. 예를 들어, 빌딩building을 표현할 때 모음 'uii'를 빼고 자음 'bldg'만으로 표현하는 식이다. 정보는 마땅히 그러할 것이라는 개연성을 넘

1) 사이 시간은 한 의미가 다른 의미로 전환될 때 필요한 시간임

어야 하며 오히려 예측하지 못했던 사실이 주어질 때 우리는 정보를 얻게 되는데 이는 작품에서 새로운 의미를 줄 때 열린 작품이 되는 것과 같다.

의미 내용의 정보에는 몇 가지 특징이 있다. 첫째로 정보는 시간 차원을 지녀 시간과 함께 가치가 줄어들거나 미래의 시간을 반영하며, 둘째로 정보는 많은 복제품을 만들 수 있어 양도 · 전달되어도 정보원으로부터의 정보를 잃지 않으며, 셋째로 정보를 받는 사람도 노력해야 한다는 것이다. 즉 필요한 메시지를 얻기 위해서는 대량의 정보 가운데 선택하지 않을 수 없는 해석을 위한 코드를 알고 있어야 하는데, 해석이 필요하다는 것은 무엇에 관해 말한다는 뜻이므로 우리는 연관된 관계를 찾아 유추해야 한다. 특정 시대와 특정 문화적 상황을 고려해야만 비로소 어떠한 것에 관한 이야기를 이해할 수 있다. 복식에서의 정보도 시대 상황과 함께 생겨난 개념과 내용이며, 상황과 연관되어 하고 싶은 이야기가 형태화되는 것이다. 이와 같이 정보는 새로운 가치와 법칙을 담고 있어야 하며 미래의 시간을 반영할 때 가치를 지닌다.

01 _ 미래의 기술환경에 의해 만들어질 새로운 가능성을 소재로 한 영화, 「마이너리티 리포트」

이중성

발터 벤야민Walter Benjamin에 따르면, 이중성은 문학에 사용되는 알레고리allegory의 특징을 갖는데 알레고리는 고대 그리스어 동사 allegorein에서 파생된 명사로 '다른'을 뜻하는 allos와 '말하다'를 뜻하는 agoreuein이 모여 이루어진 합성어이다. allegorein은 하나의 이야기를 하는 동시에 또 다른 이야기를 유추하며 비유하는 것을 가리킨다. 그래서 하나의 텍스트가 또 다른 것을 받아들여 다원적이며 함축적이고 이중적인 가능성을 동시에 지닌다. 이러한 이중성을 통해 하나의 텍스트는 다른 가능성을 유지한다. 문학 대신 조형예술에 적용될 때, 알레고리는 형태와 함께 있는 또 다른 가치나 기능을 가리킨다.

이중성의 특징은 하나의 이야기텍스트가 다른 또 하나의 이야기텍스트에 의해 중첩되는 경우에 발생하며, 그 둘이 합체되어 녹아들어가고 형태를 삭제하지 않으며 누적과 병렬이라는 방식을 취한다는 것이다. 이중성에는 두 번째 이야기가 항상 보충적으로 은유로서 중첩되기 때문에 첫 번째 이야기와 함께 깃들어 있으며 여기에서 누적은 형태적이고 기능적인 개념이며, 병렬은 시간적 개념으로 병렬적 시간 개념은 층 구조처럼 형태가 동시에 나타나는 특성을 가진다. 다시 말해 의미적으로 열림은 이중성, 복합성에 의한 열림이며, 이차적 기능을 동시에 가지는 것이다.

불연속성

이 개념은 조엘 스미스Joel M. Smith가 밝혔듯이, 인문학의 구조에서 여럿의 주체이야기가 한 개체형태 안에서 불연속성을 지닌다는 사실을 말한다. 이러한 불연속성에 연속성을 줄 수 있는 구조를 제시하여 지금까지 연속되지 않은 것을 서로 연결시킬 때, 구조는 움직이게 된다. 즉 새로운 가능성과 새로운 기능으로 넘어가는 형태를 제시할 때 구조가 변화하는데, 이러한 구조에서는 기존의 서로 다른 것들이 새로운 관점에서 같은 테두리 안에 공존하는 동시에 서로를 필요로 하게 된다. 그래서 내용면에서 추가되고 확장되어 어떤 한 상태에서 다른 상태로, 어떤 성질에서 다른 성질로 확연하게 변화할 때 불연속성이 나타나게 되는 것이다.

철학적으로 불연속성은 물질의 구조 뿐 아니라 특히 물질의 운동과 발전에 대해서 적용된다. 변화의 원칙을 실재實在의 근본적 기초로 여기는 불연속의 철학philosophy of discontinuity 이론에 따르면, 자연 법칙은 내적 습관의 외적 양상에 지나지 않으므로한 의미가 다른 의미로 전환될 때 필요한 사이 시간은 형태나 기능이 변화하는 움직임의 시간이다. 이론적으로 공간 예술은 조형 예술과 같이 일정한 공간을 구성함으로써 형상을 나타내는 예술로서 고정된 공간 예술에 사이 시간이 들어가 비약적 변화를 주면 불연속적 구조가 나타나고 그 변화를 양방향으로 되돌릴 수 있을 때 불연속성은 한 개체에서 이어진다. 즉, 사이 시간이 들어가면서 형태나 목적, 그에 해당하는 기능이 변하는데 한 방향으로만 변화하지 않기 때문에 추가되거나 확장되어 의미가 넓어지게 된다. 이러한 '열림' 의 개념은 항상 새롭게 변화하는 패션에도 적용되어 미래를 향한 새로운 가치를 제시하여 왔다. 여기서는 20세기 이후에 복식에서 열린 개념으로 나타난 룩을 살펴봄으로써 21세기에 변화될 복식의 가치체계를 새롭게 인식할 수 있을 것이다.

2. '열린' 개념을 보여주는 패션의 룩

정보성에 의한 미래지향 룩

패션의 룩은 한 시대의 사회 · 정치 · 경제 · 기술의 일면을 표출하면서 특히 인간의 내적 미의식 세계를 표현하는 예술과 밀접하게 연결된다. 진 해밀턴 Jean Hamilton에 따르면, 패션은 문화적 소산으로 기술적, 사회적, 이념적인 측면으로 이루어져 있으며, 이러한 측면들이 서로 영향을 주고받으며 인간의 요구를 만족시키는 것이다. 이는 복식의 정보성이 갖는 하나의 특징을 잘 말해주고 있다.

복식역사학자 콘티니Contini는 1977년 그의 저서 『패션의 5000년』을 통해 복식 스타일이 시대적으로 각 시대의 순수 예술과 유대 관계를 지닌다는 점을 밝히기 위해 복식에 나타난 모티프와 그 시대의 회화나 조각, 기타 미술 작품에 나타난 모티프와의 공통점을 연구했다. 또한 파렐 벡Farrell-Beck과 페치Petsch는 1984년 패션 디자이너 샤넬과 마들린느 비오네의 작품세계와 피카소와 마티스의 작품세계를 비교함으로써, 순수 예술에서 추구하는 철학이나 의미는 패션 디자인의 진보에도 많은 영감을 준다는 것을 밝혔다.

그러므로 각 시대마다 가치의 변화를 일으키고 열린 룩을 통하여 미래적인 새로운 가치를 제시해 준 패션 디자이너들의 작품이 담고 있는 정보성을 이해하려면 사회적 시대상황과 문화적, 예술적 배경을 토대로 살펴보아야 할 것이다.

폴 푸아레 : 복식의 순수성으로 현대 패션을 시작함

1900년에서 1914년의 벨 에포크 시기는 유럽에서 큰 전쟁이 없고 평화와 물질적 풍요로움이 넘쳤던 번영의 시기였다. 20세기로 접어들어 과학과 기술의 발전이 사람들의 생활과 사고방식에 혁명적인 변화를 불어 넣어, '새로움'이 가치 기준이 되고 모든 분야에서 새로운 아이디어가 환영받았다. 이러한 시대적 배경 아래서 1906년 여성복식의 코르셋, 과잉 장식과 인공적 실루엣을 버리고 단순화시킴으로써 인체의 아름다운 자연미를 드러나게 한 푸아레는 단순한 실루엣으로 의상에서의 순수성을 추구한 디자이너였다. 푸아레가 제안한 드레스는 엠파이어 튜닉 스타일로 허리를 강조하지 않고 하이 웨이스트라인에서부터 치마부분이 부드럽게 떨어지는 편안한 드레스였다. 이를 시작으로 당시의 패션 디자인에는 변혁이 일어나서, 여성을 코르셋의 억압으로부터 해방시키는 스타일이 연속적으로 나오면서 인체를 그대로 나타내는 복식 자체의 자율성이 추구되었다. 푸아레는 예술계가 보수적 예술 형태에서 탈피하여 새로운 현대 미술로 움직이고 있음을 감지하고 잠재된 변화의 욕구를 수렴하여 복식을 현대화시킨 것이며, 이때부터 현대 패션이 시작되었다.

푸아레의 의상에서 드러나는 미술 양식인 포비즘Fauvism은 1906년에 시작된 20세기 최초의 회화 양식으로, 이론적 주장이 앞서는 양식들과는 달리

02 _ 폴 푸아레, 1911

03 _ 폴 푸아레, 1912

04 _ 폴 푸아레, 1913

자연스러운 인체를 표현하는 의상의 순수성, 여성복의 실용적 기능성을 창출함

병적 분위기의 데카당스decadence 시대에 자란 젊은이들의 우정과 정열에서 저절로 만들어진 양식이다. 특히 강렬한 원색을 쓰는 특징이 있고 색채에 대해 자유롭고 감성적이며 창조적인 감각을 보여준다. 그리고 현대 예술의 '순수성'에 대해 고민하면서 그것을 표현적으로 나타냈기 때문에, 화면과 대상의 단순화와 대담한 데포르마시옹deformation, 강한 원색끼리의 대비로 충격적이고 생생한 효과를 낸다. 화면을 구성하는 기존의 질서에서 벗어나야 새로운 질서를 구축할 수 있다는 믿음, 감각이나 이성에 의해 현실이 파악되는 것이 아니라 도리어 상상력에 의해 그것이 발견된다는 믿음이 드러난다.

이러한 포비즘의 표현양식과 맥락을 같이하는 푸아레 드레스의 스트레이트 실루엣은 의상을 구성하는 기존의 곡선에서 벗어나 직선적이고 유선형적인 흐름으로 독창적인 드레이퍼리를 이룬다. 색채는 포비즘의 경향처럼 강렬하고 화려한 원색이며 원색들 사이에 뚜렷한 색상 대비를 주어 의상 색채의 혁신을 일으켰다. 이렇게 푸아레는 20세기 초 예술에서 일어나는 순수성에 대한 정보를 패션으로 가져와 그 이전 시대와는 다르게 미래를 향해 열린 새로운 룩으로 창시하였다.

가브리엘 샤넬 : 기능적이고 실용적인 복식으로 패션의 대중화에 기여함

제1차 세계대전 중 각 방면에서 여성 노동자들이 필요하게 됨에 따라 여성에 대한 사회적 인식과 여성의 지위도 달라지고, 1920년에는 미국 전체 주에서 여성의 참정권이 승인되어 여성도 남성과 동등한 권리를 행사할 수 있게 되었다. 전쟁 후 자동차가 급속히 보급되면서 교통이 발달하고, 인적, 물적 자원의 교류가 확대되었으며, 전기와 전화, 자동차, 비행기, 영화가 실용화됨에 따라 사람들의 행동범위가 넓어지고, 유행 정보가 빠르게 전달되게 되었다. 세상의 모든 것에 속도가 요구되면서 사람들의 생활에서도 움직임과 스포츠에 대한 관심이 생겨났다. 점차 스포티한 분위기가 현대라는 시대의 상징처럼 여겨졌고, 햇빛과 신선한 공기가 건강에 좋다는 학설이 증명되자 태양에 노출하기 위해 몸이 드러나는 옷을 찾게 되면서, 일상복의 새로운 범주인 캐쥬얼웨어가 만들어지게 되었다.

디자인 분야에서도 바우하우스를 중심으로 기능적이고 효율적인 것을 아름답게 보는 기능주의적 접근이 시작되어 과잉 장식을 포기하고 합목적적이며 간단한 구조에 대한 관심이 높아졌다. 간결함과 장인정신에 바탕을 둔 기능주의는 기술 세계의 근본정신을 문화 패턴으로 표현함으로써 기술로써 인간을 더 인간적으로 만들려는 미학이다.

샤넬은 이 기능주의 경향을 일찍 감지하여 독창적이고 편안함을 중시하고 단순성과 기능성을 강조하는 디자인을 제안함으로써 성공할 수 있었다. 과거의 모든 진부한 형식과 미의식을 거부했던 샤넬은 젊은 이미지의 모던한 여성미를 창출해내었고, 성숙해보이기 보다는 소년과 같은 이미지로 날씬하고 젊어 보이며 편한 스타일을 제안하여, 전쟁을 겪으면서 빠르게 걸을 수 있고 어디서나 활동할 수 있는 옷이 필요했던 여성들의 욕구에 부응하는 룩을 창출했다. 1918년 울 저지wool jersey를 여성의 복식에 도입하고 리틀 블랙 드레스를 비롯하여 작품을 계속 발표하면서, 고유한 트위드로 만든 무릎 길이의 샤넬 라인Chanel line을 정착시키고 샤넬 수트Chanel suit라 명명했다.

샤넬은 당시 겉옷에는 사용하지 않던 소박한 소재를, 경쾌하고 패셔너블한 소재로 탈바꿈시킴으로써 소재에 새로운 가치를 불어넣었다. 또한 남성복과 작업복의 요소를 여성복에 도입하여 소재의 신축성, 활동에 적합한 여유분과 짧아진 치마길이 등으로 여성의 활동을 자유롭게 하였으며 여성의 신체를 해방시켰다. 샤넬의 모던한 미의식은 색채에서도 표현되어 당시 의복에 주로 사용되던 원색보다 상복에 사용되는 검은 색을 사용함으로써, 검정에 현대적인 새로운 이미지를 만들어 주었다. 또한 언제, 어떻게 사용해야 한다는, 틀에 박힌 과거의 보석 액세서리 사용 규칙을 뛰어넘어 모조품인 코스튬 주얼리를 진품의 위치에 올려놓고 사회적으로 승인되도록 만든 최초의 디자이너였다. 액세서리 착용은 이제 비용의 문제가 아니라 독창성과 감각의 문제가 되었으며, 복식에 새로운 가치를 부여하는 핵심 역할을 하게 되었다.

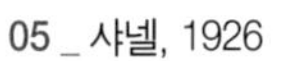

05 _ 샤넬, 1926

06 _ 샤넬, 1927

07 _ 샤넬, 1928

자연스러운 인체를 표현하는 의상의 순수성, 여성복의 실용적 기능성을 창출함

샤넬은 장식성보다는 검소함과 실용성이 정신적으로 상위라고 여겨서 여성복에서 기능적으로 불필요한 장식적 단추와 러플과 프릴을 떼어내고, 소재나 라인에 의해 만들어지는 신체의 왜곡을 없애고 직선적인 실루엣으로 바꿈으로써 자연스러운 순수성을 추구했다. 또한 허리선을 밑으로 내려 허리에 대한 매력을 드러내기보다는 편안한 스타일을 추구하였다.

샤넬의 스타일은 이러한 스타일을 즐기는 여성들의 생활방식에도 변화를 가져와 샤넬에 의해 만들어진 여성의 모습을 통해 한 시대 패션의 상징이 창출되고, 그 상징은 한 시대로 끝나지 않고 고정화된 패션의 이미지인 클래식 룩으로 정착되었다.

샤넬 룩이 지금까지 지속되는 중요한 이유 중의 하나는 실용성으로 과거의 패션이 지녔던 우아함과는 다른 기능적이고 실용적인 편안함으로 만들어진 새로운 우아함이 탄생한 것이다. 또한 샤넬은 거리의 소비자를 관찰하기도 하고 본인 스스로 모델이 되어 샤넬 룩을 홍보하는 등 마케팅 측면에서도 선구자적인 역할을 하였으며, 동시대의 오트쿠튀르와는 매우 다르게 복제를 허용하여, 대중 소비 사회를 향해 전진하고 있던 시대 흐름에 따라 기성복 패션의 대중화에 기여하였다.

앙드레 쿠레주 : 스포티한 활동성을 제시하여 패션의 대중화 시대를 염

1960년대에는 냉전체제의 대립적인 분위기를 배경으로 컴퓨터를 비롯한 과학기술이 고도로 발달하였으며 우주 시대가 개막되었다. 또한 산업면에서는 경제가 부흥하고 자본이 축적되면서 대중의 소비 시대가 시작되었다. 이 시대에는 합성섬유가 발달하여 의복의 가격이 저렴해지고, 대량생산과 대량소비의 산업화가 진행되면서 이전 시대의 상류층과 엘리트 중심이던 패션에서 생동감과 젊음이 넘치는 영 룩Young Look의 시대로 접어들었다.

앙드레 쿠레주는 우주시대의 룩을 창조하면서, 기하학적 라인의 팬츠 수트와 해와 달 등의 모티브가 프린트된 미니 드레스, 솔기 라인의 트리밍 처리, 헬멧, 흰 장갑, 흰 부츠 등으로 조형미를 추구한 미래주의적 패션쇼를 보여준 최초의 디자이너였다. 쿠레주 룩은 빛나는 은색과 흰색의 팬츠, 간결한 기하학적인 라인으로 된 마치 외계에 실존하는 생명체가 지구로 온 듯이 독창적이고 기능적이며 스포티한 룩이다. 쿠레주 룩은 엘레강스한 분위기에 젖어있던 당시 패션계에 제안된 파격적인 룩으로, 오트쿠튀르 시대에서 프레타포르테 시대인 패션의 대중화 시대를 여는 데 기여하였다.

쿠레주 룩은 바이어스나 스티치를 사용하여 만든 혁신적인 재단선을 갖는 미니멀리즘이 특징이다. 또한 쿠레주는 현재와 미래를 과거보다 중요하게 여기는 미래지

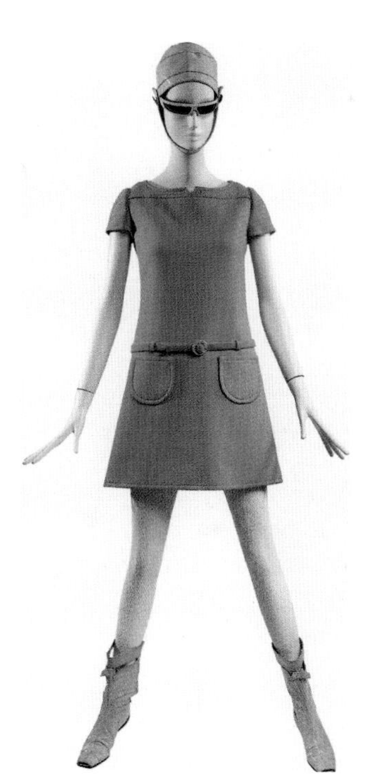

08 _ A-line shift 드레스, 앙드레 쿠레주, 1968

09 _ 스포티한 활동성 제시, 앙드레 쿠레주, 1965

향적 사고를 하였기 때문에, 오트쿠튀르의 품질과 미적 기준을 존중하면서도 시대의 흐름에 앞서서 대량생산을 위한 의복을 만들어 내었다.

항상 스포츠웨어 디자인을 꿈꾸었던 쿠레주는 활동하기 편한 소재와 직선을 강조한 조형성으로 우주시대 여성의 이미지를 만들어냈다는 평가를 받으며 여성의 캐주얼웨어 발달에 커다란 기여를 하였다.

이브 생 로랑 : 패션으로 남녀평등을 지향

1960년대에 나타났던 기성 사회의 가치에 대한 항거는 새로운 에너지와 영감이 되어 팝아트로 전개되었는데, 그 방법은 새로운 것을 추구하기보다는 전통예술기법을 의도적으로 파괴하여 새로움을 추구하는 방식이었다. 팝 아트가 종래의 심미적 균형미에 대한 반항과 도전이었다면 이를 패션에 반영한 팝 패션도 우아미와 세련미를 중시하던 당시의 화려한 패션에대한 일종의 혁명과도 같았다.

이브 생 로랑은 여성의 가슴이 비치는 시스루 블라우스see-through blouse를 제시하여 구속된 인체와 과잉 장식을 통해 복식의 조형미를 만들었던 근대 복식에 반기를 들면서 인체 자체를 오브제로 삼으려는 자유 의지를 표현하였다. 마치 대중의 관용을 시험해 보듯이 자주 새로운 시도를 하여 패션의 한계에 도전한 이브 생 로랑은 단순하면서도 실용적인 남성복의 아이템들을 여성복의 사파리 재킷이나 팬츠 수트로 도입하여 지적이면서 우아한 여성다움으로 표현하였다.

10 _ 오트쿠튀르 패션에 팝아트의 접목, 이브 생 로랑, 1966

11 _ 여성 팬츠로 남녀평등지향, 이브 생 로랑, 1975

그는 일상복과 이브닝 웨어를 분리하여 낮에는 남성적인 심플한 스타일을, 밤에는 복고풍이나 민속풍이 가미된 호화롭고 매력적인 스타일을 디자인하였다. 또한 모즈 패션을 하이패션으로 승화시키고 몬드리안 룩, 팬츠 룩, 튜닉 스타일을 발표하면서 오트쿠튀르 패션에 팝아트를 접목시켰으며, 브라크나 피카소와 같은 화가들의 회화에서 얻은 검고 어두운 색까지도 효과적인 색채 이미지로 잘 표현하였고, 귀족적 우아함과 낭만, 편안함 등을 추구하였다.

그는 전통적 엘레강스 개념 대신에 패션 대중화 시대에 어울리는 '매력' 개념을 최초로 도입한 디자이너로서 스스로를 복고주의자로 표현하는 그의 신념대로 패션에서의 불변성과 진화를 적절히 조절하는데서 비롯되는 '미'와 '엘레강스'의 새로운 문을 열었다는 평을 듣는다. 여성에게 남성의 수트와 비슷한 팬츠 수트를 입히고, 턱시도를 여성에게 최초로 착용시키는 등 패션으로 남녀의 평등성이나 동등성을 표현하여 여성의 권위 신장에 한 걸음 앞섰던 디자이너이다.

이세이 미야케 : 의상을 움직이는 조각의 차원으로 승화시킴

1980년대에 들어오면서 엘빈 토플러가 말하던 제3의 물결이 패션에서도 일어났다. 제3의 물결은 이전 시대의 일반적인 특징인 규격화와 동시화, 중앙 집권화와는 반대로 다품종 소량 생산에 의한 새로운 양식과 개성 존중과 다양

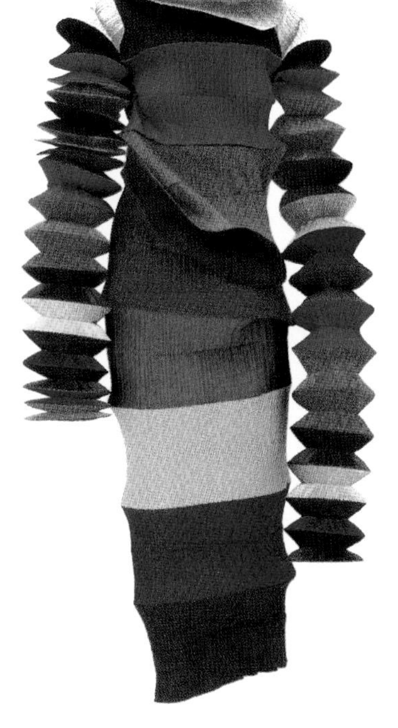

12 _ 플리츠 플리스, 이세이 미야케, 1994

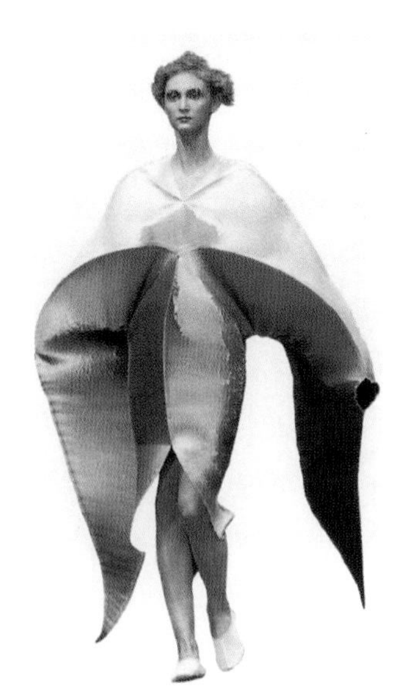

13 _ 이세이 미야케, 1999

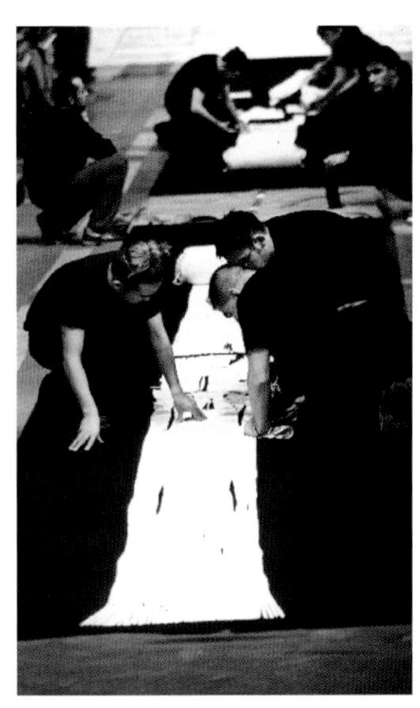

14 _ A-POC, 이세이 미야케, 1999

15 _ 이세이 미야케, 1998

이세이 미야케는 동양과 서양, 기술과 휴먼 관념을 통합시킨 예술적 스타일의 실용화를 이룸

화, 포스트모더니즘의 영향을 받으며 전개되었다. 패션은 이제 단순미와 기능성을 강조하던 대량생산체제의 획일성에서 벗어나 인간의 감성을 중요시하는 시대로 전환된 것이며, 현 시대의 과학 기술에 지배받는 기능성을 넘어 미래로 향하는 새로운 에너지와 영감으로 새롭게 창작하려는 움직임이 일어난 것이다.

기존의 권위와 제도에 근본적인 의문을 제기하며 패션 디자인에 있어서 새로운 사고의 방법을 끌어내는데 큰 역할을 한 1980년대의 디자이너 중 하나는 이세이 미야케이다.

이세이 미야케는 동양과 서양, 과거와 미래, 인간과 오브제가 융해된 디자인을 제시하여 100여년 간의 서구 패션사에서 세계적인 예술가로 평가받은 디자이너이다. 그는 전통을 재인식하고 동시대적으로 해석하여 의상으로 풀어내며, 형태와 기능이라는 두 요소를 결합시켜 현대 여성의 감성에 적합한, 자유로운 디자인을 추구한다.

미야케는 착용자의 신체와 감성에 따라 옷의 형태가 자유롭게 결정되도록 디자인하고 기계로 대량생산하는 데 성공하였다. 그는 자유롭고 아름다우며 보편적이고 실용적인 의복이 현대 여성에게 가장 적합하다고 여겼으며 이를 개발하기 위해 1980년대부터 의복을 만드는 시스템을 근본적으로 변화시키려는 실험을 해왔다. 우선 소재를 연구하여 정방형과 기하학적 형태로 재단하여 주름을 잡을 수 있는 폴리에스테르가 가장 이상적임을 발견하고, 누구나 입을 수 있으며 신체의 자유를 주는 편안한 의복으로 개발하면서 '이지케어easy care' 라는 현대의 생활 조건에 이상적인 의상으로 계속 발전, 변화시키고 있다.

자유로운 형태를 통해 가능성과 유연성을 지향하며, 여러 가지 아이디어를 가지고 변형시켜 연출할 수 있으므로 입는 사람에 의해 완성되는 개성적인 형태를 갖게 하는 그의 의상은 움직이는 조각이라는 평을 받고 있다.

또한 이세이 미야케는 몸에 딱 맞는 서양적 의복 구성 대신 평면적인 옷감과 형태에서 출발하지만 인체와 의복의 상호작용에 의해 형성되는 아름다움을 표현하는 동양 전통 의상에 기초한 작업으로 의복의 볼륨에 대한 고정관념을 깨고 독특한 형태를 살린다.

동양과 서양, 클래식과 전위, 예술과 생산성, 하이테크와 휴먼의 관념을 통합시켜 새롭게 해석하는 그의 관심은 마침내 한 장의 천 A-POCA Piece of Cloth을 사용하여 개인에 따라 형태를 자유롭게 재단해서 입을 수 있는 혁신을 이루어내었다.

장 폴 고티에 : 낯선 가능성을 혼합하여 패션에 새로운 생명력을 부여함

1980년대 프랑스 패션에 새로운 룩을 가져온 대표적 디자이너인 고티에는 인습과 규범에서 벗어난 의미를 도발적이고 혁신적인 방법으로 의상에 표현한다. 고티에는 남성성과 여성성, 인종, 종교, 각국 문화의 경계선에서 이전에는 패션에 표현되지 않았던 특성들을 사용하여 파격적인 해학성, 비전통적인 조형미를 갖게 하였고, 전문 패션모델 대신 평범한 '진짜'의 사람들을 모델로 등장시키는 실험정신을 보여주었다.

16 _ 스커트를 입은 남성, 장 폴 고티에, 1994

17 _ 동서양의 절충, 장 폴 고티에, 1999

고티에는 패션계의 판도를 변화시키고 지금까지의 의상 구조를 새로운 각도에서 재구성하여 새로운 미의식을 탄생시키는 선두 디자이너이다. 전통을 파괴하면서 디자인 부분의 변형과 파괴, 왜곡을 대담하게 하거나 에로티시즘을 개성적이고 노골적으로 표현하거나 유머러스하게 표현한다.

이미지와 목적, 용도가 다른 아이템을 결합하여 부조화스럽다고 인식되던 것들을 새로운 구조로 조화롭게 만드는데, 테일러드 수트 위에 점퍼스커트나 스웨터를, 재킷 위에 브래지어를, 드레시한 의상에 군화를, 드레시한 스커트에 스포츠 셔츠를 매치하는 등의 미스 매치mismatch의 미를 발견하도록 구성한다.

이전에는 당연시 하던 '속옷을 겉옷 안에 입는다'는 고정 관념을 깨고 속옷의 겉옷화를 패션으로 이끌어낸 고티에는 안과 밖, 정숙과 비정숙, 노출과 은폐에 관한 선입관을 무너뜨렸으며, 소재에서는 비싼 소재와 값싼 소재를, 거친 소재와 부드러운 소재, 원시 소재와 하이테크 소재를 결합하는 방법으로 기존의 소재 구성방식을 탈피하고 새로운 시각을 제공한다.

고티에는 남성복에 스커트를 도입하고, 남성복의 테일러드 재킷과 넥타이, 팬츠 등을 여성복에 도입한 앤드로지너스 룩을 발표했다. 양성적 이미지를 표현하면서 여성은 너무 부드럽고 우아한 여성성에서 탈피하게 되었으며, 남성은 딱딱하고 직선적인 남성성에서 벗어나게 되는데 이는 자신의 성性을 부정하는 것이 아니라, 남성과 여성이 각기 지니는 아름다움을 서로 공유, 교차시켜서 새로운 감각을 나타내는 것이다.

1985년에 사람들이 조깅과 에어로빅에 대한 관심이 높아지자 고티에는 운동복에도 미스매치 개념을 적용한 액티브 스포츠 웨어라는 장르를 개척하기도 하였다.

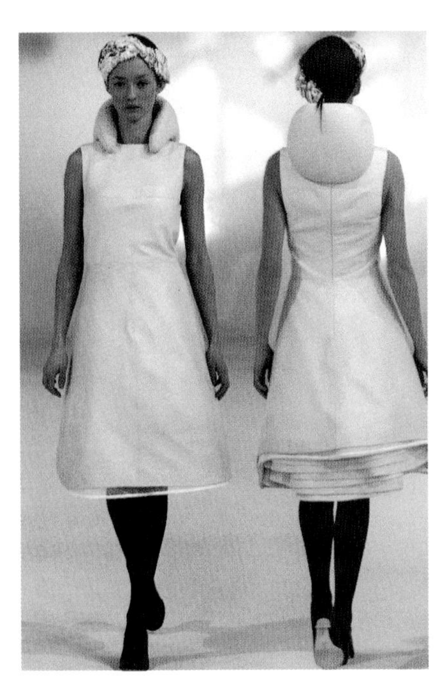

18 _ 움직임과 속도를 표현에코폼, 후세인 샬라얀, '99~'00 F/W

패션에 새로운 질서를 부여하는데 의미를 두는 고티에는 자유로운 시도를 통해 선입견과 고정관념을 깨고, 시대 변화를 읽고 표현해 낼 수 있는 감각으로 다른 요소나 다른 경향의 총합을 시도함으로써, 미적 질서와 조화에 대해 새로운 체험을 주고, 그 의미를 근원적으로 재검토하는 계기를 만들어 준다.

고티에의 작품은 네오다다이즘, 네오 로맨티시즘과 연결되어 있으며 단지 과격하거나 불쾌감을 주는 다다이즘 작품이나 펑크의 표현과는 다르다는 특징이 있다.

후세인 샬라얀 : 철학적 바탕과 개념, 아이디어를 실험적으로 패션에 통합시킴

후세인 샬라얀은 전통적인 테일러링에 대한 이해를 바탕으로 조화로우며 내성적이고 여유 있는 정적 성향의 작품을 발표하는 미래 지향적인 디자이너이다. 샬라얀은 건축, 과학, 자연과 같은 다른 문화적 맥락에서 신체의 역할을 고찰하여 의복으로 창조해내는 실험적인 작품을 보여준다.

19 _ 기술의 진보성을 표현, 후세인 샬라얀, '99~'00 F/W

철학적 의미와 미래적이고 정제된 미학을 작품에 담아 개념적인 의복을 표현해내는 샬라얀은 옷을 독창적으로 해석해 낸다. 단순히 개성있는 옷을 만드는 데 그치지 않고 더 나아가 옷을 통해 신체의 정체성을 표상한다는 것에 대한 의문을 제기한다. 옷은 문화적 맥락 안에서 신체와 관련된 기호에 따라 정체성이 구축되거나 재구축되는데, 샬라얀의 복식에서는 부분적인 디자인의 변형이나 기능보다는 서구 문명 속에 자리한 복식을 바라보는 눈 즉, 의복과 신체간 또는 의복과 정체성간의 해석이 근원적인 맥락이다. 샬라얀은 의복의 형태, 착장하는 방식을 통해 복식과 인간과의 새로운 해석, 메시지를 전달하려고 한다.

샬라얀은 1993년 재킷에 쇠가루를 묻힌 옷을 6주간 땅에 묻은 후 이를 파내어 명명한 '더 탄젠 플로우The Tangen Flow'를 컬렉션에서 발표하면서 옷이 부패하는 실험적 과정을 통해 '삶'과 '죽음' 그리고 '부활'을 상징적으로 표현하였다. 1999년 '에코폼Echoform' 컬렉션에서는 인체의 형태와 속도를 자동차나 비행기 좌석의 헤드 레스트를 이용하여 나타내었다. 2000년에는 '비포 마이너스 나우Before minius Now' 컬렉션에서 비행기 날개판이 움직이는 것에서 착안하여 플라스틱 몰딩 드레스에 플랩을 달아 원격 조정하여 나는 모습을 상징하는 기술의 진보성과 기계 환경에 지배된 생활을 표현했다. 2001년에는 나무망치를 든 모델이 나타나 지난 시즌 유리 섬유로 만든 드레스를 부서뜨리는 행위를 통해 유행이 일시적 형식, 일회성을 지니고 있음을, 또한 2003년에는 전쟁의 이미지를 복식을 통해 표현해 참담함과 반전의지를 전달하기도 했다.

20 _ 반전에 대한 표현, 후세인 샬라얀, 2003

후세인 샬라얀은 개념, 철학, 예술, 과학을 통합시킨 실험적 디자인의 패션화를 이룸

샬라얀은 작품발표가 퍼포먼스 형식으로 이루어지기도 하듯이 첨단 기술을 패션쇼에 도입하여 미래적이면서 공연 예술적으로 패션과 기술을 통합시키고, 패션과 환경인테리어의 경계를 와해시키며 새로운 시각에서 해석하고 새로운 가치를 형성시킴으로써, 그의 상상력의 결정체인 조형언어를 통하여 보는 이의 경험을 확장시킬 수 있는 내용과 의미를 전달한다.

기술과 감성이 접목된 이중성에 의한 스마트 룩

복식에 나타나는 이중성에 의한 열린 룩은 복식에 신기술이 응용되어 여러 기능성이 부가된 것으로, 의복에 디지털 기술을 접목한 스마트 룩을 들 수 있다. 스마트 룩은 기술적인 부분이 소품처럼 외장되어 있거나 내장되어 있어 착용자의 선택에 의해 작동되기도 하고, 착용하면 저절로 의복에 내장된 기능이 작동되기도 한다. 처음에는 컴퓨터를 신체에 부착하는 형태로 주로 개발하였으나 기술이 더욱 발전하면서 금속사나 광섬유를 이용한 디지털회로를 직물이나 기타 소재의 안으로 집어넣도록 디자인하여 기계적인 하드웨어가 보이지 않으면서 언제, 어디서나 원하는 정보를 송수신할 수 있게 되었으며, 착용자가 다양한 환경에 적응할 수 있도록 신체의 상태를 보고하는 기능도 가진다.

스마트 룩은 디지털 기술에 의해 간편화, 초소형화가 가능해진 미래 복식의 형태이며 건강 및 복지 측면에서 인간생활 전반에 편의를 줄 수 있고 심미적 욕구도 만족시킬 수 있도록 두 가지 또는 그 이상의 기능을 가진다. 휴대가 간편하고 편리한 인터페이스로 인체와 의복이 융화되어 사용자의 환경을 개선하는 스마트 룩은 두 가지 조건을 만족시켜야 한다. 첫째는, 의복으로서의 심리적 만족감을 줄 수 있어야 한다. 기술의 힘으로 개발된 복식이 인간에게 행복을 주는 것은 아리스토텔레스 철학에서 나오는 에우다이모니아 Eudaimonia, 행복 개념을 복식에 실현시키는 상태가 되는 것이다. 즉, 이성의 지배를 받아 적극적으로 살며 얻는 행복이라는 용어의 뜻처럼 공학적 기술이 편안한 복식으로 실현되는 것이다. 고대 그리스에서는 덕목을 가지는 것을 행복으로 보았으며, 덕목Virtue, 그리스어로 아레테 Arete을 갖는다는 것은 어떤 것에 잠재된 능력을, 또는 기능을 가장 잘 실현하는 것이다. 두 번째는 기계가 형태적으로는 작아져 숨겨지지만 기능적으로 필요할 때는 언제나 제 기능이 발휘되어 정해진 대로 반복적으로 작동되는 항상성과 일관성이 있어야 한다.

스마트 셔츠Smart Shirt는 조지아 공대에서 개발한 Georgia Tech Wearable MotherboardGTWM를 센사텍스Sensatex라는 회사에서 상용화한 것으로 POFPlastic Optical Fiber의 기능으로 심장 박동률, 체온, 호흡 등을 체크하며, 군대나 의학 분야, 또는 개인적 용도에도 사용될 수 있다.

라이프 셔츠Life Shirt도 부착된 센서로 신진대사의 변화, 체온, 혈압이나 심장박동 등의 건강상태를 체크하고 더 나아가 병에 걸릴 가능성까지도 알아내어 실시간 의사에게 연결할 수 있도록 한 것이다. 내의의 경우도 바이오센서가 들어있어 수면 중에 체온과 땀의 양을 측정하여, 개인에게 적절한 방의 온도를 알려준다. 이렇게 스마트 복식은 건강의 유지, 관리와 치유를 돕는 기능까지도 의복이 담당할 수 있도록 하고 있다.

한편 핀란드에서 란타넨J. Rantanen 등의 연구자들이 수행한 프로젝트는 −20~−50℃ 의 추위에서도 생존할 수 있도록 도와주는 스마트 의복을 개발하는 것이었다. 이 의복에 부착된 센서는 착용자의 위치와 움직임에 대해 알아내고, 열과 습도를 감지하며, 모니터를 통해 심장 박동수를 알려준다. 만일 센서가 위험한 상황을 감지하면 데이터화되면서 착용자에게 소리와 진동의 알람으로 알리고, 1분 이내에 착용자가 알람을 취소하지 않으면 위치와 움직임을 파악하는 위성 위치 추적 시스템 GPS와 전 세계로 연결되는 이동 통신 시스템 GSMGlobal System for Mobile Communi-cation으로 구조요원에게 연결된다. 스마트 룩에서는 이렇게 정보 교류 장치, 위치 확인 장치, 구급 장비 등 의복의 프로그램이 착용자와 환경에 대해 수집한 정보를 가지고 비상사태를 판단하는데, 때로는 착용자가 요요Yo-yo라고 불리는 유저 인터페이스user Interface에서 이 시스템을 제어하기도 한다. 이와 같이 스마트 룩에는 많은 기술이 집약되어야 하기 때문에 아직 극복해야 할 점이 많으며 극한 추위 속에 생존을 돕기 위해 개발된 경우 CPU 보드가 좀더 유연해져야 하는 점과 영하 10℃ 이하에서는 작동 속도가 느려지는 점 등이 앞으로 해결해야 할 과제이다. 핀란드에서 수행된 이 프로젝트는 초기부터 전 세계 언론의 관심을 모으며 진정으로 인류에게 필요하고 봉사하는 기술을 대표하는 스마트 복식이라는 평가를 받았다.

필립스에서는 추워서 몸이 떨릴 때 열을 내주고 더울 때 식혀주도록 고안된 띠를 개발하였으며 이 띠는 의복에 부착하여 신체 신호를 온라인으로 모니터링하며 체온을 조절하여 신체에 적당한 환경을 제공해주는 장치이다. 또한 필립스는 '노 키딩No Kidding' 이라 불리는 어린이에게 적합한 스마트 의복을 개발하였으며 GPS, 모바일폰, 디지털 카메라가 의복에 달려 있다.

일본의 파이오니아 회사The Pioneer Corpora-tion에서는 의복의 소매에 넣는 스크린을 4년에 걸쳐 개발하여 샘플 재킷을 선보였다. 모든 각도에서 읽을 수 있으며 눈부신 햇빛에서도 볼 수 있도록 설계되어 있는 이 스크린은 몇 년 내에 상용화된다. 이 재킷은 일본의 패션 디자이너 미치에 소네Michie Sone와 산업 디자이너 나오키 하라사와Naoki Harasawa, Designer of Pioneer가 통합 디자인 개념으로 트렌드를 반영하여 '입을 수 있는 개인용 컴퓨터' 를 만들어 낸

21 _ 입는 컴퓨터, 울혼방 목도리에 스크린, 키보드, 전화기 내장, 2000

것이다.

패션과 전자 공학의 만남은 일본에서 미디어 패션으로 불리며 이제 개척되고 있는 분야이다. 컴퓨터의 외관만 줄어드는 게 아니라 기능적으로 더욱 혁신되어야 가능하다. 즉 존재하는 의복에 어댑터, 밧데리 등의 모든 기계를 넣고 작동을 시키는 것이 아니고 새로운 통합 구조의 복식을 만들어야 하는 것이다. 이 스마트 의복은 스크린이 혁신적으로 얇고 낮은 전압으로 작동하여 옷의 소매나 밑단, 핸드백에 응용될 수 있지만 화상이 최대 4시간 밖에 지속되지 않는 단점이 아직 남아있다. 그들이 만들고자 하는 것은 통합 복식으로서 화면, 이어폰, GPS, 수신기 등이 기능하는 복식이다.

MIT 공대 연구소의 토드 맥코버Tod Machover 교수 연구팀은 1986년부터 음악 기구 개발에 열중하였다. 1992년 리바이스와 합작으로 의복에 전자 악기를 결합하는 데 성공했다. 음악을 연주할 수 있는 이 뮤지컬 재킷은 주머니 부분의 스피커에서 나오는 음악을 들으며, 어깨 부분에 들어간 직물로 된 전화를 걸 수도 있다. 음량은 소매에 있는 버튼으로 조절한다. 의복에 휴대폰, MP3, 소형 리모콘 이어폰이 내장되어 있다.

생각하기를 결코 멈추지 않는다는 모토를 가진 독일의 인피네온사에서 개발한 재킷은 MP3 파일이 들어가 있고 소매에 키보드가 달려있다. 언제든 거리에서 다른 사람과 교류하며 업무를 볼 수 있다. 마이크를 통해 무슨 음악을 듣고 싶은지 이야기하면 음성 인식 기능으로 귀에 꽂은 이어폰으로 음악이 흘러나오게 된다. 전기 장치들이 바로 직물에 바느질되어 있고 이들 장치의 제거 없이 세탁을 할 수 있으며 2004년에는 조깅하는 사람들을 위한 조끼

22 _ 극한환경의 의복, GPS, GSM 기능

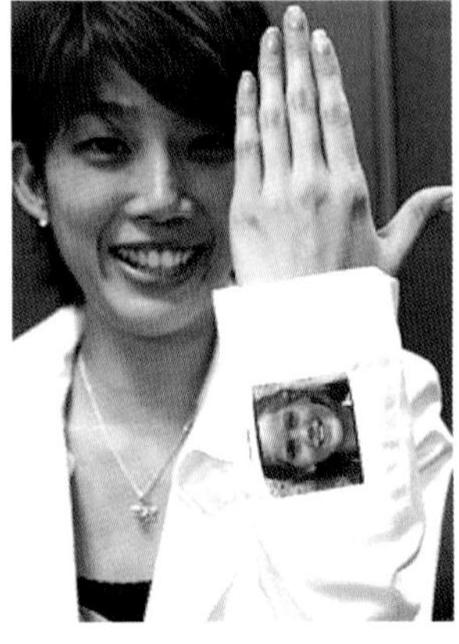

23 _ Picture Clothing, 화면, 이어폰, GPS 수신기 내장

24 _ MP3 화일이 내장된 재킷

를 내놓았다. 또한 심장 박동을 체크할 수 있는 셔츠를 개발하여 손목에 연결된 센서로 운동하고 있는 착용자에게 알려주어 운동의 속도를 조절할 수 있도록 하는 건강 보조 셔츠도 개발하였다. 앞으로 눈에 보이지 않고 더욱 자연스러운 장치의 개발을 목표로 하며 이 기술을 응용하여 엔터테인먼트 분야나 커뮤니케이션 분야, 건강 보조 제품, 보안 산업에 이용할 것이다.

또 한편으로 기술을 응용하여 신체의 한계를 극복하려는 노력으로 특정 부위의 신체에 직접 부착하여 사이보그Cyborg처럼 특수한 능력을 만들기까지 한다. 예를 들어 눈에 부착하면서 운동할 때 공의 직선거리와 경로를 보여주고, 만나는 사람을 화면으로 저장하는 등의 이러한 첨단의 기술이 응용된 웨어러블 컴퓨터Wearable Computer의 목표는 인간과 기계 사이의 시너지를 만드는 것이다.

25 _ 심장박동을 측정해서 알려주는 스포츠의복

디지털 기술에 의해 만들어진 상상도 할 수 없었던 새로운 재료들은 의복에 우리를 둘러싼 세상을 끼워 넣을 수 있도록 해주고 완전히 자유로운 외관과 느낌을 경험하게 한다. 납작한 키보드나 컴퓨터 기기들이 유연하고 가벼우며 전선을 제거해도 정확히 기능함에 따라 접히거나 말려서 일반 의복이나 모자 등의 소품에 특별한 착용감 없이 사용될 수 있다. 한 걸음 더 나아가 필름 센서로 반응하는 음악기구나 빛을 내도록 하는 장치가 의복에 들어가는 예에서 볼 수 있듯이 창조적이고 자유로운 디자인 개발이 가능하며, 인간의 심리적 만족을 위해 사용된다.

디자이너 엘리제 코Elise Co, MIT Univ. Labo-ratory 소속에 의해 개발된 푸들 점퍼Puddle-jumper 는 발광성의 후드가 달린 노란색 재킷이다. 재킷 안쪽에 램프가 있고 재킷의 등과 소매 부분에 물방울 감지 센서가 있다. 비가 오면 불이 켜지면서 물이 후드득 떨어지는 소리를 나타내듯 패턴을 그리며 자동으로 깜박인다.

스노우 보드를 만드는 부톤사는 애플사와 공동 연구로 스노우 보드를 타는 레이서가 기울어진 경사면을 타는 동안 좋아하는 음악을 들을 수 있도록 부톤 엠프 재킷을 만들었다.

이중성에 의해 열린 복식은 기술의 발달로 생활 속에서 좀 더 쉽게 정보를 얻고 정보를 처리하고 커뮤니케이션까지 할 수 있는 수준으로 향상되어 가고 있다. 즉 양방향적인 특성을 지니고, 더욱 비물질화 되어가면서 유동적이고 역동적이고 연속적으로 변화하여 시간과 공간의 구별을 모호하게 하며 미디어가 결합된 복합적인 방향으로 발전하고 있다.

26 _ 지퍼 사용, 아네 뢰스텔, '04 S/S

27 _ 디테일의 변화, 프라다, '01~'02 F/W

변화하는 복식구조를 통해 불연속성을 연결시키는 멀티 룩

불연속성에 의해 열린 룩을 살펴보기 위한 복식에서의 변화는 크게 네 가지 경우로 나눌 수 있다. 실루엣과 디테일에 의한 형태의 변화, 복식 색채의 변화, 재질의 변화와 같이 모두 복식인 경우와 이와는 달리 복식에서 변화가 일어나 복식이 아닌 제품이나 환경으로 되는 경우이다. 이러한 변화는 되돌릴 수 있을 때 복식에서의 불연속성이 이어지는 열린 구조라고 할 수 있다.

복식은 신체를 보호하거나 실용적으로 이용될 뿐만 아니라 사회적, 심리적 차원의 표현에서도 중요한 기호의 역할을 한다. 사람에게 심리적 측면은 무척 중요해 때로는 심리적 만족을 얻기 위해 신체가 불편하거나 다치는 경우까지 감수하는 복식을 받아들이기도 한다. 그러므로 복식의 실용적이고 도구적인 기능이 바뀌지 않더라도, 실루엣이나 선, 색 등과 같이 미적 표현을 나타내는 복식의 디자인 요소를 변화시켜 열린 구조로 만들 수도 있다.

먼저 복식에서 실루엣과 내부 형태가 변화되는 멀티 룩을 살펴보면 디자인의 요소에 따라 형태와 색채, 재질이 바뀌는 경우가 있는데, 우선 형태의 변화는 실루엣의 변화와 실루엣 내부 형태의 변화로 나눌 수 있다. 실루엣은 복식 길이가 달라지는 수직적 변화와 복식의 폭이 달라지는 수평적 변화나 원형적 변화, 부분적 변화를 주는데 사람은 직립 자세를 가지므로 복식은 대부분 수직적으로 지각된다. 신체를 확대하거나 축소하려는 인간의 심리는 의복의 길이를 통해 표현되며 대체로 신체가 드러나는 짧은 길이는 경쾌하고 활동적이며 스포티해 보이고, 긴 의복은 위엄을 가지며 어른스럽고 성숙한 느낌을 준다.

복식의 수직적 길이 변화는 재킷이나 스커트, 팬츠, 소매 등에 지퍼나 끈, 훅 등으로 조절하여 짧게 하거나 혹은 길게 하는 경우가 가장 많은데, 지퍼는 기능성을 추가하면서 미적 표현을 다양하게 할 수 있어 현대 디자인에 자주 사용되며 현대 패션의 캐주얼화 경향과도 잘 맞아 중요한 역할을 한다.

복식의 폭이 확대되면 활동의 부자연스러움을 느끼게 한다. 인체의 좌우를 확대하고 앞뒤가 납작한 형을 만들기도 하지만 전 · 후 · 좌 · 우를 확대하면 원형적인 입체로 변화되며, 소매를 확대하거나, 옆선에 커다란 포켓을 부착하는 경우도 같은 효과를 준다. 아네 뢰스텔Anett Roestel의 작품과 같이 지퍼를 사용하여 타이트 스커트가 플레어스커트로 바뀌게 하면, 확대된 면적에 의해 입체감과 우아함을 더해준다.

의복 실루엣의 내부를 변형하여 실루엣은 크게 바뀌지 않으며 복식의 이미지는 다르게 하기도 한다. 프라다의 가죽 후드는 안이 양털로 되어 있어, 후드가 필요 없을 때는 후드 가운데의 지퍼를 완전히 열어 어깨를 덮도록 변형된다. 의복의 디테일이 변하는 경우는 주로 네크라인, 포켓 등의 디테일과 트리밍에 의한 불연속성이 나타난다.

한편, 복식의 색채에 대한 사람들의 반응은 즉각적이므로, 색은 다른 디자인 요소보다 쉽게 인지되고 강렬하게 오래 기억된다. 복식에서 색채가 변화되는 멀티 룩의 경우는 옷을 뒤집어 입을 수 있도록 고안된 리버시블 소재와 본딩bonding 소재로 많이 나타난다. 리무버블removable 디자인도 직물 조각이나 다른 디테일을 붙이거나 떼어냄으로 부분의 색이 전체 복식의 바탕색과 조화를 이루거나 대비를 이루어 색채가 우선적으로 강조된다.

또한 최근의 신소재 기술은 외부환경에 의해 색이 바뀌는 소재들을 개발하고 있다. 섬유 겉면의 색이 빛이나 온도에 따라 변화하는 카멜레온 섬유나 크로믹 섬유가 있으며, 코마추 세이렌Komatsu-Seiren 회사는 자외선을 받으면 발색하고 빛이 차단되면 색도 사라지는 자외선 감지 발색소재를 개발했다. 또한 물이 차단되는 경우 변색하는 직물도 있는데 채광 구슬과 함께 사용하여 젖으면 직물 자체는 투명해지고 채광 구슬펄의 효과이 발색하게 되며, 소리에 반응하여 색이 변하는 직물도 개발 중에 있다. 최근 축광 섬유의 발달은 직물이 외부 에너지의 충전 없이도 8시간이나 스스로 빛을 내는 수준에까지 이르렀으며, 배터리를 통해서 빛을 내는 소재도 개발되어 상용화되고 있다.

28 _ 알렉산드르 허치코비치, '01 S/S

어둠에서 빛을 발하는 야광소재를 이용하여 색채의 변화를 준 멀티 룩

2001 S/S 컬렉션에서 알렉산드르 허치코비치Alexandre Herchcovitch는 소재 자체가 빛을 저장하는 무기물질을 가지고 빛을 축적했다가 어두우면 빛을 발하는 야광소재를 이용하여 낮에는 평범하게 비치는 얇은 소재의 흰색 원피스로 보이지만 어두우면 형광색으로 변화되는 복식을 보여주었다.

복식에서 재질이 변화되는 멀티 룩의 경우는 재질이 주는 효과에 따라 복식 전체의 분위기가 결정된다. 같은 실루엣과 색채를 가진 드레스라도 실의 굵기나 조직, 표면형태, 섬유 조성, 유연성에 따라 감성에 큰 차이를 나타내며, 흥미를 유발시킬 수 있기 때문이다.

리버시블 소재에 의해 주로 변화되는 재질감은 안과 밖을 뒤집어 입었을 때 서로 다른 이미지와 착용감을 주며, 서로 다른 직물을 한 장처럼 얇게 붙여서 디자인함으로써 더욱 다양한 감각을 만들어 낸다. 디터처블detachable 디자인을 이용하여 부자재와 연결하여 붙이거나 떼어냄으로써 복식이 변하는 경우도 있다.

마지막으로 복식에서 열린 구조를 가진다는 것은 복식의 기능이 확장되고 복식의 가치영역이 넓어진다는 뜻으로 복식에서 타제품으로 변화되는 멀티 룩도 해당된다. 복식에 사이 시간이 들어가면 불연속적 구조가 나타나 형태나 목적, 그에 해당하는 기능이 변화하는데, 특히 복식이 아닌 타제품이나 환경으로 변화할 때는 비약적인 변화가 생긴다.

복식의 형태와 기능이 변화하는 경우는 변화의 범위가 넓고 극적이어서, 신선함을 주기도 하고, 과감하게 보이기도 한다. 이주미 코하마Izumi Kohama와 카비에 몰린Xavier Moulin은 홈웨어Homewear를 나름대로 독특하게 해석하여 착용할 수 있는 대상 또는 가구Wearable Object/Furniture로 여기고, 의복이나 소품으로 몸에 잘 맞으면서도 가구로서의 기능과 편리함을 생활에 줄 수 있도록 독창적인 디자인을 하고 있다. 그들은 가구나 기구 등도 의복처럼 몸에 지닐 수 있다면 보다 편리한 생활을 할 수 있으며, 현재 있는 곳이 집처럼 편한 환경이 될 것이라는 믿음을 가지고 복식에 물리적 기능을 줄 뿐 아니라, 현대인의 정서에도 안정감을 주고자 하였다. 그들이 디자인한 '홈웨어 스툴팬츠Homewear Stoolpants'는 팬츠에 바람을 집어넣으면 쿠션이 생겨 의자의 기능을 할 수 있도록 고안되었다. 또한 패디백Padybag이라는 가방은 펼쳐지는 경우 완전한 평면 깔개가 되어 야외나 의자 위에 펼쳐놓을 수 있도록 만들어졌다. C. P. Company는 공기를 집어넣으면 소파가 되는 반코트를 만들었고, 후드가 달린 조끼가 배낭으로 변형되는 디자인을 내놓았다. 또한 도시 생

29 _ 판초 · 텐트, C. P. Company, 2000, 복식에서 타제품으로 변화하는 멀티 룩

30 _ 재킷 · 안락의자, C. P. Company, 2001

31 _ 파카 · 에어매트리스, C. P. Company, 2001

32 _ 판초 · 연, C. P. Company, 2000

33 _ Amacka: 두건이 달린 외투 · 해먹, C. P. Company, 1999

34 _ 리버시블 소재의 의자커버가 원피스로 변함, 후세인 샬라얀, '00~'01 F/W

35 _ 리버시블 소재의 의자커버가 원피스로 변함, 후세인 샬라얀, '00~'01 F/W

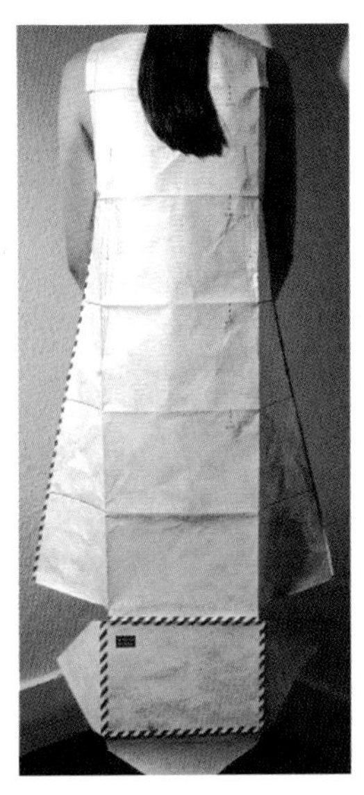

36 _ 에어 메일 드레스, 후세인 샬라얀, 1999

37 _ 곰가죽 파카 · 작은 카펫, 제프 그리핀, 2001

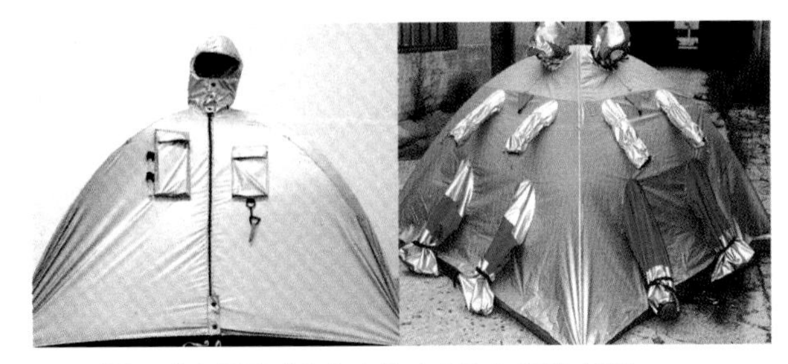

38 _ 리퓨즈 웨어, 콜렉티브 웨어, 루시 오르타, 1992, 1994

활에서 휴식할 때 편히 쉴 수 있도록 재킷을 꺼내어 메면 해먹이 되는 디자인도 개발하였다.

터키 출신 디자이너 후세인 샬라얀이 1999년에 발표한 에어메일 드레스Air Mail Dress는 필름과 종이 섬유의 장점을 살린 타이벡Tyvek이라는 내구성이 좋으며 가볍고 유연한 재질로 제작되었다. 후세인 샬라얀은 2000년 FW컬렉션 'After Words'에서 여러 가지 특이한 'Furniture wear'를 발표하였는데, 이것은 의자 네 개와 테이블 한 개가 놓인 장소에서 이루어지는 퍼포먼스 형태로 진행되었다. 모델이 리버시블 소재로 된 회색 의자 커버를 벗겨서 뒤집으면 분홍색과 주황색으로 된 드레스로 변화하고, 의자는 접으면 여행 가방으로 변화하며, 나무로 제작된 테이블은 중심을 들어올리면 층을 이루는 스커트로 변화되는데 특히 스커트의 허리부분은 가죽으로 제작하여 나무의 무게를 지탱할 수 있도록 했다.

1994년에 루시 오르타Lucy Orta가 발표한 리퓨즈 웨어refuge wear와 콜렉티브 웨어collective wear는 외출복이 일시적 주거지로 탈바꿈하는 디자인이다. 그녀가 몸의 건축으로 표현한 이 디자인은 개인적인 휴대용품처럼 스트레스가 없는 일시적 주거 공간을 인간에게 제공하는 것이며, 이를 통해 인간이 사회환경에 잘 대처하도록 하는데 그 목적이 있다. 갑작스런 지진이나 재난을 당한 사람을 돕기 위해 시도된 디자인이지만 이 디자인은 유목민적 삶을 보여주는 현대사회의 특성에도 적합하다. 콜렉티브 웨어는 개인뿐 아니라 가족이나 공동체도 함께 생활할 수 있도록 제작된 것이다. 낮 동안에는 네 사람이 각각 입고 다니는 판초로 기능하고, 밤에는 각 부분이 연결되어 텐트가 되어 쉼터를 제공한다. 이 디자인은 극한 환경에도 불구하고 착용자들이 심리적으로 안정될 수 있다는 이점을 지니며, 물리적인 면에서 볼 때도 적은 열에너지로 여러 인원이 따뜻하게 지낼 수 있다는 이점이 있다.

디자이너 제프 그리핀Jeff Griffin은 어떠한 환경에서도 입을 수 있는 의복을 만들었다. 베어 스킨 러그Bear Skin Rug

라고 불리는 이 재킷은 파카도 되고, 솔기를 따라 달린 지퍼를 닫지 않으면 판초도 될 수 있으며, 소매 길이의 방향으로 달려 있는 지퍼를 열면 완전한 평면으로 펼쳐져 러그가 된다. 이 러그에는 충전 기능이 있어서 필요한 경우 보온 효과를 제공한다. 그리핀은 특히 여행용 복식을 많이 개발하는데, 그리핀이 통기성 있는 천연소재로 만들어 의복의 보호 기능을 높인 포드 코트Pod Coat는 앞면 중앙에 있는 지퍼를 이용하는 경우 코쿤 형태의 침낭슬리핑백으로 바뀐다.

샘소나이트 블랙 라벨은 여행복 컬렉션을 지속적으로 개발하여 '01 S/S 시즌에는 필요에 따라 지퍼를 사용하여 바지와 연결할 수 있는 스트레치 소재로 만든 디테처블 백Detachable bag pocket pants을 제안했다. 샤넬은 '01 F/W시즌에 모든 외곽선이 완전하게 잠겨질 수 있도록 디자인이 되어 팔과 다리를 코트 안으로 집어넣고 잠그면 완벽한 슬리핑 백으로 변화하는 오리털 코트를 선보였다. 이는 샤넬의 전통을 이어가는 칼 라거펠트가 극한 환경에서도 체온을 보존할 수 있도록 디자인 한 것으로 복식의 변화가 제품으로 연결되는 열린구조의 복식을 제안한 것이다.

39 _ 침낭 · 코트, 샤넬, '01~'02 F/W

지금까지 미래로 향해 열려있는 복식의 룩을 살펴보기 위해 열린 구조의 개념을 복식에 적용하여 룩으로 어떻게 나타나는지를 살펴보았다. 열린 룩은 열린 구조의 개념적 해석에 따라 '정보성', '이중성', '불연속성'에 의한 룩으로 구분된다. 역사적으로 미래적 가치를 지향하고 제시해주는 미래지향 룩, 디지털 기술에 의해 기능과 감성이 접목된 스마트 룩, 형태나 기능이 변화하는 구조를 가진 멀티 룩을 통해 이 장에서 제시한 것처럼 열린 구조 개념을 복식에 적용하여 각각의 룩으로 체계화하고, 통합적 시각으로 바라보는 연구를 통해 현재나 미래의 룩을 이해하는 보다 종합적인 틀을 발견할 수 있을 것이다.

부록 | 시대를 읽는 문화 코드로서의 룩 |

패션의 룩은 시대를 읽는 문화코드이다

20세기초부터 현대까지의 패션 룩을 살펴봄으로써 그 시대의 모습과 시대별 특징을 파악할 수 있다. 20세기 전반 소수의 상류층을 중심으로 형성되어 아래로 전파되는 경향이 높았던 패션의 룩은 1960년대 이후에는 다양해진 대중들의 취향과 영향에 의해 다양한 룩이 수평적으로 등장하여 전파되었다. 20세기 후반 이후 지금까지 절충되고 혼합되어 하나로 정의하기 어렵게 변모해가고 있다.

1900년대

19세기 말의 향락적인 문화를 이어받은 시기로 강대국에 의한 식민지정책이 활발했으며, 물질적 풍요와 평화로 인해 벨 에포크라 불리기도 하였다. 패션에서도 시대의 특징이 그대로 드러나 사치스러움과 화려함을 추구하였다. 1900년대 초반 상류층에 널리 퍼져 있었던 S자형 실루엣은 허리를 조이고 힙을 강조하여 옆에서 보면 S자 굴곡을 보이는 형태로, 당시 예술 사조인 아르 누보의 곡선적이고 유기적인 특성을 잘 보여주고 있다. 후반에는 어깨에서부터 부드럽게 흘러내리는 엠파이어 스타일이 여유있는 실루엣으로 부활하여 등장하기도 하였다.

1910년대

제1차 세계대전1914~1918의 영향과 기계화로 본격적인 근대화가 시작된 시기이며, 여성의 사회참여가 증대되기 시작하였다. 패션은 전쟁으로 인해 여성복의 지나친 과장이나 장식적인 요소들이 사라지고 자유롭고 간편한 실용적인 실루엣을 추구하여 직선적인 실루엣으로 변화되었다. 여성들은 사회활동 참여가 증가하여 바지 차림이나 직선적인 박스straight box 스타일의 테일러드 수트를 착용하였다. 이 시대를 잘 이해한 대표적인 패션 디자이너 샤넬은 일하는 여성을 위해

1910

매스큘린 룩

댄디 룩

푸아레 룩

기모노 룩

에드워디언 룩

1920

가르손느 룩

샤넬 룩

1930

페미닌 룩

가르보 룩

1940

뉴 룩

주트 룩

1950

로커빌리 룩

헵번 룩

몬로 룩

1960

유니섹스 룩

히피 룩

재키 룩

트위기 룩

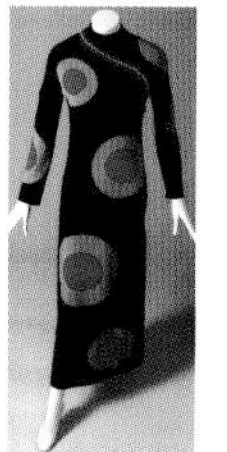
차이니즈 룩

쿠레주 룩 퓨처리스틱 룩 미니 룩

1970

페전트 룩

글램 룩

펑크 룩

쿨리 룩

헤드뱅어 룩

네루 룩

1980

에콜로지 룩

프리미티브 룩

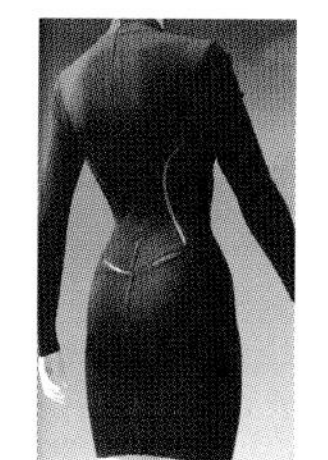
바디컨셔스 룩

앤드로지너스 룩

빅 룩

재패니스 룩

레게 룩

다이아나 룩

1990

네오히피 룩 시스루 룩

부팡 룩

버슬 룩

힙합 룩

그런지 룩 페티시 룩

젠 룩

사리 룩

인디언 룩 밀리터리 룩

사이버 룩

2000

젠더리스 룩

키치 룩

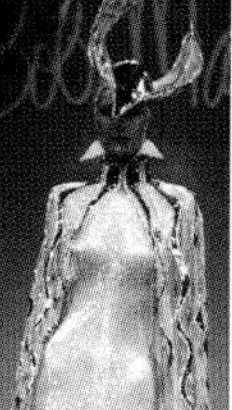
그로테스크 룩

차이니즈 룩

키덜트 룩 코리언 룩 코스프레 룩

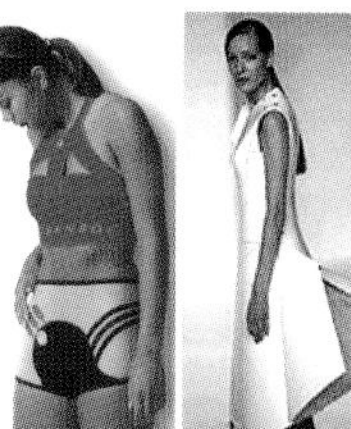
스마트 룩 퓨쳐리스틱 룩

멀티 룩 컨템포러리 룩

남성적인 분위기의 풀오버를 제안한 매스큘린 룩을 선보였다. 한편, 동양적인 분위기를 패션에 접목시킨 폴 푸아레는 푸아레 룩을 선보이며, 무릎 아래가 좁아지는 호블스커트를 남성적인 테일러드 수트와 함께 착용하는 스타일을 창안하였다.

1920년대

제1차 세계대전이 끝나자 여성의 활발한 사회 참여가 강조되고 활동적인 여성상이 요구되었다. 재즈, 탱고의 열기, 아르데코와 기능주의의 영향으로 패션에서도 단순성과 활동성을 부여하는 스타일과 직선적인 실루엣의 보이시 룩, 가르손느 룩, 플래퍼 룩 등이 등장하였다. 또한, 활동성이 강조된 밀리터리 룩과 스포츠 룩이 출현하여 대중화되었다.

1930년대

1929년은 뉴욕 주식 시장이 대폭락하면서 세계적인 경제 공황으로 인해 사회가 불안정한 시기였다. 복고적인 안정을 추구하려는 경향이 패션에도 나타나 1920년대의 활동적인 모드와 상반되는 우아하고 여성적인 스타일인 페미닌 룩이 나타났다. 스커트의 길이가 길어지면서 몸에 꼭 맞고 넓고 각이 진 어깨의 슬림 & 롱 실루엣이 유행하였다. 특히 디자이너 마들렌느 비요네는 최초로 바이어스 재단을 고안하여 여성미를 극대화하고 흐르는 인체의 곡선을 살리는 실루엣을 표현하였다. 경제적 불황을 영화를 통해 벗어나고자 영화산업이 가장 왕성했던 시기로서 헐리우드 스타들이 패션에 영향을 미치기도 하였다.

1940년대

제2차 세계대전1939~1945이 끝나는 1945년까지 패션에는 큰 변화가 없으며, 전쟁의 영향을 받은 밀리터리 룩이 유행하였다. 전쟁이 끝난 1947년 크리스찬 디올이 여성적인 라인의 뉴 룩을 발표하면서 급격하게 실루엣이 변화하고 여성적인 엘레강스 룩이 등장하는 등 패션의 혁신적인 변화가 일게 되었다.

1950년대

전쟁 후 과학과 산업의 발전으로 물질적으로 풍요롭고 도시 인구가 증가하는 풍요의 시대가 열렸다. 가정에는 TV가 보급되었으며, 로큰롤이 크게 유행하여 젊은이들에게 반향을 일으켰으며, 이는 로커빌리 룩 등으로 나타났다. 오드리 헵번과 마릴린 먼로 등의 영화 배우들은 패션 아이콘으로 부각되어 영화에서 보여주는 패션이 햅번 룩, 먼로 룩 등으로 불리며 인기를 얻었다. 디올은 1940년대의 뉴 룩 이후 1950년대 후반까지 H, A, Y, F라인 등을 발표하였으며, 샤넬, 발렌시아가, 지방시 등 오트쿠튀르 디자이너들의 활약도 두드러져 이 시기는 라인 & 룩의 시대로 불리웠다.

1960년대

자본주의와 공산주의가 대립하는 냉전이 계속되는 한편, 사회와 경제가 활발히 발전한 시대였다. 세계대전 이후의 베이비붐 세대로 인한 청년문화가 부각된 시기로 젊음의 자유로움이 발산되었으며, TV나 영화 등의 매체의 발달로 대중문화가 확산되었다. 이러한 문화적 배경으로 1965년 메리 퀀트Mary Quant가 미니스커트가 선보여 선풍적인 인기를 끌었으며, 예술 사조인 옵아트opt art, 팝아트pop art가 전반적으로 패션에 영향을 미쳐 이브 생 로랑의 몬드리안 룩이 발표되기도 하였다. 최초의 유인 우주선이 달착륙에 성공함으로써 우주와 미래에 대한 긍정적 이미지를 갖게 되었는데, 쿠레주와 파코라반에 의해 우주 시대의 독특한 의상을 보여주는 퓨처리스틱 룩으로 나타났다. 한편, 베트남전에 반대하는 젊은이들을 중심으로 반전운동과 자연으로의 회귀를 추구하는 히피 문화가 출현하여 이들의 패션이 히피 룩으로 표현되었다.

1970년대

두 차례의 석유 파동과 인플레이션 현상으로 인한 경제적 불황기로 사회적으로 불안 심리가 많이 작용하였던 시기였다. 기성 사회에 대한 저항 세력인 젊은 세대들에 의해 히피 룩, 펑크 룩 등이 유행하여 하이패션에 영향을 미쳤고, 자연에 대한 관심의 증대로 컨트리 룩, 페전트 룩 등이 유행하였다. 실용적이고 합리적인 다목적 패션이 중시되어 유니섹스 룩, 스포츠 룩 등이 나타나면서 패션의 캐주얼화가 가속화되었다. 한편, 패션산업의 국제화가 시작되어 많은 유명 디자이너들이 해외 시장을 개척하였으며, 국제사회의 관심으로 마오 룩, 러시아 룩 등의 에스닉 룩이 유행하였다.

1980년대

냉전의 종식과 포스트모더니즘의 영향으로 다양하고 개성적인 패션의 시대였다. 패션에서도 다른 시대, 세계 각국의 문화를 차용하고 혼합하는 방식이 두드러져 오리엔탈 룩을 포함한 다양한 에스닉 룩이 주목받기 시작했다. 이 시기에는 기존의 틀을 거부하는 패션이 나타났다. 일본의 경제력이 부각되면서 재패니스 룩, 빅 룩 등이 유행하여 서양에 신선한 이미지를 전달하였고, 자연보호에 대한 대중의 인식이 고조되면서 패션에서도 에콜로지 룩이 중요하게 부각되었다.

1990년대

인간성 상실, 물질만능주의로 인한 위기감이 팽배한 사회에 대한 자성과 포스트모더니즘의 영향으로 다양성과 가변성, 상호교류를 부각시킨 시기였다. 자연과 환경에 대한 관심의 증가로 에콜로지가 유행하였으며, 정신적 세계에 대한 향수로 과거와 미래, 동양과 서양이 독특하게 재구성된 세련된 패션을 탄생시켰다. 1990년대 후반에는 미니멀리즘 패션이 의식주 전반에 영향을 미쳤으며 동양풍의 절제된 스타일인 젠 스타일이 등장하였다. 한편, 세기말적 현상으로 현실에 대한 불안감과 미래에 대한 기대를 익숙한 것의 편안함과 향수로 해석하는 레트로 룩이 다양하고 빠른 주기로 등장하였다. 인터넷의 상용화, 웹사이트의 등장, 휴대전화기의 보편화 등 디지털 기술의 발달은 본격적인 커뮤니케이션 테크놀러지 환경을 조성함으로써 21세기 글로벌리즘을 가능하게 했다.

2000년대 초반

2000년대 초반에서 현재까지는 감성과 이미지가 강조되는 시대로 새로운 밀레니엄에 대한 기대를 표현하는 낭만적인 로맨틱 룩이 부각되었다. 경제침체, 이라크전, 테러의 위협 등 불안한 사회와 지속되는 포스트모더니즘의 영향이 극대화되면서 서로 다른 요소들의 믹스 & 매치가 패션 전반에 영향을 주어 키치 룩, 키덜트 룩과 같이 새로운 취향을 개성적으로 표현하는 패션이 등장하였다. 인터넷을 비롯한 디지털 기술의 발달은 더욱 가속화되어 모바일 디지털 기술과 패션이 접목되는 스마트 룩이나 가상 이미지를 접목시키는 사이버 룩, 다양한 기능성을 강조하며 미래로 향한 가능성을 보여주는 멀티 룩 등이 등장하였다.

| 사진출처 |

1. 패션의 창조적 원천, 자연

01 _ Images of the World, p.246, Washington : Nationnal Geographic Society, 1981

02 _ Gombrich, E. H., 백승길 · 이종승 역, 서양미술사, p.429, 예경, 2003

03 _ Givry, Valerie de, Art & Mode, p.34, Paris : Regard, 1998

04 _ Ashelford, Jane, The Art of Dress, p.42, New York : Harry N. Abrams, 1996

05 _ Laver, James, Costume & Fashion, p.154, New York : Thames and Hudson, 1985

06 _ Givry, Valerie de, Art & Mode, p.65, Paris : Regard, 1998

07 _ Black, J. Anderson & Garland, Madge, 윤길순 역, 세계패션사 2, p.262, 자작아카데미, 1997

08 _ Mendes, Valerie & De la Heye, Amy, 20th Century Fashion, p.246, London ; New York : Thames and Hudson, 1999

09 _ Collezioni Donna, Pret-a-porter, '03 S/S

11 _ Collezioni Donna, Pret-a-porter, '93 S/S

12 _ Collezioni Donna, Pret-a-porter, '01 S/S

13 _ Collezioni Donna, Pret-a-porter, '94~'95 F/W

14 _ Collezioni Donna, Pret-a-porter, '03 S/S

15 _ Collezioni Donna, Pret-a-porter, '89 S/S

16 _ Collezioni Donna, Pret-a-porter, '94 S/S

17 _ Collezioni Donna, Pret-a-porter, '96 S/S

18 _ Collezioni Donna, Pret-a-porter, '03 S/S

19 _ Baudot, Francois, Fashion : The 20th Century, New York : Universe, 1999

20 _ The Fashion Book, p.247 London : Phaidon Press Limited, 1988

21 _ Collezioni Donna, Pret-a-porter, '03 S/S

22 _ Collezioni Donna, Pret-a-porter, '03 S/S

23 _ Lobenthal, Joel, Radical Rags of Fashion of Sixties, New York : Abbeville Press, 1990

24 _ Husain, Humaira, Key Moments in Fashion, p.125, London : Hamlyn, 1998

25 _ Seeling, Charlotte, La Mode 1900~1999, Paris : Konemann, p.358, 1999

26 _ Seeling, Charlotte, La Mode 1900~1999, Paris : Konemann, p.445, 1999

27 _ Buxbaum, Gerda, Icons of Fashion : The 20th Century, p.148, Munich : Prestel, 1999

28 _ Husain, Humaira, Key Moments in Fashion, p.131, London : Hamlyn, 1998

29 _ Seeling, Charlotte, La Mode 1900~1999, p.564, Paris : Konemann, 1999

30 _ Collezioni Donna, Pret-a-porter, '03 S/S

2. 몸의 패션, 노출과 확대

01 _ Extrme Beauty : The Body Transformed, The Metropolitan of Art, p.10, yale University Press, 2001

02 _ Extrme Beauty : The Body Transformed, The Metropolitan of Art, p.104, yale University Press, 2001

03 _ 김민자, 복식미학 강의, p.69, 교문사, 2004

04 _ Extrme Beauty : The Body Transformed, The Metropolitan of Art, p.12, yale University Press, 2001

05 _ Extrme Beauty : The Body Transformed, The Metropolitan of Art, p.105, yale University Press, 2001

06 _ Extrme Beauty : The Body Transformed, The Metropolitan of Art, p.105, yale University Press, 2001

07 _ The collection of the Kyoto Costume Institute, Fashion, p.601, Taschen , 2005

08 _ Seeling, Charlotte, La Mode 1900-1999, Paris : Konemann, p.505, 1999

09 _ Visions of the body : fashion or invisible corset, the national museum of modern art, p.105, kyoto, 1999

10 _ Mark Holborn, Issey Miyake, p.27, Taschen, 1993

11 _ Colin McDowell, Jean Paul Gaultier, p.133, Viking studio

12 _ Dominique Isserman, Therry Mugler, Fashion Fetish Fantasy, 1992

13 _ Gerard Uferas l`etoffe des reve, E`ditions du Collectionneur, p.61

14 _ 정흥숙, 서양복식문화사, p.20, 교문사

15 _ Black, J. Anderson, Garland, Madge, Kennett, Frances, A History Of Fashion 2, p.63

16 _ The collection of the Kyoto Costume Institute, Fashion volume Ⅱ, p.148, Taschen, 2005

17 _ The National Museum of Modern Art, Kyoto, Vision of the body, p.122, The Kyoto costume Institute, 1999

18 _ 정흥숙, 서양복식문화사, p.401, 교문사

19 _ Gap Press, Collection vol.14, p.25, '98 S/S

20 _ Mark Holborn, Issey Miyake, p.83, Taschen, 1993

21 _ Extrme Beauty : The Body Transformed, The Metropolitan of Art, p.45, yale University

Press, 2001
22 _ Gap Press, p.158, Collection '95 S/S
23 _ Colin Mceowell, Galliano : romantique realiste et revolutionnaire, p.49, editions assouline
24 _ 정흥숙, 서양복식문화사, p.165, 교문사
25 _ Gap Press, Collection vol.14, p.12, '98 S/S
26 _ The collection of the Kyoto Costume Institute, Fashion : A history from the 18th to the 20th century, p.626, Taschen, 2005
27 _ The collection of the Kyoto Costume Institute, Fashion volume Ⅱ, p.629, Taschen, 2005
28 _ Black, J. Anderson, Garland, Madge, Kennett, Frances, 세계패션사 1, p.217
29 _ Richard Martin, Fashion and Surrealism, p.29, Thames and Hudson
30 _ Richard Martin, Fashion and Surrealism, Thames and Hudson
31 _ Extrme Beauty : The Body Transformed, The Metropolitan of Art, p.112, yale University Press, 2001
32 _ Victor & Rolf & Kci, Colors, p.75, The Kyoto Costume Institute, 2004
33 _ Extrme Beauty : The Body Transformed, The Metropolitan of Art, p.88, yale University Press, 2001
34 _ Walter Van Beirendonck, Luc Deryck, Mode 2001 Land de-at Terry, p.83, Merz
35 _ Valerie de Givry, Art & Mode, Regard, 1998
36 _ Valerie de Givry, Art & Mode, p.121, Regard, 1998
37 _ Lucia Fornari Schianchi, Robert Capucci al Teatro Farnese, Progetti Museali
38 _ The National Museum of Modern Art, "Vision of the Body : Fashion or Invisible" Corset 身體の 夢, p.77, Kyoto : The Kyoto Costume Institute, 1999
39 _ 정흥숙, 서양복식문화사, p.254, 교문사
40 _ 정흥숙, 서양복식문화사, p.333, 교문사
41 _ The collection of the Kyoto Costume Institute, Fashion volume Ⅱ, p.251, Taschen, 2005
42 _ Extrme Beauty : The Body Transformed, The Metropolitan of Art, p.103, yale University Press, 2001
43 _ Extrme Beauty : The Body Transformed, The Metropolitan of Art, p.134, yale University Press, 2001
44 _ Extrme Beauty : The Body Transformed, The Metropolitan of Art, p.135, yale University Press, 2001

45 _ Extrme Beauty : The Body Transformed, The Metropolitan of Art, p.129, yale University Press, 2001

3. 패션으로 표현된 남성성과 여성성

01 _ Bolton, Andrew Bravehearts : Men in Skirts, p.30, V&A Publications, 2002

02 _ http://imagebingo.naver.com/album/image_view

03 _ Bolton, Andrew Bravehearts : Men in Skirts, p.30, V&A Publications, 2002

04 _ Bolton, Andrew Bravehearts : Men in Skirts, p.52, V&A Publications, 2002

05 _ Jaewon Artbook 46 앵그르, 도서출판 재원, 2005

06 _ Martin, Richard All American a sportswear Tradition, p.60, 1985

07 _ Buxbaum, Gerda, Icon of Fashion, The 20th Century, p.32, Prestel Verlag, 1999

08 _ Mendes, et al, 김정은 역, 20세기 패션, p.65, 시공사, 2003

09 _ Lussier, Suzanne Art Deco Fashion, p.60, Bulfinch Press

10 _ Lussier, Suzanne Art Deco Fashion, p.75, Bulfinch Press

11 _ Buxbaum, Gerda, Icon of Fashion, The 20th Century, p.36, Prestel Verlag, 1999

12 _ Mendes, et al, 김정은 역, 20세기 패션, p.98, 시공사, 2003

13 _ Mulvey, Kate & Richards, Melissa Decades of Beauty : The Changing Image of Woman 1890~1990s, p.85, Checkmark Books, 1998

14 _ Mendes, et al, 김정은 역, 20세기 패션, 시공사, 2003

15 _ Watson, Linda 20th Fashion, p.88, Calton books Limited, 2003

16 _ Watson, Linda 20th Fashion, p.263, Calton books Limited, 2003

17 _ Collezioni Donna, Vol 103, 2004

18 _ Baudot, Francois Fashion : The Twentieth Century, p.235, Universe Publishing, 1999

19 _ Baudot, Francois Fashion : The Twentieth Century, p.239, Universe Publishing, 1999

20 _ Baudot, Francois Fashion : The Twentieth Century, p.187, Universe Publishing, 1999

21 _ Bolton, Andrew Bravehearts : Men in Skirts, p.21, V&A Publications, 2002

22 _ Mulvey, Kate & Richards, Melissa Decades of Beauty : The Changing Image of Woman 1890~1990s, p.159, Checkmark Books, 1998

23 _ Cosgrave, Bronwyn The complete history of costume & fashion, p.203, Checkmark Books, 2000

24 _ Baudot, Francois Fashion : The Twentieth Century, p.235, Universe Publishing, 1999

25 _ McDowell, Colin. Jean Paul Gaultier. Viking Studio, 2000

26 _ Bolton, Andrew Bravehearts : Men in Skirts, p.76, V&A Publications, 2002

27 _ Bolton, Andrew Bravehearts : Men in Skirts, p.138, V&A Publications, 2002

28 _ McDowell, Colin. Jean Paul Gaultier, p.22, Viking Studio, 2000

29 _ McDowell, Colin. Jean Paul Gaultier, p.127, Viking Studio, 2000

30 _ Bolton, Andrew Bravehearts : Men in Skirts, p.115, V&A Publications, 2002

31 _ Bolton, Andrew Bravehearts : Men in Skirts, p.28, V&A Publications, 2002

32 _ Wilcox, Clair Vivienne Westwood, p.191, V&A Publications, 2004

33 _ http://www.firstview.com

34 _ Mulvey, Kate & Richards, Melissa Decades of Beauty : The Changing Image of Woman 1890~1990s, p.7, Checkmark Books, 1998

4. 소통의 기호, 음악과 패션

01 _ Tommy Hilfiger, Rock style, p.45, universe publishing, 1999

02 _ http://blog.naver.com/toto9954.do?Redirect=Log&logNo=80013438725

03 _ 이재정 · 박은정, 라이프 스타일과 트렌드, p.259, 예경, 2004

04 _ Simon Firth 저, 권영성 · 김공수 역, Rock 음악의 사회학-사운드의 힘, 한나래, 1994

05 _ Ted Polhemus, Street Style, p.42, London : Thames & Hudson, 1994

06 _ Ted Polhemus, Street Style, p.43, London : Thames & Hudson, 1994

07 _ Ted Polhemus, Street Style, p.56, London : Thames & Hudson, 1994

08 _ Ted Polhemus, Street Style, p.57, London : Thames & Hudson, 1994

09 _ Ted Polhemus, Street Style, p.82, London : Thames & Hudson, 1994

10 _ Ted Polhemus, Street Style, p.74, London : Thames & Hudson, 1994

11 _ Ted Polhemus, Street Style, p.75, London : Thames & Hudson, 1994

12 _ http://images.search.yahoo.com/search/images?p=freedom&ei=UTF-8&fl=0&imgsz=all&fr=FP-tab-web-t&b=181

13 _ Ted Polhemus, Street Style, p.79, London : Thames & Hudson, 1994

14 _ Ted Polhemus, Street Style, p.79, London : Thames & Hudson, 1994

15 _ 이재정 · 박은정, 라이프 스타일과 트렌드, p.269, 예경, 2004

16 _ Ted Polhemus, Street Style, p.91, London : Thames & Hudson, 1994

17 _ Ted Polhemus, Street Style, p.8, London : Thames & Hudson, 1994

18 _ http://images.search.yahoo.com/search/images?p=grunge+rock&ei=UTF-8&fr=FP-tab-img-t&fl=0&x=wrt
19 _ 이재정 · 박은정, 라이프 스타일과 트렌드, p.275, 예경, 2004
표 4-4-2 Tommy Hilfiger, Rock style, p.20, universe publishing, 1999
표 4-4-3 Ted polhemus, Street style, p.54, London : Thames & Hudson, 1994
표 4-4-4 Ted polhemus, Street style, p.83, London : Thames & Hudson, 1994
표 4-4-5 Tommy Hilfiger, Rock style, p.72, universe publishing, 1999
표 4-4-6 Ted polhemus, Street style, p.78, London : Thames & Hudson, 1994
표 4-4-7 Ted polhemus, Street style, p.91, London : Thames & Hudson, 1994
표 4-4-8 이재정 · 박은정, 라이프 스타일과 트렌드, p.230, 예경, 2004
표 4-4-9 Tommy Hilfiger, Rock style, p.131, universe publishing, 1999

5. 패션의 새로운 코드, 취향

01 _ Bronwyn Cosgrave, Costume & Fahion a complete history, p.209, Hamlyn
02 _ John Richmond, fem collection, '02 S/S Milan London, Taewon media
03 _ Kansai Yamamoto, Vogue : twentieth Century Fahion, p.63, Linda Waston, Carlton
04 _ Vivienne Westwood, outside-underwear retro style bra-appeal demonstrated, fem collection, '02 S/S Milan London, Taewon media
05 _ Sarah Harmarnee, Visionaire's Mode 2001, Par Stephan Gan et Alix Browne, Editions Assouline
06 _ Jean Paul Gaultier, Vogue : twentieth Century Fashion, p.28, Linda Waston, Carlton
07 _ Rocco Barocco, fem collection, '02 S/S Milan London, Taewon media
08 _ Jean Paul Gaultier, Radical Fashion, p.27, Claire Wilcox, Collectionneur
09 _ Bob Makie, Vogue : twentieth Century Fashion, p.185, Linda Waston, Carlton
10 _ Betsey Johnson & Charlotte Seeling, La Mode : Au siècle des créateurs, 1900~1999, Könemann p.604
11 _ Moschino Cheap & Chic, fem collection, '02 S/S Milan London, Taewon media

6. 패션으로 이해하는 오리엔탈리즘

03 _ 금기숙 외, 현대패션 100년, p.8, p.40, 교문사, 2003
04 _ http://www.lakesideschool.org/studentweb/worldhistory/globalcontactsb/

NEWPhilipII.htm
05 _ http://home.mokwon.ac.kr/~arthistory/lecture/week15/w15_s3_1_lecture.html
06 _ Cosgrave, Bronwyn, Costume & Fashion : a complete history, p85, Hamlyn : Octopus Publishing Group Ltd., 2000
07 _ Martin, Richard & Koda, Harold, Oreintalism : vision of the east in western dress, The Metropolitan Museum of Art, p.23, New York, 1994
08 _ The collection of the Kyoto Costume Institute, FASHION : a history from the 18th to the 20th century, p.97, Vol 1, Taschen, 2005
09 _ Dossi, Dosso, Melissa, 1515~1516, Galleria Borghese, Rome
10 _ Ingres, Jean-Auguste-Dominique, Une Odalisque, Musee du Louvre, Paris, 1814
11 _ The collection of the Kyoto Costume Institute, Fashion : a history from the 18th to the 20th century, Vol 1, p.301, Taschen, 2005
12 _ The collection of the Kyoto Costume Institute, Fashion : a history from the 18th to the 20th century, Vol 1, pp.285~286, Taschen, 2005
13 _ Seeling, Charlotte, La Mode 1900~1999, p.52, Paris : Konemann, 1999
14 _ Watson, Linda, Vogue : twentieth century fashion, p.19, Carlton Books Ltd., 1999
15 _ The collection of the Kyoto Costume Institute, Fashion : a history from the 18th to the 20th century Vol 2, p.352, Taschen, 2005
16 _ Cawthorne, Nigel, Sixties : le style des adnnees 60, p.66, Hors Collection, 1989
17 _ The Museum at the Fahion Institute of Technology, She's like a Rainbow : color and fashion from the collection of the museum atr FIT, Samsung Art & Design Institute, 2005
18 _ Seeling, Charlotte, La Mode 1900~1999, p.495, Paris : Konemann, 1999
19 _ Desgrippes, Annie, et al., Style ASIE, p.23, Flammarion, Paris, 1999
20 _ Junko Shimada, '96 F/W (http://www.firstview.com)
21 _ Carolina Herrera, '03 F/W (http://www.firstview.com)
22 _ Romeo Gigli, '03 F/W (http://www.samsungdesign.net)
23 _ Vivienne Tam, '03 F/W (http://www.firstview.com)
24 _ Roberto Cavalli, '03 S/S (http://www.firstview.com)
25 _ Seeling, Charlotte, La Mode 1900~1999, p.591, Paris : Konemann, 1999
26 _ Watson, Linda, VOGUE twentieth century fashion, p.246, Carlton Books Ltd., 1999
27 _ Christian Dior, '03 F/W (http://www.samsungdesign.net)

28 _ Giorgio Armani,' 03 F/W (http://www.firstview.com)

29 _ Jean Paul Gaultier, ' 99 S/S (http://www.samsungdesign.net)

31 _ Miyake Design Studio7, Issey Miyake by Irving Penn, p.7, Touko Museum of Contemporary Art, 1990

32 _ Martin, Richard & Koda, Harold, Oreintalism -vision of the east in western dress, p.87, The Metropolitan Museum of Art, New York, 1994

33 _ Jean Paul Gaultier ' 94 S/S, Elle France, 1994. 7

34 _ Romantic Oriental, p.36, 流行通信, 1989. 4

35 _ Giorgio Armani, ' 97~98 F/W Collection, Giorgio Armani s.p.a.

36 _ Christian Dior, ' 90 S/S (http://www.samsungdesign.net)

37 _ Celine, ' 03 S/S (http://www.samsungdesign.net)

38 _ Giorgio Armani, ' 98 F/W (http://www.firstview.com)

39 _ Romantic Oriental, p.29, p.35, p.39, 流行通信, 1989. 4

_ Giorgio Armani, ' 95 F/W (http://www.firstview.com)

41 _ 금기숙 외, 현대패션 100년. p.8, 40, 308, 교문사, 2003

_ Lee Young Hee, ' 03 F/W (http://www.firstview.com)

42 _ ICHINOO, Esmod Seoul Exhibition, 1991. 2

43 _ 진태옥, Vogue, p.196, 1996. 8

_ Lee Young Hee, ' 04 S/S (http://www.firstview.com)

44 _ ICHINOO, Esmod Seoul Exhibition, 1991. 2

_ Sul Yun Hyoung, ' 03 F/W (http://www.firstview.com)

45 _ Jean Paul Gaultier ' 94 S/S, Elle France, 1994. 7

_ 지춘희, Vogue, p.198, 1996.8

46 _ 이영희, Vogue, p.000, 1996.8

표 6-2-1 Martin, Richard & Koda, Harold, Oreintalism : vision of the east in western dress, The Metropolitan Museum of Art, p.33, New York, 1994

표 6-2-2 Evisy, 03 F/W, http://www.firstview.com

표 6-2-3 Romantic Oriental, p.35, 流行通信, 1989. 4

표 6-2-4 Romantic Oriental, P.39, 流行通信, 1989. 4

표 6-2-5 Ichiro Kimijima, 1986. (http://www.samsungdesign.net)

표 6-2-6 Matthew Williamson, ' 03 F/W (http://www.firstview.com)

표 6-2-7 Roberto Cavalli, '03 S/S (http://www.firstview.com)

표 6-2-8 Evisy, '03 F/W (http://www.firstview.com)

표 6-2-9 1981/2002, Yohji, Talking to myself by Yohji Yamamoto, Carla Sozzani Editore srl. & Yohji Yamamoto Inc., Tokyo, 2002

표 6-2-10 Sozzani, Carla & Yamamoto, Yohji, Talking to myself by Yohji Yamamoto, Carla Sozzani Editore srl. & Yohji Yamamoto Inc., Tokyo, 2002

표 6-2-11 Seeling, Charlotte, La Mode 1900~1999, p.591, Paris : Konemann, 1999

표 6-2-12 Jean Paul Gaultier, '94 S/S, Elle France, 1994

7. 모방을 통한 패션의 재창조

01 _ http://www.usc.edu/schools/annenberg/asc/projects/comm544/library/images/120.jpg

02 _ http://www.library.usyd.edu.au/libraries/rare/philosophy/aristotlepoetica.html

03 _ http://home.mokwon.ac.kr/~arthistory/lecture/week15/w15_s2_1_lecture.html

04 _ http://www.cvm.qc.ca/mboudreault/Images%20Jpeg/Marcel%20Duchamp.jpg

_ http://www.kcaf.or.kr/art500/paiknamjun/main.htm

07 _ Mendes, Valerie & De la Heye, Amy, 김정은 역, 20세기 패션, p.13, 시공사, 2003

_ Seeling, Charlotte, Fashion the century of the designer 1900~1999, p.102, Cologne : Konemann, 2000

_ http://www.corbis.com

_ Seeling, Charlotte, Fashion the century of the designer 1900~1999, p.249, Cologne : Konemann, 2000

_ http://sio.midco.net/dentsamongus/WhyNot/_borders/wallpaper_marilyn_monroe.jpg

_ Francois Baudot, Fashion the twentieth century, p.219, Universe, 1999

_ Valerie Steele, Fifty years of fashion, p.59, Yale University, 1997

_ Francois Baudot, Fashion the twentieth century, p.227, Universe, 1999

_ Mendes, Valerie & De la Heye, Amy, 김정은 역, 20세기 패션, p.243, 시공사, 2003

_ Vicky Carnegy, Fashions of a Decade the 1960s, p.34, Facts On File, 1990

_ Blumarine, '04 F/W (http://www.firstview.com)

_ Chanel, '05 S/S (http://www.firstview.com)

_ D&G, ' 04 F/W (http://www.firstview.com)

_ Miu Miu, ' 04 F/W (http://www.firstview.com)

_ Michael Kors, ' 04 S/S (http://www.firstview.com)

_ Calvin Klein, ' 03 S/S (http://www.firstview.com)

_ Marc Jacobs, ' 03 S/S (http://www.firstview.com)

_ Marc Jacobs, ' 03 F/W (http://www.firstview.com)

_ Marni, ' 02 F/W (http://www.firstview.com)

_ Dolce&Gabbana, ' 03 F/W (http://www.firstview.com)

_ YSL, ' 03 S/S (http://www.firstview.com)

08 _ Balenciaga, ' 05 S/S (http://www.firstview.com)

_ Just Cavalli, ' 05 S/S (http://www.firstview.com)

_ Celine, ' 02 F/W (http://www.firstview.com)

_ D&G, ' 01 F/W (http://www.firstview.com)

09 _ A Herchcovitch NY, ' 05 F/W (http://www.firstview.com)

_ Deborah Lindquist, ' 05 F/W (http://www.firstview.com)

_ B Rude, ' 05 F/W (http://www.firstview.com)

_ Antonio Marras, ' 05 F/W (http://www.firstview.com)

10 _ Marc by Marc Jacobs, ' 02 S/S (http://www.firstview.com)

_ D&G, ' 01 F/W (http://www.firstview.com)

_ Dolce&Gabbana, ' 02 F/W (http://www.firstview.com)

_ Balenciaga, ' 05 S/S (http://www.firstview.com)

11 _ http://cbingoimage.naver.com/data3/bingo_25/imgbingo_70/gfd109/35956/gfd109_1.jpg

_ http://finalmangatop.free.fr/FF10%20lulu.jpg

_ http://cbingoimage.naver.com/data3/bingo_38/imgbingo_93/djadbswjd777/23459/djadbswjd777_16.jpg

_ http://cbingoimage.naver.com/data3/bingo_13/imgbingo_66/ajyojh1124/21937/ajyojh1124_97.jpg

_ http://cbingoimage.naver.com/data3/bingo_69/imgbingo_76/hicarion/34573/hicarion_234.jpg

_ http://cbingoimage.naver.com/data2/bingo_28/imgbingo_27/bluechristal/17291

/bluechristal_75.jpg

_ http://imagebingo.naver.com/album/image_view.htm?user_id=ashooteria&board_no=23239&nid=5439

_ http://perso.wanadoo.fr/lebadstan/Wallpapers/Final%20Fantasy/Lulu%20cosplay.jpg

_ http://cbingoimage.naver.com/data3/bingo_45/imgbingo_52/familysms/23196/familysms_14.jpg

_ http://aanime.free.fr/JapanAddict2005/sam/JapanAddict2-DSC00471.JPG

8. 변화하는 시간, 변화하는 패션

01 _ Eco, Umberto 외, 김석희 역, 시간박물관, p.212, 푸른숲, 개정판, 2002

02 _ Eco, Umberto 외, 김석희 역, 시간박물관, p.14, 푸른숲, 개정판, 2002

03 _ Eco, Umberto 외, 김석희 역, 시간박물관, p.180, 푸른숲, 개정판, 2002

06 _ Seeling, Charlotte, La Mode 1900~1999, p.345, Paris : Konemann, 1999

07 _ Seeling, Charlotte, La Mode 1900~1999, p.411, Paris : Konemann, 1999

08 _ Collezioni Donna, A la Moda, N.10, p.259, Haute Couture, '89 S/S

09 _ Collezioni Donna, Pret-a-porter, N.53, p.259, '96/97 A/W

10 _ Collezioni, Pret-a-porter, N.92, p.40, '03 S/S

11 _ Francois Baudot, Mode du Siecle, p.71, Paris : Editions Assouline, 1999

12 _ Seeling, Charlotte, La Mode 1900~1999, p.362, Paris : Konemann, 1999

13 _ Collezion Donna, Pret-a-porter '91~'92 A/W, N.22, p.124

14 _ Collezioni, Pret-a-porter, N.95, p.410, '03~'04 A/W

15 _ Collezioni Donna, N.71, p.122, Pret-a-porter, '00~'01 A/W

16 _ Collezioni, N.95, p.230, Pret-a-porter, '03~'04 A/W

17 _ Seeling, Charlotte, La Mode 1900~1999, p.368, Paris : Konemann, 1999

18 _ Pamela Golbin, Createurs de Modes, p.199, Editions du Chene, 1999

19 _ O'Mahony, Mari & Braddock, Sarah E., Sportstech, p.80, London : Thames & Hudson, 2002

20 _ Nan A. Talese, Chanel-Her Style and Her Life, p.80, New York, 1998

21 _ 좌 : Schmid, Beatech, Loschek, Ingrid, 황현숙 역, 패션의 클래식, p.16, 예경, 2001
우 : Collezioni, N.95, p.338, Pret-a-porter, '03~'04 A/W

22 _ 좌 : Schmid, Beatech, Loschek, Ingrid, 황현숙 역, 패션의 클래식, p.30, 예경, 2001
우 : Collezioni Donna, N.74, p.278, Pret-a-porter, '00 S/S
표 8-2-2 Charlotte Seeling, La Mode 1900~1999, p.346, Paris : Konemann, 2000
표 8-2-4 Francois Baudot, Mode du Siecle, p.237, Paris : Editions Assouline, 1999
표 8-2-6 Collezioni Donna, Alta Moda, Haute Couture, N.10, p.285, '89 S/S, E.Ungaro
표 8-2-8 Collezioni Donna, N.53, p.251, Pret-a-porter, '96~'97 A/W
표 8-2-10 Collezioni, Pret-a-porter, N.95, p.399, '03~'04 A/W, Cacharel
표 8-3-2 Jacqueline Herald, Fashions of a Decade-the 1920s, p.63, B.T.Batsford, London, 1991
표 8-3-4 Seeling, Charlotte, La Mode 1900~1999, p.387, Paris : Konemann, 1999, Guy Laroche
표 8-3-6 The Fashion Book, p.129, London : Phaidon, 1998
표 8-3-8 Collezioni Donna, N.71, p.126, Pret-a-porter, '00~'01 A/W
표 8-4-1 Jacqueline Herald, Fashions of a Decade-the 1920s, p.39, B. T. Batsford, London, 1991
표 8-4-2 Fashion, p.14, Hamlyn, 1998
표 8-4-4 Yvonne Connikie, Fashions of a Decade-the 1960s, p.47, B.T.Batsford, London, 1990
표 8-4-6 Kate Mulvey & Melissa Richards, Decades of Beauty, p.190, Hamlyn, 1997
표 8-4-8 O'Mahony, Mari & Braddock, Sarah E., Sportstech, p.82, London : Thames & Hudson, 2002

9. 미래로 향한 가능성, 열린 패션

01 _ www.screenselect.co.uk
02 _ http://www.samsungdesign.net/Knowledge/History/Mode21C/content.asp
03 _ Mendes, Valerie & De la Heye, Amy, 김정은 역, 20세기 패션, p.38, 서울 : 시공사, 2003
04 _ Mendes, Valerie & De la Heye, Amy, 김정은 역, 20세기 패션, p.38, 서울 : 시공사, 2003
05 _ Wallach, Janet, Chanel her Style and her Life, p.80, New York : bantam Doubleday Dell Publishing Group Inc., 1988
06 _ Wallach, Janet, Chanel her Style and her Life, p.37, New York : Bantam Doubleday Dell Publishing Group Inc., 1988

07 _ Wallach, Janet, Chanel her Style and her Life, p.74, New York : Bantam Doubleday Dell Publishing Group Inc., 1988

08 _ Valerie Steel, Fifty years of fashion, p.48, New haven and london : Yale university, 1997

09 _ Seeling, Charlotte, Fashion the century of the designer 1900~1999, p.369, Cologne : Könemann, 2000

10 _ Seeling, Charlotte, Fashion the century of the designer 1900~1999, p.361, Cologne : Könemann, 2000

11 _ Seeling, Charlotte, Fashion the century of the designer 1900~1999, p.357, Cologne : Könemann, 2000

12 _ Miyake, Issey, Making things, Paris : Fondation Cartier Pour l'art contemporain, 1999

13 _ Seeling, Charlotte, Fashion the century of the designer 1900~1999, p.441, Cologne : Könemann, 2000

14 _ http://www.firstview.com

15 _ Seeling, Charlotte, Fashion the century of the designer 1900~1999, p.443, Cologne : Könemann, 2000

16 _ The Fashion Book, p.189, London : Phaidon, 1998

17 _ http://devonaoki.free.fr/detour/ss_1999/jpgss99.html

18 _ Collezioni Donna, Prêt-à-porter, '99~'00 F/W

19 _ Bolton, Andrew, The supermodern wardrobe, p.120, London : Thames & Hudson, 2002

20 _ http://www.firstview.com

21 _ Bolton, Andrew, The supermodern wardrobe, p.47, London : V&A Publication, 2002

22 _ http://www.ele.tut.fi/research/personalelectronics/projects/smart_clothing_project.htm

23 _ http://digitaldeliverance.manilasites.com/2003/06/11

24 _ http://infineon.jp/products/tech_topics/ambient/

25 _ http://infineon.jp/products/tech_topics/ambient/

26 _ Collezioni Prêt-à-porter, '04 S/S

27 _ O'Mahony, Mari & Braddock, Sarah E., Sportstech, p.152, London : Thames & Hudson, 2002

28 _ Collezioni Prêt-à-porter, '04 S/S

29 _ Bolton, Andrew, The supermodern wardrobe, p.68, London : Thames & Hudson, 2002

30 _ Bolton, Andrew, The supermodern wardrobe, p.19, London : Thames & Hudson, 2002
31 _ O' Mahony, Mari & Braddock, Sarah E., Sportstech, pp.162~163, London : Thames & Hudson, 2002
32 _ Bolton, Andrew, The supermodern wardrobe, p.12, London : Thames & Hudson, 2002
33 _ Bolton, Andrew, The supermodern wardrobe, pp.16~17, London : Thames & Hudson, 2002
34 _ Bolton, Andrew, The supermodern wardrobe, p.121, London : Thames & Hudson, 2002
35 _ Bolton, Andrew, The supermodern wardrobe, p.121, London : Thames & Hudson, 2002
36 _ Bolton, Andrew, The supermodern wardrobe, p.117, London : Thames & Hudson, 2002
37 _ O' Mahony, Mari & Braddock, Sarah E., Sportstech, p.24, London : Thames & Hudson, 2002
38 _ The National Museum of Modern Art, Vision of the Body : Fashion or Invisible Corset 身体の 夢, p.161, Kyoto : The Kyoto Costume Institute, 1999
39 _ O' Mahony, Mari & Braddock, Sarah E., Sportstech, p.161, London : Thames & Hudson, 2002

| 참고문헌 |

국내서적

강영주, 19세기 프랑스 미술에 나타난 오리엔탈리즘과 민족성문제, 서양미술사학회 논문집, 1999

강정애, 부르디외의 아비투스(Habitus) 개념에 관한 연구, 계명대학교 대학원 석사학위논문, 2000

강진석, 샤넬복식에 나타난 '機能主義'와 '클래식스타일'에 관한 고찰, 서울대학교 대학원 석사학위 논문, 1990

강혜선, 청소년 하위문화 패션의 상징성에 관한 연구, 홍익대학교 석사학위논문, 1995

강혜원, 의상사회심리, 교문사, 1991

Gans, Herbert J., 강현두 역, 대중문화와 고급문화, 나남출판, 1998

곽미영 · 정흥숙, 여성 해방 운동이 서양 복식에 미친 영향에 관한 연구(1850~1950), 한국 의류 학회지, 15(3), 1991

곽태기 · 김은정, 중국, 일본, 한국의 오리엔탈리즘패션에 나타난 토털패션에 관한 연구, 복식, 52(5), 2002

구인숙, 장 폴 고티에의 작품세계와 전위 패션의 표현 특성에 관한 연구, 충남 생활 과학 연구지, 8(1), 1995

권소영, 시간개념을 적용한 공간 디자인에 관한 연구, 홍익대학교 산업미술대학원 석사학위 논문, 2002

금기숙 외, 현대패션 100년, 교문사, 2002

Giddens, Anthony, 김미숙 외 6인 역, 현대 사회학, 을유문화사, 2001

김경옥 · 금기숙, 현대 패션에 나타난 앤드로지너스에 관한 연구, 복식, 1998

김미성 · 배수정, 이세이 미야케의 패션 철학을 통해 나타난 디자인 특징에 관한 연구, 복식 53(6), 2003

김민자, 1960년대 팝 아트의 사조와 패션, 한국 의류 학회지, 10(1), 1986

김민자, 2차대전 후 영국 청소년 하위문화 스타일, 한국의류학회지, 11(2), 1987

김민자, 복식미학 강의 Ⅱ : 복식미 엿보기, 교문사, 2004

김상숙, 시각예술 문화읽기, 서울 : 재원, 2001

김상태, 서양과 동양, 인문과학, 19, 1989

김수경, 이국취향의 요인과 현대 패션에 나타난 이국취향, 복식문화연구, 11(3), 2003

김수련 · 염혜정, 레게패션의 디자인 연구, 복식, 50(3), 2000

김신우 · 전종찬 · 김영인, 하위문화에 나타난 대중음악과 패션의 기호적 해석, 디자인학연구, 18(1), 2005

김영인 외, 한,중,일 색채의 기호학적 비교분석과 색채공간시스템 개발에 관한 연구 (2) -건축과

복식 사례를 통한 공통성과 차별성의 규명-, 한국색채학회논문집, 19(1), 2005
김영인 외, 현대 패션과 액세서리 디자인, 교문사, 2001
김영자, 복식미학의 이해, 서울 : 경춘사, 1998
김영자, 한국복식에 표현된 雙의 美的 연구, 복식, 40, 1998
김예형 · 조정미, 현대패션의 미래적 이미지에 관한 연구 복식, 53(1), 2003
김윤희, 20세기 서양 패션에 나타난 동양 복식의 형태미에 관한 연구, 서울대학교 대학원 석사학위논문, 2003
김윤희 · 김민자, 20세기 서양 패션에 나타난 동양 복식의 형태미에 관한 연구(I)-보그지를 중심으로-, 대한가정학회지, 29(1), 1991
김은경 외, 현대 생활속의 패션, 학문사, 2002
김은경, 기호학적 접근에 의한 20세기 패션의 특성 고찰과 복식디자인, 연세대학교 박사학위논문, 2002
김은경 · 김영인, 기호의 삼분구조에 의한 20세기 여성 패션의 특성 분석, 복식, 54(7), 2004
김은덕, 현대패션에 나타난 최소표현 기법에 관한 연구, 서울대학교 대학원 석사학위논문, 1995
김정란, 푸코 권력 이론의 여성 해방적 함의에 대한 고찰, 서울대학교 대학원 석사학위 논문, 1996
김정숙, 키치(Kitsch)패션에의 미적 가치에 관한 연구 : 풍자성 쾌락성 향수성 유희성을 중심으로, 서울대학교 대학원 석사학위논문, 1996
김정은, 현대 패션에 표현된 키덜트적 유희성에 관한 연구, 국민대학교 테크노디자인전문 대학원 석사학위논문, 2002
김지은 · 박혜원, 레트로 이미지를 이용한 패션 상품개발-베스트(vest)를 중심으로-, 복식, 53(7), 2003
김창남, 대중문화와 문화실천, 한울 아카데미, 1995
김창남, 하위문화 집단의 대중문화 실천에 대한 연구-대중음악을 중심으로, 서울대학교 박사학위논문, 1992
김현경, 메가트렌드의 형성요인과 디자인 트렌드 분석, 연세대학교 대학원 석사학위 논문, 2003
김혜수 · 김영인, 자연물에 나타난 스트라이프(stripe)의 선과 색채에 의한 리듬 특성, 한국 색채학회논문집, 18(1), 2004
김혜영, 의복에서의 탈구조적 공간과 가시성에 대한 연구-후세인 살라얀의 디자인을 중심으로, 복식, 50(4), 2000
김혜정, 현대 패션에 나타난 키치에 관한 연구, 홍익대학교 산업미술대학원 석사학위논문, 1996
김희연, 자연주의 복식의 시대적 변천에 따른 디자인 특성에 관한 연구, 연세대학교 석사학위논

문, 2004
나가사와 가즈도시(長澤和俊), 이재성 역, 실크로드 역사와 문화, 민족사, 1990
남궁 윤선 · 황선진, 우리나라 코스플레 하위문화의 외모 특성과 상징적 의미, 한국의류학회, 25(1), 2001
노은주 · 이영수, 현대 건축에 있어 공간의 연속성과 불연속성 표현에 관한 연구, 대한 건축학회 23(2), 2003
David Band, 정현숙 역, 20세기 패션, 경춘사, 1986
두산동아, 프라임 영한사전, 두산동아, 2004
두산세계대백과 사전, ㈜두산 출판 BG, 2001
Ramet, Sabrina P., 최노영숙 역, 여자 남자 그리고 제3의 성 젠더역전과 젠더문화, 당대, 2001
Laver, James, 이경희 역, 복식과 패션, 경춘사, 1988
랜덤하우스 영한대사전, YBM시사 & Random House Inc., 2002
류기주, 인체에 대한 미의식에 따른 복식형태연구, 서울대학교 석사학위논문, 1990
류덕한 · 이욱자 · 홍민규, 어패럴 소재, 서울 : 교문사, 2000
류민화, '05 Trend stream, beyond Diversity, 프로패션정보네트워크, 2004
Mendes, Valerie D, De la Haye, Amy, 김정은 역, 20세기 패션, 시공사, 2003
문덕수, 세계문예대사전, 성문각, 1975
민경우, 디자인의 이해, 미진사, 1995
박미령, 현대패션에 표현된 젠더(Gender)에 관한 연구, 한국의류산업학회지, 5(4), 2003
박숙현 · 이순덕, 시대정신과 복식조형성과의 상관성(제2보), 한국의류학회지, 25(5), 2001
박옥미 · 송정선, 현대 패션에 나타난 엽기현상, 복식 54(2), 2004
박은주 · 은영자, 1990년대 패션에 나타난 오리엔탈리즘에 관한 연구, 복식, 43, 1999
박현숙 · 이관이, 모던 시대와 포스트모던 시대의 샤넬 스타일 특성 비교, 한국 생활과학회지 13(1), 2004
박혜원 · 이미숙, 레트로(Retro)패션의 특성과 문화산업적 의미 연구, 복식, 52(3), 2002
박희, 세계와 타자 : 오리엔탈리즘의 계보(I), 담론201, 5(2), 2002
배규한, 미래사회학, 사회비평사, 1995
배천범, 패션사전, 디자인신문사, 1991
배철원, 유럽의 모체를 찾아-오리엔탈리즘 다시 읽기, 계간사상, 13(3), 2001
Bogue, Ronald, 들뢰즈와 가타리, 이정우 역, 새길, 1995
Bourdieu,Pierre, 이은호 역, 구별짓기 : 문화와 취향의 사회학 上 下, 현대미학사, 1996

Black, J. Anderson, Garland, Madge, Kennett, Frances, 유길준 역, 세계패션사 2, 자작아카데미, 1997
서동진, Rock, 젊음의 반란, 새길, 1993
서성록, 인용의 개념과 역사, 월간미술, 1992, 1월
성병주, Retro-Style에 관한 소고, 디자인연구, 4, 1999
세계 철학 대사전, 서울 : 교육 출판 공사, 1992
세계미술용어사전, 월간미술, 1999
Said, Edward W., 박홍규 역, 오리엔탈리즘, 교보문고, 2000
손향미 · 박길순, 현대 헤어스타일에 나타난 포스트모더니즘의 표현방법-혼성모방(pastiche)를 중심으로-, 복식문화학회, 2004년도 춘계학술대회, 2004
송금옥 · 김영인, 현대 패션에 표현된 취향지향적 룩의 조형적 특성과 미적 가치, 디자인학연구, 18(4), 2005
송명진 · 채금석, 현대 남성패션에 나타난 성정체성의 표현 양상, 한국의류학회지, 25(2), 2001
송원길, 컨트리 음악의 역사, 세광, 1989
송항룡, 시간에 대하여, 철학과 현실, 52, 2002
송희정, 패션의 에로티즘, 청주대 산업대학원 석사학위 논문, 1999
Schmid, Beate, Loschek, Ingrid, 황현숙 역, 패션의 클래식, 예경, 2001
Steven Cononor, 김성신, 정정호 역, Post Modernist Culture, 한신문화사, 1993
Simon Firth, 권영성, 김공수 공역, Rock 음악의 사회학-사운드의 힘, 한나래, 1994
Skrine, Peter N. & Frust, Lilian R., 자연주의, 서울대학교출판부, 1985
신미란, 한국 코스프레 집단의 문화기술지적 연구, 연세대학교 대학원 석사학위논문, 2002
신혜원 외, 의복과 현대 사회, 서울 : 신정, 2003
신희천, 조성준 편저, 문학용어사전, 청어, 2001
Arthur. C. Danto, 오병남 역, 모던, 포스트모던, 컨템포러리, 예술문화연구, 8(1), 1998
안병기, 패션전문용어의 이해, 경춘사, 2003
안선경, 현대복식에 표현된 추(醜)의 개념 : 1980년대 중반부터 1994년까지, 숙명여자대학교 대학원 석사학위논문, 1994
엄소희 · 김문숙, 현대 복식의 패러다임, 경춘사, 2000
엄소희, 청소년 하위문화 패션의 상징성에 관한 연구, 홍익대학교 석사학위논문, 1995
엄소희, Punk Fashion에 관한 연구, 이화여자대학교 석사학위논문, 1988
Eco, Umberto 외, 김석희 역, 시간박물관, 푸른숲, 개정판, 2002

Eco, Umberto, 조형준 역, 열린 예술 작품 : 카오스모스의 시학, 서울 : 새물결, 1995
오창섭, 디자인과 키치, 시지락, 2002
우리시대 남녀의 조용한 혁명 Mr. Beauty & Ms. Strong, 거리에서 쓰는 라이브 마케팅보고서 Vol 2, 파란통신, 2004
윤가연, 성문화와 심리, 학지사, 1998
윤민희, 문화의 키워드 디자인, 도서출판 예경, 2003
윤선영, 우리시대의 미메시스 개념에 관하여, 덕성여자대학교 논문집, 3, 2001
윤은재, 일본인 디자이너가 현대 패션에 미친 영향 연구, 대한 가정학회지, 41(8), 2003
이미숙, 샤넬 스타일 디자인 연구, 이화여자대학교 박사학위논문, 1997
이민경 · 한명숙, 유니섹스 모드에 나타난 Dualism(이원론) 현상에 관한 연구, 복식문화연구, 3(2), 1995
이민정, 현대 패션에 나타난 디지털 커뮤니케이션 문화의 영향에 관한 연구, 연세대학교 대학원 박사학위논문, 2003
이봉덕 · 양숙희, 21세기로의 전환기에 표현된 패션의 미학적 특성(제1보) : 정성분석을 중심으로, 한국의류학회지, 26(11), 2002
이부련 · 안병기, 현대와 패션, 형설출판사, 1996
이수아 · 박현, 미래 패션 제안을 위한 사이버 패션 연구, 한국의류산업학회지, 1(3), 1999
이연희 외, 패션문화, 예학사, 2002
이연희 · 김영인, 현대 패션 룩(Fashion Look)에 표현된 성(性) 정체성, 복식문화연구, 13(5), 2005
이영훈, 뉴 미디어 아트와 시간, 서울 : 재원, 2004
이윤동, 누드 미술의 변천과 계보에 관한 연구, 홍익대학교 석사학위논문, 1985
이윤진 · 박명희, 현대 의상에 나타난 유머성, 복식 53(5), 2003
이은기, http://home.mokwon.ac.kr/~arthistory/lecture/week15/w15_s3_1_lecture.html
이은령 · 배주원 · 이경희, Japanism을 반영한 패션 디자인 전개에 관한 비교 연구, 복식, 54(2), 2004
이은숙 · 김새봄, 현대 Retro 패션에서의 Hippie Style의 Dualism에 관한 연구, 복식문화연구 11(2), 2003
이은영 · 박하나, 한국패션의 오리엔탈리즘, 한국생활과학회지, 13(5), 2004
이의정 · 양숙희, 패션에 나타난 페티시즘 연구 : 언더웨어 페티시, 한국의류학회지 23(2), 1998
이인자 외, 현대사회와 패션, 건국대학교출판부, 2002
이인자 · 신효정, 패션 마케팅 & 코디네이션, 시공사, 2000

이정식, 청소년 비행의 원인에 관한 연구-하위문화 이론을 중심으로, 고려대학교 석사학위논문, 1986
이정옥 외, 서양복식사, 형설출판사, 1999
이정우, 미셸푸코에 있어 신체와 권력, 문화과학, 4, 1993
이종호, 문화적 취향에 영향을 미치는 사회 경제적 요인 : 부르디외의 문화자본론을 중심으로, 성균관대학교 대학원 석사학위논문, 1999
이지현 · 정은숙, 힙합 패션의 유행요인과 특성에 관한 연구, 복식, 44, 2000
이지현, 한국 복식색채의 특성과 문화기호론적 해석, 연세대학교 대학원, 2005
이해영 외, 21세기 패션 정보, 일진사, 2000
이호경, 젠더 분석틀로 본 브레히트의 여성들, 연세대학교 대학원 박사학위 논문, 2001
이효진, 1980년대 오버사이즈패션의 내적 의미 분석, 복식, 54(6)
이효진, 21세기 로맨티시즘 걸리시 패션, 복식 53(7), 2003
이효진 · 추미경, 현대 복식에서의 키치 유형에 관한 연구, 복식 30호, 1996
임범재, 인체비례론-고대에서 르네상스까지-, 홍익대 출판부, 1980
임선경, Pop Music 가수 Fashion 디자인에 관한 연구, 홍익대학교 석사학위논문, 1994
임선희, 바뙤의 예술모방론에 대한 연구 I, 건국대학교 생활문화예술논집, 12, 1989
임영자 · 김선영, 현대 패션에 표현된 NEW ORIENTALISM에 관한 연구, 복식, 50(4), 2000
임영자, 현대 패션 디자인에 나타난 동양의 미의식 연구, 복식, 30, 1996
임은혁, 21세기 전환기 하이 패션에 나타난 하위문화 스타일, 복식, 53(2), 2003
임진모, 락, 그 폭발하는 젊음의 미학, 창공사, 1995
임진모, Pop 시대를 빛낸 정상의 앨범, 창공사, 1994
장미선, 로큰롤 패션에 관한 연구, 이화여자대학교 석사학위논문, 1994
장안화 · 박민여, 현대 패션쇼에 나타난 퍼포먼스적 요소-1990년 이후 파리, 런던 컬렉션을 중심으로, 복식, 51(4), 2001
장애란, 복식에 나타난 건축적 디자인에 관한 연구-기호적 해석을 중심으로, 서울여자대학교 대학원 박사학위논문, 1995
장애란, 펑크 록이 반영된 Vivienne Westwood 작품의 기호적 해석, 복식, 39, 2003
장애란 · 현명관, 디지털 의복에 표현된 디지털 패러다임, 복식, 53(4), 2003
장애란, Hussein Chalayan의 실험적 디자인, 복식, 52(5), 2002
Jung, Carl Gustav 외, 이윤기 역, 인간과 상징, 도서출판 열린책들, 1996
정미진 · 정흥숙 · 김선화, 락음악의 발전에 따른 스트리트 스타일의 발생과 변천, 복식, 52(5),

2002
정부효, 피할 수 없다면 즐겨라, 도서출판 무한, 2003
정삼호, 현대패션모드, 교문사, 1996
정성혜, 일본 패션이 현대 패션에 미친 영향-1980년대를 중심으로, 복식, 25, 1995
정시화, 산업디자인 150년, 미진사, 2003
정연자, 현대 패션에 나타난 민속풍에 관한 연구, 대한가정학회지, 31(4), 1993
정진농, 오리엔탈리즘의 역사, 살림, 2003
정해순, 패션에 미친 Pop Art의 영향, 숙명여자대학교 석사학위논문, 1983
정현숙 · 김진구, 십자군 전쟁이 중세복식에 미친 영향-11~15세기 중반을 중심으로-, 대한가정학회지, 24(1), 1986
정흥숙, 서양복식문화사, 교문사, 1998
정흥숙, post-modern 복식의 복고성에 관한 연구, 복식, 25, 1994
Keogh, Pamela Clarke, 정연희, 정인희 역, 재키 스타일, 푸른솔, 2003
조경희, 스트레치 소재에 의한 현대패션의 미, 서울 : 경춘사, 2003
조규화, 가르손느의 출현과 그 복식, 한국 의류 학회지, 8(3), 1984
조규화 · 구인숙 · 금기숙, 복식사전, 경춘사, 1995
조길수, 디지털 의복 섬유, 기술과 산업, 4(1/2), 2000
주명희, 예술 양식과 패션의 상관성 연구-Bell Epoque의 의상을 중심으로, 한국 여성교양학회지, 3, 1996
주은희, 90년대 전반기 패션디자인의 특성, 이화여자대학교 대학원 연구논집, 32, 1997
진경옥, 포스트모더니즘 예술에 표현된 패러디의 모방과 창조성, Design studies, 1, 2002
채금석 · 이화정, 밀리터리 패션에 나타난 성적 이미지 연구, 복식, 52(1), 2002
최영옥, 장 폴 고티에 작품에 나타난 내적 해체 경향. 복식 문화 연구, 9(4), 2001
최정환, 19세기 유럽미술의 자포니즘(Japonism)과 그 영향, 역사와 사회, 3(30), 2003
최창섭 외, 세상에서 가장 쉬운 매스미디어 101문 101답, 커뮤니케이션북스, 2003
최현숙, 패션에 표현된 전통적 페미니즘, 포스트모던 페미니즘 여성성에 관한 연구, 서울대학교 대학원 박사학위 논문, 2000
최혜정 · 임영자, 20세기말 현대 패션에 나타난 다문화주의 현상에 관한 연구, 복식, 51(2), 2001
Craik, Jennifer, 정인희 외 역, 패션의 얼굴, 푸른솔, 2001
Chris Shilling, 임인숙 역, 몸의 사회학, 나남출판, 1993
Tatarkiewicz, Wladyslaw, 이용대 역, 여섯 가지 개념의 역사(미학 에세이), 이론과 실천, 1998

Popcorn, Faith, Marigold, Lys, 김영신 · 조은정 역, 클릭 미래 속으로, 21세기북스, 1998
패션큰사전 편찬위원회, 패션큰 사전, 교문사, 1999
Popper, Karl, 이상헌 역, 우리는 20세기에서 무엇을 배울 수 있는가? 서울 : 생각의 나무, 2000
Flocker, Michael, 김정미 역, 메트로섹슈얼 가이드북, 문학세계사, 2004
Hauskeller, Michael, 김현희 역, 예술 앞에 선 철학자, 서울 : 이론과 실천, 2002
한국 세계 대백과 사전, 서울 : 동서문화사, 24, 1995
한소원 · 김영인, 1990년대 초반 복식유행에 나타난 에콜로지 이미지, 한국의류학회지, 23(2), 1999
한소원, 복식에 나타난 에콜로지 이미지-1990~1995년의 복식유행을 중심으로-, 연세대학교 석사학위논문, 1995
한소원, 패션 트렌드정보기획 프로세스의 체계화와 지원도구의 개발, 연세대학교 대학원 박사학위논문, 2003
한순자, 밀리터리 룩의 스트리트 패션화에 관한 연구, 복식, 44, 1999
한완상, 현대사회와 청년문화, 입문사, 1973
한지민 · 유영선, 패션일러스트레이션에 나타난 악마주의(Diabolism) 표현, 한국의류학회지 27(11), 2003
허정선, 패션아트의 신체공간에 관한 연구, 홍익대학원 박사학위 논문, 2004
Hebdige, Dick, 이동연 역, 하위문화 스타일의 의미 현실문화연구, 2002
Hobsbawm, E. J., 박지향 · 장문석 역, 만들어진 전통, 휴머니스트, 2004
Hollander, Anne, 채금석 역, 의복과 성(性), 경춘사, 1996
홍나영 외, 아시아 전통복식, 교문사, 2004
Humphreys, Richard, 하계훈 역, 미래주의, 열화당, 2003

국외서적

Amy de la haye, Fashion source book, The Welleleet Press, 1988
Baines,Barbara B., Fashion Revivals from Elizabeth age to the present day, New York : Drama Book Publishers, 1981
Barnes Richard, Mods, London : Plexus, 1991
Bartholomeusz, Tessa, Spiritual wealth and neo-orientalism, Journal of Ecumenical Studies, 35(1), 1998
Cawthorne,Nigel, Key Moments in Fashion, London : Hamlyn, 1998

Charlotte Mankey Calasibetta, Fairchild Dictionary of Fashion, New York : Fairchild Publication, 1988
DeLong,Marilyn Revell, The Way we look, Iowa : Iowa State university Press, 1987
DOVE, 디자인하우스, p.24, june 2005
Fredric Jameson, Postmodernism and Consumer Society, http://blog.naver.com
Gerda Buxbaum, Icon of Fashion, The 20th Century, prestel Verlag., Munich, London, New york, 1999
Gill saunders, The Nude : a new perspective, the Herbert Press, 1989
Hamilton, Jean.A., Dress as a Cultural Sub-system : a Unifying Meta-theory for Clothing and Textiles, Clothing and Textile Research Journal, 6(3), 1988
Lauer, Robert, Perspectives on Social Change, Boston : Allyn and Bacon, Inc., 1973
Longman Dictionary of English Language & Culture, Addition Wesley Longman, 1998
Lucille Khornak, Fashion2001, New York : The Viking Press, 1982
Mann,Steve, 'Smart Clothing' : Wearable Multimedia Computing and 'Personal Imaging' to restore the Technological Balance between People and There Environments, ACM 0-89791-871-1/96/11, 1996
Orth,Maggie, Post,Rehmi & Cooper,Emily, Fabric Computer Interfaces, ACM 1-58113-028-7, 1998
Payne, Blanche, History of Costume : from the Ancient Egyptians to the Twentieth Century, Harper & Row, Publishers, New York, 1965
Polly Rowell & Lucy Peel, 50's & 60's Style, London : The Apple press, 1988
Rantanen, J. et. al., Smart Clothing Prototype for the Arctic Environment, Personal and Ubiquitous Computing 6, 2002
Singer, M., Culture in International Encyclopedia of the Social Sciences, 3, D. Sills(ed.), Macmillan Co., 1968
Taylor, Edward B., Primitive culture : researches into the development of mythology, philosophy, religion, language, art, and custom, Vol.2, London : J. Murray, 1920
Ted Polhemus, Street Style, London : Thames & Hudson, 1994
The collection of the Kyoto Costume Institute, FASHION : a history from the 18th to the 20th century, TASCHEN, 2005
The Fashion book, london : Phaidon Press Limited, 2001

Valerie Steele, Paris Fashion : A Culture History, 1988
Werner Schneiders, Deutsche Philosophie in 20, Jahrhundert Munchen : beck, 1998

인터넷 자료

Folklore Fashion Fever III-Far East, http://www.samsungdesign.net(삼성디자인넷), 2002년 11월 23일 검색
http:// kr.kordic. yahoo.com(야후 국어사전), 2005년 5월 15일 검색
http://100.naver.com(네이버 백과 사전)
http://admin.urel.washington.edu
http://blog.naver.com/indielady/140002044359, 포스트모더니즘, 2004년 검색
http://dic.search.naver.com
http://digitaldeliverance.manilasites.com
http://itmatters.com.ph/news/news_12102001l.html
http://radio.weblogs.com/0105910/2003/10/13.html
http://studentweb.uwstout.edu/rustonga/Current%20Status.htm
http://studioorta.free.fr/lucy_orta.html
http://www.fashionbiz.co.kr/jsp/Academy/LectureCourseList.jsp?courseId=144&id=73&txtKey=&cPage=1, 2005년 10월 검색
http://www.lakesideschool.org/studentweb/worldhistory/globalcontactsb/NEWPhilipII.htm(Spain and Philip II)
http://www.samsungdesign.net(삼성디자인넷), 에스닉 룩의 의미와 역사, 2003
http://www.samsungdesign.net/Knowledge/History/Mode20C(삼성디자인넷), 2005년 10월 검색
http://www.encyber.com(두산세계대백과 엔싸이버), 2005년 5월 15일 검색
http://www.kbs.co.kr, 2004.6.16 뉴스자료
http://www.samsungdesign.net/databank/encyclopeidas

| 찾아보기 |

LOOK INDEX

LOOK INDEX

하

저자소개

김영인
연세대학교 생활과학대학 생활디자인학과 교수

김신우
서울종합예술학교 교수

김정신
한남대학교 의류학과 부교수

김희연
장안대학 패션디자인과 겸임교수

송금옥
한국사이버대학교 디지털미디어디자인학부 겸임교수

이연희
한양대학교 의류학과 부교수

이현주
(주)프로패션정보네트워크 과장

조애래
유한대학, 장안대학 패션디자인과 강사

주미영
유한대학, 장안대학 패션디자인과 강사

한은주
유한대학 패션디자인과 겸임교수

룩 패션을 보는 아홉가지 시선
LOOK

2006년 8월 16일 초판 발행
2011년 2월 20일 2쇄 발행

지은이 김영인 외
발행인 류제동

교 정 민은영
디자인 이성식(연세대학교 생활디자인학과 교수)
편 집 이연순
제 작 김선형
발행처 (주)교문사

(우)413-756 경기도 파주시 교하읍 문발리 출판문화정보산업단지 536-2
전화 031)955-6111 / FAX 031)955-0955
등록 1960.10.28 제1-2호
홈페이지 : www.kyomunsa.co.kr
E-mail : webmaster@kyomunsa.co.kr
ISBN 89-363-0800-9 (93590)

값 20,000원

※ 잘못된 책을 바꿔 드립니다.